EL GRAN DISEÑO
BIOCÉNTRICO

La información contenida en este libro se basa en las investigaciones y experiencias personales y profesionales del autor y no debe utilizarse como sustituto de una consulta médica. Cualquier intento de diagnóstico o tratamiento deberá realizarse bajo la dirección de un profesional de la salud.

La editorial no aboga por el uso de ningún protocolo de salud en particular, pero cree que la información contenida en este libro debe estar a disposición del público. La editorial y el autor no se hacen responsables de cualquier reacción adversa o consecuencia producidas como resultado de la puesta en práctica de las sugerencias, fórmulas o procedimientos expuestos en este libro. En caso de que el lector tenga alguna pregunta relacionada con la idoneidad de alguno de los procedimientos o tratamientos mencionados, tanto el autor como la editorial recomiendan encarecidamente consultar con un profesional de la salud.

Título original: THE GRAND BIOCENTRIC DESIGN. How Life Creates Reality
Traducido del inglés por Elsa Gómez Belastegui
Diseño de portada: Editorial Sirio, S.A.
Ilustraciones de interior de Jacqueline Rogers
Maquetación: Toñi F. Castellón

© de la edición original
    2020 de Robert Lanza y Matej Pavšič

© de la presente edición
    EDITORIAL SIRIO, S.A.
    C/ Rosa de los Vientos, 64
    Pol. Ind. El Viso
    29006-Málaga
    España

www.editorialsirio.com
sirio@editorialsirio.com

I.S.B.N.: 978-84-19105-76-9
Depósito Legal: MA-206-2023

Impreso en Imagraf Impresores, S. A.
c/ Nabucco, 14 D - Pol. Alameda
29006 - Málaga

Impreso en España

Puedes seguirnos en Facebook, Twitter, YouTube e Instagram.

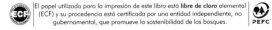

El papel utilizado para la impresión de este libro está **libre de cloro** elemental (ECF) y su procedencia está certificada por una entidad independiente, no gubernamental, que promueve la sostenibilidad de los bosques.

DR ROBERT LANZA
y Matej Pavšič

con Bob Berman

EL GRAN DISEÑO
BIOCÉNTRICO

EDITORIAL
SIRIO

También de Robert Lanza y Bob Berman[*]
Biocentrismo
Más allá del biocentrismo

También de Matej Pavšič
The Landscape of Theoretical Physics: A Global View

---

[*] Ambos publicados por Editorial Sirio S. A.

A Eliot Stellar, el hombre al que las cosas le importaban de verdad
(el post scriptum está dedicado a su memoria)

Archivo universitario y registro de la Universidad de Pensilvania

Eliot Stellar (1919-1993)

Uno de los fundadores de la neurociencia del comportamiento. En la fotografía aparece sentado delante de su escritorio en 1978, cuando era el consejero de Robert Lanza.

En sus últimos años Stellar dedicó gran parte de su tiempo al Comité de Derechos Humanos de la Academia Nacional de Ciencias (NAS), del que fue presidente desde 1983 hasta el final de su vida. En su trabajo para la NAS, abogó activamente por que los científicos del mundo entero tuvieran libertad para realizar sus investigaciones, e intercedió en favor de los científicos encarcelados, cuyas vidas estaban en peligro o que se veían obligados a sufrir grandes penurias.

**–DE LOS «ELIOT STELLAR PAPERS»,
ARCHIVOS DE LA UNIVERSIDAD DE PENSILVANIA**

ÍNDICE

Copérnico despojó a la humanidad de su trono en el centro cósmico. ¿Sugiere la teoría cuántica que, en algún misterioso sentido, somos un centro cósmico?

–BRUCE ROSENBLUM Y FRED KUTTNER,
EL ENIGMA CUÁNTICO*

* N. de la T.: Título original, *Quantum Enigma*. Versión en castellano, Barcelona: Tusquets, 2012. Trad., Ambrosio García Leal.

INTRODUCCIÓN

ROBERT LANZA

El paradigma en el que actualmente se basan todas las ramas de la práctica científica conduce a enigmas irresolubles, a conclusiones que en última instancia carecen de sentido. Desde la primera y segunda guerra mundial, ha habido un volumen de descubrimientos sin precedentes, y muchos de los hallazgos ponen de relieve la necesidad de que la ciencia cambie fundamentalmente su forma de entender el mundo. Cuando nuestra visión del mundo se ponga al día con los hechos, el viejo paradigma será sustituido por un nuevo modelo *bio*céntrico, en el que la vida no es producto del universo, sino a la inversa.

Por supuesto, un cambio que signifique echar por tierra nuestras creencias más fundamentales tendrá que vencer una resistencia tenaz. No soy un iluso; toda mi vida he tenido que hacer frente a la oposición que provocan las nuevas formas de pensar. Cuando era niño, me quedaba despierto en la cama por la noche e imaginaba que de mayor sería científico y observaría maravillas a través del microscopio. Pero la realidad parecía decidida a recordarme que era solo un sueño. Al empezar la escuela primaria, a los alumnos de primer curso se nos dividió en tres clases —A, B y C— atendiendo a nuestro «potencial». Mi familia acababa de mudarse a las afueras. Veníamos de Roxbury, uno de los barrios más peligrosos de Boston (que la renovación urbanística arrasaría años después). Mi padre era jugador profesional. Se ganaba la vida jugando a las cartas, lo cual en aquella época era ilegal, y apostando en los hipódromos y los canódromos, así que no se nos consideraba precisamente una familia de eruditos. Lo cierto es que mis tres hermanas dejaron el instituto una tras otra. Me pusieron en la clase C, que era el grupo de los que estaban destinados a ser trabajadores manuales, o comerciales, y que incluía a los que repetían curso y a los que eran principalmente conocidos por lanzar escupitajos a los profesores.

Mi mejor amigo estaba en la clase A. Un día, cuando estábamos en quinto curso, le pregunté a su madre:

—¿Cree que si me lo propusiera podría llegar a ser científico? Si me esforzara mucho, ¿cree que podría ser médico?

—¡Qué cosas se te ocurren! —contestó, y me dijo que no sabía de nadie de la clase C que jamás hubiera llegado a médico, pero que no me preocupara porque seguro que podría ser un excelente carpintero o fontanero.

Al día siguiente decidí presentarme al concurso de ciencias, lo que significaba competir directamente con la clase A. Para preparar su proyecto sobre rocas, a mi amigo sus padres lo llevaron a los museos a que investigara y le hicieron un expositor impresionante para sus muestras. Mi proyecto, animales, estaba formado por cosas que recogía cuando iba de excursión: insectos, plumas y huevos de pájaros. Ya entonces estaba convencido de que los sujetos más dignos de estudio científico eran los seres vivos, y no la materia inerte y las rocas. Esto suponía una inversión total de la jerarquía que nos enseñaban los libros de texto, es decir, que la física, con sus fuerzas y átomos, constituía la base del mundo y era por tanto la clave para comprenderlo, seguida de la química y luego de la biología y la vida. El proyecto me valió, a mí, modesto miembro de la clase C, el segundo puesto, detrás de mi mejor amigo.

Los concursos de ciencias se convirtieron en una forma de poner en evidencia a todos los que me habían catalogado por las circunstancias de mi familia. Pensé que si de verdad me esforzaba en serio podría mejorar mi situación. En el instituto, empecé a trabajar de lleno en un experimento muy ambicioso, que consistía en alterar la composición genética de pollos blancos y transformarlos en negros utilizando una nucleoproteína. Todavía no había llegado la era de la ingeniería genética, y el profesor de biología aseguró que era imposible. El profesor de química fue más contundente; dijo: «Lanza, vas a ir al infierno».

Justo antes del concurso, un amigo predijo que yo ganaría. «¡Ja, ja!», la clase entera se rio. Pero mi amigo estaba en lo cierto.

A principios de curso, después de que a mi hermana la enviaran a casa con un parte de suspensión, el director le había dicho a mi madre que no estaba capacitada para cuidar de sus hijos. Cuando gané, aquel director tuvo que felicitarla delante de todo el colegio.

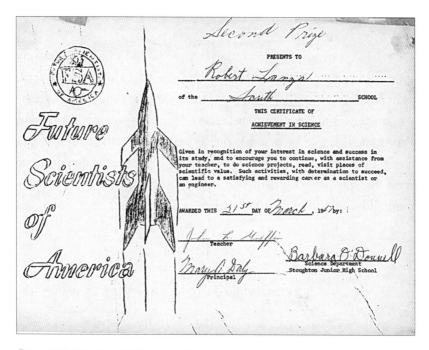

Este es el diploma que, estando en la clase C, recibió el autor (Lanza) por el proyecto de ciencias sobre «Animales». Lo firmó Barbara O'Donnell, que posteriormente sería su profesora de ciencias en el instituto y que estimuló su desarrollo científico, lo mismo que el de otros cientos de estudiantes durante sus cincuenta años de trabajo como profesora y orientadora. El libro Biocentrismo *está dedicado a ella con ocasión de su noventa cumpleaños.*

Luego me hice científico, y durante toda mi carrera profesional seguí encontrándome con la intolerancia a las nuevas ideas. ¿Se pueden generar células *madre sin destruir los embriones? ¿Se puede clonar una especie utilizando huevos de otra? ¿Podrían los descubrimientos hechos a nivel subatómico «subir de nivel» y revelar algo sobre la vida y la conciencia?* A los científicos se nos adiestra para que hagamos preguntas, pero también para que seamos cautelosos y racionales, de modo que el cuestionamiento suele estar dirigido a efectuar un cambio gradual, no al derrumbe del paradigma. Al fin y al cabo, los científicos no somos diferentes del resto de nuestra especie. Nuestros antepasados se subían a los árboles para recolectar bayas y otros frutos, y para ponerse a salvo de los depredadores, y seguir vivos el tiempo suficiente para procrear; no debería extrañarnos que esa misma prevención exista en nosotros, aunque a veces nos sea de muy poca ayuda para comprender la naturaleza de la existencia.

«Si algo he aprendido en una larga vida —dijo Einstein— es que toda nuestra ciencia, contrastada con la realidad, es primitiva y pueril, y sin embargo es lo más valioso que tenemos». La ciencia debe trabajar con conceptos sencillos que la mente humana pueda comprender. Pero a medida que las pruebas del biocentrismo van en aumento, la ciencia podría ser la clave para responder a preguntas que antes se creía que quedaban fuera de sus límites, preguntas que nos han atormentado desde antes de que existiera la civilización.

***

Aunque este sea el principio del libro, no es el principio de nuestra historia.

Vamos a zambullirnos en una odisea que viene de lejos. Cuando llegamos al cine, la película ya ha empezado y nos sentamos en nuestras butacas mucho después de que hayan pasado los créditos iniciales.

Como pronto veremos, el Renacimiento fue testigo de una transformación en la manera de comprender el cosmos. Sin embargo, a la par que la superstición y el miedo perdían terreno, la nueva perspectiva que se estableció dictaba una firme división entre dos entidades básicas: por un lado nosotros, observadores pegados a la superficie de nuestro pequeño planeta, y por otro, el vasto reino de la naturaleza concebido como un cosmos separado casi por completo de nosotros. La noción de que se trata de dos entidades distintas ha calado hasta tal punto en el pensamiento científico que probablemente, en pleno siglo XXI, sigues dando por sentado que lo son.

Sin embargo, la opinión contraria tampoco es nueva, ni mucho menos. Los textos en sánscrito de los maestros indios y los textos taoístas de la Antigüedad expresan unánimemente que, en el cosmos, «Todo es Uno». Los místicos y filósofos orientales percibían o intuían una unidad intrínseca entre el observador y el llamado universo externo, y a lo largo de los siglos han seguido sosteniendo que esa distinción es ilusoria. También algunos filósofos occidentales, entre ellos Berkeley y Spinoza, cuestionaron las ideas predominantes sobre la existencia de un mundo externo separado de la conciencia. No obstante, el paradigma dicotómico siguió teniendo el consenso de la mayoría, especialmente en el mundo de la ciencia.

Pero la minoría inconformista consiguió un potente megáfono hace un siglo, cuando algunos de los creadores de la teoría cuántica, sobre todo Erwin Schrödinger y Niels Bohr, concluyeron que la conciencia es imprescindible para poder comprender mínimamente la realidad. Aunque llegaron a estas conclusiones a través de las matemáticas, en el curso de su trabajo desarrollaron ecuaciones que constituirían la base de la mecánica cuántica y los innumerables hallazgos que han resultado de ella, por lo cual fueron también pioneros que contribuyeron a que el biocentrismo fuera posible un siglo después.

En la actualidad, algunas rarezas del mundo cuántico, como el entrelazamiento, han ido abriéndole un hueco a esa minoría en la corriente de pensamiento dominante. Si realmente es cierto que la vida y la conciencia son el fundamento de todo lo demás, innumerables anomalías desconcertantes de la ciencia se aclaran de inmediato. No me refiero solo a insólitos resultados de laboratorio, como los del famoso «experimento de la doble rendija», que no tienen sentido a menos que la presencia del observador esté íntimamente ligada a los resultados. A nivel cotidiano, cientos de constantes físicas como la fuerza de la gravedad y la fuerza electromagnética llamada «radiación alfa», que gobierna los enlaces eléctricos de cada átomo, son idénticas en todo el universo y están «fijadas» a los valores precisos que permiten que la vida exista. Podría ser simplemente una asombrosa coincidencia. Pero la explicación más sencilla es que las leyes y condiciones del universo permiten que el observador exista porque es el observador el que las genera. ¡Obvio!

Esta es también una historia en curso, puesto que hemos contado algo de ella en los dos libros anteriores sobre biocentrismo; quizá hayas leído ya uno de ellos o los dos. Si es así, entendemos que te preguntes por qué era necesario este tercer libro. La respuesta breve es que, por un lado, esboza el biocentrismo de una manera nueva y, por otro, lo amplía.

En los dos primeros libros, *Biocentrismo* y *Más allá del biocentrismo*, empleamos una diversidad de medios para mostrar por qué todo es mucho más comprensible si la naturaleza y el observador están entrelazados o son correlativos; apelamos no solo a la ciencia, sino también a la lógica básica y a las valoraciones de algunos de los grandes pensadores que ha habido a lo largo de los siglos. El enfoque multidisciplinario que utilizamos para explicar y respaldar nuestras conclusiones ha resultado convincente y popular, como lo demuestra el gran éxito de esos dos libros, que se han traducido a veinticuatro idiomas y se han publicado en todo el mundo. Y sin embargo, algunas lectoras y lectores con inquietudes científicas querían más.

Algunos de ellos tuvieron la impresión de que las conclusiones a las que llegaba el biocentrismo en lo referente a la conciencia rozaban lo «fantasioso», es decir, parecían poco científicas, sonaban a teorías de estilo Nueva Era. Estos comentarios nos hicieron reflexionar. ¿Cabía la posibilidad de que nuestras conclusiones, pese a estar fundamentadas con frialdad lógica en la ciencia «dura», no fueran finalmente más que una mera interpretación «filosófica» de los resultados obtenidos en estudios observacionales y experimentales? ¿Cabía la posibilidad de que el biocentrismo perteneciera más al ámbito de la filosofía que al de la ciencia? Nosotros pensábamos indiscutiblemente que no. Sin embargo, reconocimos que podría ser interesante cerrar el caso basando nuestros argumentos a favor del biocentrismo exclusivamente en la física.

Además, desde que se publicaron los dos primeros libros, ha habido nuevas investigaciones cuyos resultados ofrecen argumentos todavía más sólidos a favor del biocentrismo y nos permiten explicar aspectos antes difusos de cómo funciona realmente nuestro universo biocéntrico. A medida que hemos ido comprendiendo las cosas con más detalle, hemos podido perfeccionar nuestra teoría y desarrollarla, lo cual nos ha revelado nuevos principios esenciales que deben estar incluidos en cualquier explicación completa del biocentrismo. Había llegado el momento de presentar una nueva visión integral del gran diseño biocéntrico que rige nuestro cosmos.

Eso es lo que tienes ahora ante ti. Como verás, este volumen cuenta nuestros descubrimientos y conclusiones basándolos únicamente en las ciencias duras. Hemos dejado las ecuaciones y demás para los apéndices, pues sabemos que muchos de vosotros cerraréis el libro de golpe nada más ver el símbolo de una raíz cuadrada, y, aunque lo que vamos a exponer a continuación es rigurosamente científico, queremos que sea una exploración amena para todos. A fin de cuentas, las preguntas a las que responde este libro son precisamente aquellas que todos nos hemos hecho alguna vez, preguntas básicas sobre la vida y la muerte, sobre cómo funciona el mundo y por qué existimos.

Lo que sigue no es una exposición exhaustiva, ya que hemos omitido entrar con demasiado detalle en cosas como el experimento de la doble rendija, que se estudiaron por completo en los libros anteriores. Sin embargo, contamos la historia de asombrosos descubrimientos de la física que inexorablemente nos llevan todos a la conclusión tal vez extravagante, pero aun así desestabilizadora, de que la estructura básica del cosmos —cosas como el espacio y el tiempo y la forma en que la materia se mantiene integrada— requiere de un observador. Aunque muchos físicos entienden por «observador» cualquier objeto macroscópico, nosotros estamos entre los que creen que el observador debe ser necesariamente consciente. Más adelante descubriremos por qué y qué significa eso.

A medida que el relato avance, veremos que las leyes de Newton determinan no solo cómo se mueven las cosas, sino también cuál podría haber sido la trayectoria de un objeto si hubiera empezado a moverse de manera diferente, y por tanto traen consigo los primeros aires, aún muy tenues, de universos alternativos y presagian la teoría cuántica.

Viajaremos al momento en que surgió esa teoría, cuando el extraño comportamiento cuántico recién descubierto desafió la idea de que existe un mundo externo independiente del sujeto que lo percibe, una cuestión sobre la que han debatido filósofos y físicos, desde Platón hasta Hawking. Nos sumergiremos en qué quiso decir Niels Bohr, el gran nobel de Física, cuando afirmó: «No estamos midiendo el mundo, lo estamos creando».

Desenredaremos la lógica que utiliza la mente para generar la experiencia espaciotemporal y nos asomaremos al llamado «problema difícil» de la conciencia —cómo y de dónde surge—, lo que nos llevará a explorar las regiones del cerebro entrelazadas cuánticamente y que juntas constituyen el sistema que asociamos con el sentimiento unitario de «yo». Explicaremos, por primera vez en la historia, el mecanismo entero que hace emerger lo que experimentamos como tiempo: desde el nivel cuántico, donde todo está todavía en superposición, hasta el nivel de los acontecimientos macroscópicos que ocurren en los circuitos cerebrales. Durante el recorrido, veremos cómo la información que rompe el límite de la velocidad de la luz da a entender que la mente está unificada con la materia y el mundo.

Al ir reconociendo la vida cada vez más como una aventura que trasciende la comprensión racional, obtendremos también pistas sobre la muerte. Hablaremos del experimento mental llamado «suicidio cuántico», que puede servirnos para explicar por qué estamos ahora aquí, pese a haber tal cantidad de elementos en contra, y por qué la muerte no tiene verdadera realidad. Veremos que la vida tiene una dimensionalidad no lineal, como un florecer sin fin, una flor perenne.

Todo a lo largo del libro, veremos que los descubrimientos han ido poniendo del revés innumerables nociones que el sentido común consideraba indiscutibles. Por ejemplo: «Las historias del universo —decía el físico teórico Stephen Hawking— dependen de lo que se mide, lo cual contradice la idea general de que el universo tiene una historia objetiva independiente del observador». Si en la física clásica se da por sentado que el pasado existe como una serie inalterable de acontecimientos, la física cuántica se rige por un conjunto de reglas distinto, según las cuales, como dijo Hawking, «el pasado, al igual que el futuro, es indefinido y existe como un espectro de posibilidades».

Y ya que estamos, hablaremos de la frustración que han sentido los físicos durante un siglo precisamente ante ese hecho: que la mecánica cuántica existe mediante un «conjunto de reglas distinto». Y es que, en definitiva, para entender fenómenos como la gravedad, es necesario encontrar una manera de conciliar la teoría de la relatividad general de Einstein, que describe con precisión el cosmos a gran escala, es decir, el nivel macroscópico, con las reglas radicalmente distintas que rigen el reino cuántico de lo diminuto. ¿Por qué no pueden comunicarse la ciencia que estudia el cosmos a gran escala y la ciencia que estudia el cosmos a nivel subatómico? Para gran sorpresa nuestra, este libro llega a lo que puede ser un auténtico salto precisamente en esa búsqueda, la del santo grial de la física.

Hablamos de ese salto en los últimos capítulos, donde encontraremos un asombroso artículo de portada de uno de los autores (Lanza) y el físico teórico de la Universidad de Harvard Dmitriy Podolskiy en el que se explica que el tiempo emerge directamente del observador. Veremos que el tiempo no existe «ahí fuera» transcurriendo del pasado al futuro al ritmo de un tictac, como siempre hemos creído, sino que es una propiedad emergente, como un brote de bambú que germina y crece a toda velocidad, y que su existencia depende de que el observador tenga la capacidad de conservar información sobre los sucesos que experimenta. En el mundo del biocentrismo, no es solo que un observador «descerebrado» no experimente el tiempo, sino que, sin un observador consciente, el tiempo no tiene existencia en ningún sentido.

Pero este libro no es simplemente una flecha que apunta a las impactantes revelaciones de los capítulos finales, y ni tan siquiera a las anonadantes pruebas científicas de que sencillamente no hay tiempo, ni realidad, ni existencia de ningún tipo sin un observador. Este libro es una odisea, y confiamos en que te inspire y despierte en ti una profunda admiración cada una de sus revelaciones sobre el funcionamiento del cosmos y el lugar que ocupamos en él.

De modo que, sí, cuenta con que al final habrá fuegos artificiales, cuando el viejo paradigma sea sustituido definitivamente por el nuevo. Pero el viaje de ver cómo se desarrolla esta historia tan fascinante es su propia recompensa, un viaje con sorpresas a cada paso.

Y empieza donde menos nos lo habríamos esperado, en el conocido, aunque todavía desconcertante, ámbito de la simple conciencia cotidiana.

En el último análisis de la naturaleza, nosotros mismos somos parte del misterio que intentamos resolver.

MAX PLANCK

Premio Nobel 1918

La conciencia no puede explicarse en términos físicos, pues la conciencia es absolutamente fundamental.

ERWIN SCHRÖDINGER

Premio Nobel 1933

La ciencia contemporánea, con mucho más apremio que en ninguna época anterior, se ha visto forzada por la propia naturaleza a plantearse una vez más si es posible comprender la realidad por medio de procesos mentales.

WERNER HEISENBERG

Premio Nobel 1932

No somos simples observadores, somos participantes.

JOHN WHEELER

Cada vez que medimos algo, forzamos a un mundo indefinido, indeterminado, a asumir un valor experimental. No «medimos» el mundo, lo creamos.

NIELS BOHR
Premio Nobel 1922

El propio estudio del mundo externo nos [lleva] a la conclusión de que el contenido de la conciencia es una realidad última.

E. P. WIGNER
Premio Nobel 1963

No es posible eliminar al observador, eliminarnos a nosotros, de nuestras percepciones del mundo [...] El pasado, al igual que el futuro, es indefinido y existe solo como un espectro de posibilidades.

STEPHEN HAWKING

Algunos de los científicos más importantes de la física moderna han apuntado a la naturaleza biocéntrica del universo, entre ellos Planck, Schrödinger, Heisenberg y Bohr, fundadores de la mecánica cuántica.

QUÉ ES EL UNIVERSO

Todos somos prisioneros de nuestro adoctrinamiento temprano,
porque resulta muy difícil, casi imposible, librarse de la
educación impuesta durante los primeros años de vida.

–JUBAL,
en *Forastero en tierra extraña*, de Robert Heinlein*

E stos son tiempos peligrosos para la ciencia. Pero también incomparablemente apasionantes.

Peligrosos porque, en muchos países, hay un trasfondo anticientífico que amenaza con diluir los extraordinarios avances de las últimas décadas. Apasionantes porque al fin se está dando respuesta a algunas de las grandes preguntas de la humanidad y los problemas humanos más acuciantes están a punto de resolverse.

Los enormes cambios que ha supuesto el progreso científico son muy evidentes si comparamos el mundo actual con cómo era todo cuando algunos de nosotros empezamos a estudiar ciencias, a mediados de los años setenta. Ninguna sonda espacial se había aventurado a ir más allá de Marte. Nadie sabía que los *quarks* formaban el núcleo de todo átomo. Internet no existía. Hasta las videocámaras VHS eran cosa del futuro.

---

* N. de la T.: Título original, *Stranger in a Strange Land*. Versión en castellano, Barcelona, Plaza & Janés 1996. Trad. Domingo Santos.

Un coche nuevo costaba una media de tres mil setecientos dólares. La casa estadounidense típica costaba treinta y cinco mil.

En los años que han transcurrido desde entonces, la ciencia ha transformado el planeta: desde la ingeniería genética, que hoy permite alimentar a la población mundial y antes se consideraba inviable, hasta la cirugía cardíaca rutinaria y otros avances médicos que han alargado el promedio de vida humana hasta los ochenta años.

Este libro pretende expandir aún más los límites de la ciencia.

Como hemos dicho, vamos a dejar para los apéndices las ecuaciones de física más enrevesadas, pero a la vez contamos con que tienes un grado medio de conocimientos científicos. O, a ser posible, un poco más que eso; porque cuando la Fundación Nacional para la Ciencia publicó recientemente los resultados de su encuesta anual a la población estadounidense sobre conocimientos científicos básicos, no fueron el tipo de resultados que a alguien le gustaría exhibir en la puerta de la nevera.

La encuesta incluye nueve preguntas de verdadero/falso. Por ejemplo: 1- El centro de la Tierra está muy caliente. 2- Toda la radiactividad está creada por el ser humano. 3- Los electrones son más pequeños que los átomos, etcétera.* Los resultados no han cambiado mucho en los últimos cuarenta años: la puntuación media es de aproximadamente el sesenta por ciento, un aprobado. (Y, en contra de lo que muchos creen, los europeos no lo hacen mucho mejor que los americanos).

Pero quizá más preocupante que el estado de conocimientos del público sea su estado de pensamiento crítico. Las encuestas revelan que una preocupante minoría cree en diversas teorías conspiratorias. Por ejemplo, muestran que el siete por ciento del público estadounidense cree que los alunizajes de las misiones Apolo fueron un engaño, y, en 2018, la conspiración que a mayor velocidad se extendió por Internet fue la de que la Tierra es en realidad plana y las fotos de

---

* N. de los A.: Por si las ciencias que estudiaste en el instituto te quedan ya lejos, las respuestas correctas son V, F, V.

nuestro planeta supuestamente tomadas desde el espacio son una falsificación. Es muy triste que esta clase de creencias pervivan a pesar de que las desmienta no ya la ciencia, compleja e impenetrable, sino el sentido común más elemental: en este caso, la creencia de que la Tierra es plana se puede refutar con una simple llamada de teléfono entre dos amigos, uno que esté en la costa este de Estados Unidos y el otro en la costa oeste, ya que el sol se verá en mitad del cielo en California mientras que, en ese mismo instante, en Vermont se estará poniendo. Basta algo así de simple para demostrar que nuestro planeta no es plano.

Este libro no va dirigido a quienes, como los terraplanistas, se niegan a creer en la evidencia que tienen delante de los ojos, sino a los lectores y lectoras que están abiertos a acoger importantes revelaciones basadas en la observación y la experimentación. Eso es de hecho el biocentrismo, aunque nuestra atención esté enfocada en aspectos fundamentales de la vida que hasta ahora parecían irremediablemente misteriosos ya que escapaban del alcance de la ciencia.

Tras largos siglos de superstición, que en ocasiones provocó una brutal represión del progreso científico (he ahí Galileo), la mayor parte del mundo moderno considera por fin que la ciencia es la fuente de conocimiento más fiable sobre la naturaleza. Por si fuera poco, nos regala también artilugios tecnológicos —iPhones y GPS— y tomates en enero.

Más allá de eso, el método científico en sí mismo es el proceso más eficaz que jamás se haya ideado para descubrir lo que es verdad. El escepticismo, la observación y la experimentación sistemáticos eliminan sin piedad a los impostores. Cualquiera que haga una afirmación original y descabellada, como la de Luis y Walter Álvarez cuando dijeron que el impacto de un meteorito había extinguido a los dinosaurios, debe presentar pruebas sólidas. En el caso del equipo Álvarez, padre e hijo, esa prueba era una capa de iridio (un metal raro en la Tierra pero abundante en el polvo de los meteoritos) depositada sobre la corteza terrestre hace sesenta y seis millones de años. La fama que alcanzaron con esto inspiró a otros investigadores a intentar «derribar» la teoría de los Álvarez para hacerse famosos ellos también y dejar huella. De modo que la ciencia ofrece motivación permanente para ofrecer puntos de vista antitéticos y los analiza con escepticismo. Se autorregula.

Desafortunadamente, como decíamos en la introducción, los científicos somos ni más ni menos que humanos y la ciencia tiene su propia inercia, por lo que hay ideas auténticamente originales que permanecen ignoradas no solo durante años, sino a menudo durante décadas o incluso siglos. Es triste que cuando el meteorólogo alemán Alfred Wegener propuso su teoría de la deriva continental, en 1912, la idea fuera rechazada mayoritariamente hasta entrada la década de 1950. Una vez que finalmente se aceptó, no solo pudo el mundo entero ver lo obvio —que los bordes de los continentes encajan como las piezas de un rompecabezas, lo que sugiere que todos formaron parte de un supercontinente, al que ahora llamamos Pangea—, sino que la teoría explicó también rarezas como las dorsales mediooceánicas, elevaciones submarinas que recorren la parte media de los océanos, y que las rocas del este de Norteamérica sean tan parecidas a las de Irlanda. Finalmente se encontró una explicación al «cinturón de fuego», la zona de frecuente actividad volcánica y sísmica que bordea el Pacífico. En resumidas cuentas, se resolvieron muchos misterios de una sola vez al saber que la corteza terrestre flota, como si se tratara de los restos de un naufragio, sobre un océano de magma y se desplaza de uno a cuatro centímetros al año. Pero tuvieron que pasar décadas antes de que la idea se tomara en serio.

Otros tipos de «resina» que tienden a solidificarse y atascar las ruedas del progreso son aquellos aspectos de la naturaleza a los que, por ser tan omnipresentes, nos hemos acostumbrado, lo cual nos impide hacer un análisis objetivo de ellos. Son tan comunes que no llaman la atención.

Esa familiaridad podría explicar por qué el aire no se identificó como un compuesto de gases discretos, cada uno con características muy diferentes, hasta después de la Revolución de Estados Unidos (1775). Ni en los textos de los griegos de la Antigüedad, por lo común inquisitivos, ni tan siquiera en los de los genios del Renacimiento, se hace la menor alusión a que el aire fuera sino una sola sustancia.

Podría ser esto mismo lo que nos ocurre actualmente en relación con la conciencia. El hecho de que todo lo que se ve, se oye, se piensa o se recuerda es, ante todo, manifestación de la conciencia humana significa que esta nos es tan cercana y tan íntima que en general la pasamos por alto. La conciencia es como la pantalla en la que se proyecta una película. Es «lo que es real» cuando nos sentamos en el cine, y sin embargo la ignoramos del mismo modo que no vemos la profusión parpadeante de colores y luces que el proyector arroja sobre ella como lo que son realmente. Mantenemos la atención centrada en todo momento en las formas que crea la película, en los patrones que identificamos como el rostro de los actores o en los significados que transmite el lenguaje codificado en la banda sonora.

Pero la analogía con el cine llega hasta aquí. La pantalla de cine es una cortina de material reflectante que carece de importancia intrínseca; otra superficie, una pared blanca por ejemplo, habría cumplido la misma función. La conciencia es algo muy distinto. El hecho de la conciencia, de la percepción, es no solo fundamental para todo lo que conocemos o podemos llegar a conocer, sino además sumamente peculiar, tanto de hecho como en origen.

Dado que el conocimiento es la condición *sine qua non* de la ciencia y que la percepción es la única forma de adquirir conocimientos, la conciencia debería parecernos más esencial para la comprensión que cualquier modelo o subsistema neuronal artificial. Porque, en definitiva, si la conciencia humana contiene prevenciones o particularidades profundamente arraigadas, esas parcialidades podrían teñir todo lo que vemos y aprendemos. Por lo tanto, debería importarnos saber si es así antes de pasar a los innumerables modos de adquirir información, ya sean clasificaciones de colores y sonidos o taxonomías de formas de vida. La conciencia es la raíz. Es más fundamental que el disco duro de tu ordenador. En esta analogía, sería más parecida a la corriente eléctrica.

Además, los experimentos realizados desde la década de 1920 han revelado de forma inequívoca que la mera presencia del observador modifica una observación. Este fenómeno, que se trató y se sigue tratando como una rareza o una complicación, indica con bastante claridad que no estamos separados de las cosas que vemos, oímos y contemplamos. Más bien, somos —la naturaleza y el observador— una especie de entidad inseparable. Esta sencilla conclusión es la base del biocentrismo.

Pero ¿qué es esta entidad? Por desgracia, dado que la conciencia se ha estudiado solo a un nivel muy superficial y continúa siendo un misterio, la amalgama «conciencia + naturaleza» es igual de enigmática; en realidad, más. Cuando decimos que «se ha estudiado solo a un nivel muy superficial», nos referimos a que, a pesar de que la neurociencia ha progresado de forma impresionante, y ha conseguido desde determinar qué partes del cerebro controlan cada función sensorial y motora hasta explorar cómo codifican los conceptos las complejas redes neuronales, el campo de la neurociencia ha hecho poco por resolver cuestiones auténticamente fundamentales, como por ejemplo el llamado «problema difícil de la conciencia», es decir, dar respuesta a cómo surgió la conciencia de la materia, en primera instancia. Quizá no se pueda culpar a los investigadores, ya que estas cuestiones esenciales han demostrado ser obstinadamente inmunes a la elucidación por medio de las herramientas habituales de la ciencia. ¿Cómo empezarías *tú* a diseñar un experimento que proporcione información objetiva sobre un fenómeno tan subjetivo?

La ciencia tiene una tradición establecida cuando se trata de investigar aspectos de la naturaleza que escapan a una explicación lógica y se resisten a la experimentación: los ignora. En realidad es una respuesta adecuada, ya que a nadie le gustaría que los investigadores se dedicaran a aventurar suposiciones imprecisas. El silencio oficial puede no ser una ayuda, pero es respetable. Sin embargo, lo que ocurre a consecuencia de ese silencio es que la palabra *conciencia* parece que esté fuera de lugar en los libros o artículos científicos, pese a que, como veremos, la mayoría de los nombres famosos de la mecánica cuántica la consideraban el elemento clave para la comprensión del cosmos. Y esto era antes de que se reconociera su papel no solo en la revelación de lo que observamos, sino en su creación.

Cómo es que la conciencia del ser humano (y probablemente también la de los animales no humanos) cumple una función tan asombrosa y primordial en la naturaleza es el tema principal de este libro, por lo que exploraremos la conciencia en varios capítulos. Esto incluirá seguir los avances de diversas disciplinas en lo referente a especificar el proceso de la observación y a examinar cómo interactúa la naturaleza aparentemente inanimada con la conciencia viva, que está asociada a su vez con una compleja arquitectura neuronal. Uno de los autores (Lanza, en colaboración con el físico teórico Dmitriy Podolskiy) ha hecho y publicado recientemente nuevos descubrimientos sobre lo que realmente sucede en ese momento crítico de conciencia/observación. Como veremos, es una auténtica revelación que, junto con los demás hallazgos científicos que se comentan en el libro, deja pocas dudas de que ha llegado el momento de que se produzca una revolución a escala copernicana.[*]

En general, el público apela a la ciencia en busca de ayuda o respuestas en tres categorías principales, que no han cambiado mucho con el tiempo. La primera y más importante, naturalmente, es la categoría «¿en qué me beneficia a mí?»: la gente quiere que la ciencia le proporcione curas para las enfermedades; arreglo para la visión o la audición defectuosas; mejoras en el transporte, como aviones fiables,

---

[*] N. de los A.: En lo que puede haber sido el mayor golpe de efecto de las relaciones públicas del Renacimiento, Nicolás Copérnico se ganó el honor de ser respetado y recordado para siempre como «el primero» en decir que la Tierra gira alrededor del sol, y no a la inversa, y por ello ha sido acreditado para la eternidad como el fundador del heliocentrismo. En realidad, fue otra persona, Aristarco de Samos, el primero en descubrirlo unos mil ochocientos años antes, aunque, extrañamente, su recompensa resultara ser en definitiva el anonimato.

y dispositivos tecnológicos asequibles, como teléfonos móviles. Su segundo nivel de interés gira en torno a preguntas directas sobre el mundo: nueva información sobre la vida en Marte, los agujeros negros, los dinosaurios, etcétera. Los periódicos y, en nuestra época, los medios electrónicos y sociales, rastrean los intereses del público, y los investigadores (junto con los gobiernos que financian sus estudios) tienden a responder a ellos. En 2018, las actividades científicas que el público siguió con más interés fueron la búsqueda de exoplanetas, en especial de planetas similares a la Tierra que orbiten otras estrellas, y los últimos acontecimientos relacionados con la tan buscada entidad subatómica fundamental denominada bosón de Higgs; y por supuesto, como siempre, nuevos tratamientos para los diversos tipos de cáncer.

Sumergirse en el pantano de la «conciencia y la naturaleza» forma parte de la tercera categoría de la ciencia en orden de popularidad, que podría definirse como «todo lo demás». Aunque los tecnófilos y otros amantes de la ciencia bien informados saben desde hace tiempo que la mecánica cuántica y otras áreas de investigación apuntan cada vez más a una conexión fundamental entre nosotros y el cosmos supuestamente externo e insensible, adentrarse en este pantano está entre las prioridades de muy pocos científicos. La inmensa mayoría de las investigaciones científicas consisten en la búsqueda de «piezas que faltan» en áreas de investigación claramente definidas. El bosón de Higgs fue eso, como lo son la búsqueda de vida extraterrestre y los tratamientos para las dolencias médicas comunes. En la mayor parte del ámbito científico, las preguntas en sí son fáciles de formular, y, si se encuentra la respuesta, el logro se puede enunciar con la mayor sencillez. La conciencia es un tema mucho más escurridizo, como pone de manifiesto la primera pregunta que hace mucha gente: «¿Qué entiendes por conciencia?». Para poder estudiar algo, se diría que el primer paso necesario es definirlo, y sin embargo incluso esto es objeto de debate. Por tanto, a la mayoría de los lectores y lectoras les parecerá que el tema se aleja de las cuestiones científicas más difundidas y comentadas por los medios de comunicación dominantes.

Un estudio de la conciencia exige salir del mundo de lo conocido. El estudio de la conexión entre la conciencia y la naturaleza exige aventurarse todavía más en tierra ignota. En pocas palabras, te invitamos a que te unas a nosotros, a que dejes de lado no solo la paja de la ciencia, sino incluso el mar de atrayentes preguntas sin respuesta, y te sumerjas directamente en el centro de toda experiencia, el núcleo de todo lo que sabemos, para descubrir verdades asombrosas sobre el lugar que ocupamos en el cosmos.

Veremos que, de innumerables maneras, la ciencia apunta con firmeza a una interpretación biocéntrica del universo. Tal como decíamos en nuestro primer libro, *Biocentrismo*, seguir el rastro de esas pruebas nos llevó a un conjunto de siete principios, que exponemos a continuación y que engloban la teoría biocéntrica de la realidad.

PRINCIPIOS DEL BIOCENTRISMO

Primer principio del biocentrismo: lo que percibimos como realidad es un proceso en el que necesariamente participa la conciencia. Una realidad externa, si existiese, tendría que existir por definición en el marco del espacio y el tiempo. Pero el espacio y el tiempo no son realidades independientes, sino herramientas de la mente humana y animal.

Al margen de que creas o no que hay un «mundo real ahí fuera», una larga lista de experimentos demuestran que las propiedades de la materia —de hecho, la estructura del propio espaciotiempo— dependen del observador, y de la conciencia en particular.

Segundo principio del biocentrismo: nuestras percepciones externas e internas están inextricablemente entrelazadas; son las dos caras de una misma moneda que no se pueden separar.

Dejando a un lado los hallazgos experimentales de la teoría cuántica, la biología básica explica con claridad que lo que parece estar «ahí fuera» es en realidad una construcción, un torbellino de actividad bioeléctrica, que se produce en el cerebro.

Tercer principio del biocentrismo: el comportamiento de las partículas subatómicas, y en definitiva de todas las partículas y objetos, está inextricablemente ligado a la presencia de un observador. Sin la presencia de un observador consciente, existen como mucho en un estado indeterminado de ondas de probabilidad.

Incluso los físicos que hace un siglo hicieron este descubrimiento se quedaron anonadados. Pero los experimentos han demostrado repetidamente que la forma y el lugar en que aparecen las partículas dependen de si se las mira y de qué manera.

Cuarto principio del biocentrismo: sin conciencia, la «materia» reside en un estado de probabilidad indeterminado. Cualquier universo que pudiera haber precedido a la conciencia habría existido solo en un estado de probabilidad.

Sistemáticamente, la mecánica cuántica predice con exactitud cómo y dónde aparecerán las partículas básicas de la materia, lo cual supone además una revelación tan fascinante como que, antes de la observación, las partículas existen en todos los lugares posibles a la vez, habitando en una especie de estado de probabilidad difusa al que los físicos llaman «función de onda no colapsada».

Quinto principio del biocentrismo: solo el biocentrismo puede explicar la estructura del universo porque el universo está hecho con precisión absoluta para la vida, lo cual tiene mucho sentido, ya que la vida crea el universo, y no al contrario. El «universo» es sencillamente la lógica espaciotemporal completa del sí-mismo.

Todas las tablas de los libros de texto de ciencias que enumeran las constantes físicas del universo dan prueba irrefutable de esto. Todas están perfectamente «fijadas», con un margen de variación infinitesimal, a los valores que permiten que se formen átomos complejos aptos para la vida, que brillen estrellas que irradian energía y que prevalezcan todas las innumerables condiciones que hacen posible que estés leyendo esto. Las leyes y condiciones del universo posibilitan la existencia del observador porque el observador las genera.

Sexto principio del biocentrismo: el tiempo no tiene existencia real fuera de la percepción sensorial animal. Es el proceso mediante el cual percibimos los cambios del universo.

Los científicos no han encontrado lugar para el tiempo en las leyes de Newton, la relatividad de Einstein ni las ecuaciones cuánticas. De hecho, incluso el razonamiento de «antes» y «después» al que llamamos tiempo requiere que un observador contemple algún suceso específico con el que luego comparará otros sucesos. Como veremos en los siguientes capítulos, el tiempo no existe «ahí fuera», transcurriendo del pasado al futuro al ritmo de un tic-tac, sino que es una propiedad emergente que depende de que el observador tenga la capacidad de conservar información sobre los acontecimientos que experimenta; un observador «descerebrado» no experimenta el tiempo.

Séptimo principio del biocentrismo: el tiempo no es un objeto o una cosa, y el espacio tampoco lo es. El espacio es otra manifestación de nuestro entendimiento animal y carece de realidad independiente. Llevamos el espacio y el tiempo con nosotros allá adonde vayamos como llevan las tortugas consigo su caparazón. Así pues, no hay una matriz absoluta con existencia propia e independiente en la que ocurran los acontecimientos físicos.

Los experimentos demuestran una y otra vez que las distancias mutan en función de una multitud de condiciones relativistas, de modo que no existe en ninguna parte ninguna distancia inviolable entre una cosa y cualquier otra. De hecho, la teoría cuántica plantea serias dudas sobre si incluso los cuerpos que se hallan a gran distancia unos de otros están verdadera y totalmente separados. A través de «túneles cuánticos», los objetos atraviesan el espacio en cero tiempo y pueden transmitir «información» instantánea gracias al fenómeno del entrelazamiento. Obviamente, no sería posible atravesar en cero tiempo una distancia de un millón de años luz si el espacio tuviera realidad física del tipo que fuera.

Como ves, los principios se apoyan y refuerzan mutuamente. A lo largo del libro profundizaremos en las pruebas científicas en que se fundamentan, pero si los conceptos sobre los que acabas de leer te resultan completamente nuevos, no sería mala idea que en algún momento consultaras los dos libros anteriores sobre biocentrismo, en los que explicamos sin tecnicismos cómo se deriva ineludiblemente cada principio. Aquí nos limitaremos a hacer un repaso rápido de ellos con la intención de que sirvan de trampolín para las explicaciones científicas que vendrán después, y también como preparación para los cuatro principios adicionales que aparecerán más adelante en este volumen.

Pero no nos adelantemos. Por el momento, para entender bien todo este asunto, avanzaremos echando la vista atrás. Rebobinemos unos cuantos siglos y veamos cómo se asoció por primera vez el comportamiento maquinal de la naturaleza, aparentemente independiente, con la observación humana.

EL ORDENADOR APPLE DE NEWTON Y LAS REALIDADES ALTERNATIVAS*

2

> *Todo cuerpo permanece en reposo o movimiento rectilíneo a menos que reciba movimiento, en proporción a la fuerza que lo imprime; y ofrecerá tanta resistencia como deberá vencer. Atendiendo solo a este principio, nunca habría podido haber movimiento en el mundo. Hizo falta algún otro principio para poner los cuerpos en movimiento.*
>
> **–SIR ISAAC NEWTON**

En un momento u otro de nuestra vida, muchos hemos tenido la fantasía de viajar mágicamente hacia atrás en la historia y conocer a un científico o visionario de otra época. ¿No sería divertido pasar un rato con Julio Verne o H. G. Wells y mostrarles fotos de aviones y cohetes modernos, y decirles que tenían razón? ¿No se maravillarían de que, con el paso del tiempo, sus mayores fantasías no solo se hayan hecho realidad sino que la tecnología humana las haya superado con creces?

---

* N. de la T.: Por si el juego de palabras no resulta obvio, *Apple*, el nombre que Steve Jobs dio a sus ordenadores, en castellano «manzana», se asocia aquí con la famosa manzana de Newton.

Cuando investigamos el funcionamiento del universo con la ayuda de nuestros ordenadores del siglo XXI, parece que estemos más cerca que nunca de poder responder a las grandes preguntas del ser humano. Y a la vez, siguen llenándonos de admiración y asombro los saltos fundamentales que les debemos a las grandes mentes de los últimos siglos. Así que seamos viajeros del tiempo y adentrémonos en los avances que se produjeron en un momento muy concreto, cuatro siglos atrás, y que cambiaron las reglas del juego.

En las décadas previas al Renacimiento, había ido creciendo el número de europeos, y de asiáticos también, que estaban poco satisfechos con la idea de atribuir todo lo que ocurría a los caprichos de Dios o de los dioses. Querían que las cosas tuvieran un sentido racional. Llegamos así al siglo XVII y a los racionalistas, cuyo mayor exponente fue René Descartes, que dividieron el cosmos de diversas maneras, y la más decisiva de ellas fue separar a los observadores de aquello que contemplaban. Esta división sujeto-objeto les pareció a los científicos y filósofos de la época una idea buena y natural, ya que los seres humanos éramos y seguimos siendo especialistas en liarlo todo. Pero en aquellos momentos se consideró que eliminar el aspecto «subjetivo» al estudiar la naturaleza era un primer paso prudente para evitar errores.

Formaba también parte inherente de este nuevo modo de adquirir conocimientos la convicción de que las acciones pasadas son esenciales para predecir el comportamiento futuro. Esta es una suposición útil cuando nos planteamos tener una cita con alguien, es la lógica que emplean los funcionarios de libertad condicional y fue determinante para los físicos desde el siglo XVI hasta principios del XX, que confiaban plenamente en que la trayectoria de un objeto en movimiento era la guía más segura para saber dónde se encontraría en el futuro.

Y es aquí, a principios del siglo XVII, en una época revuelta y de descontento que era además escenario de las devastadoras visitas de la peste bubónica, donde encontramos al genio Isaac Newton.

Newton, este hombre delgado de aspecto poco llamativo, al que vemos en los retratos con un peinado que habría encajado a la perfección en la época *hippie* de los años sesenta y setenta del pasado siglo, es un personaje clave de los inicios de nuestra narración por dos razones muy importantes. La primera es que descubrió leyes naturales que constituyeron un paso formidable al nivel más fundamental, pues demostraban que el movimiento obedece a las mismas reglas «aquí abajo» en nuestras ciudades y granjas que «allá arriba» en el reino celestial, lo cual vinculaba inseparablemente la Tierra y los cielos. La segunda, aunque nadie se diera cuenta de esto hasta al cabo de los siglos, es que las leyes de Newton pueden entenderse también como una ojeada a realidades alternativas, un portal a asombrosas posibilidades sobre las que hablaremos en capítulos posteriores. Sus intuiciones posiblemente lo habrían llevado aún más lejos si hubiera sido capaz de enfrentarse al monstruo que lo acechaba escondido bajo la cama: la prohibición tácita de incluir la propia mente humana en la consideración de cómo opera el cosmos.

Pero esto no quiere decir que sus leyes, tal cual son, no significaran un gran paso en la comprensión del mundo, y Newton merece más elogios todavía por haber sido uno de los primerísimos en percibir la unidad de lo que durante milenios se había entendido que eran dominios completamente separados: el de los cuerpos celestes y el de las cosas de la Tierra. Él nos puso en el camino directo a la realidad de un cosmos unificado, y dos siglos más tarde una nueva generación de brillantes pensadores, como Michael Faraday y James Clerk Maxwell, unificaron otras entidades que parecían dispares. En este caso, descubrieron que, aunque el magnetismo y la electricidad se manifestaran como fenómenos distintos, detrás de ellos había una única fuerza que los englobaba. Otro medio siglo más tarde encontramos a Albert Einstein, que demostró que el espacio y el tiempo, tan diferentes en apariencia como una *pizza* y el gas hilarante, eran las dos caras de una misma moneda. Luego reveló que el mismo principio unificador de diversidades operaba con la materia y la energía. Fue un auténtico bombazo, ya que nadie había imaginado que el fulgor de las estrellas pudiera ser la manifestación real de objetos materiales transformados en energía. Y, por supuesto, entre los muchos avances de la física y la química de principios del siglo XX, está la revelación de que todos los elementos están compuestos por partículas subatómicas idénticas en una variedad de configuraciones. Cada vez parecía más evidente que la totalidad de la naturaleza constituía una fascinante unidad.

Fue Newton quien echó a rodar la bola, y su impulso nos lleva cada vez a mayor velocidad incluso hoy en día. Y si observamos con más detenimiento sus leyes del movimiento, podemos adentrarnos por puertas que ni siquiera él se dio cuenta de que había abierto.

Si empezamos por sus sencillos ejemplos de alguien que lanza una piedra o dispara una flecha, descubrimos que lo que Newton afirmaba es en realidad algo que intuitivamente sabemos. Cuando de pequeños lanzábamos bolas de nieve contra las señales de tráfico, poco a poco aprendimos cuánta fuerza teníamos que hacer y cómo compensar el papel de la gravedad en el arco que trazaba el proyectil, y por tanto en qué dirección exacta debíamos apuntar para dar en el blanco y recibir como recompensa el «ping» metálico del éxito y las miradas de admiración de las jóvenes transeúntes.

Figura 2.1 *Diferentes trayectorias posibles de un objeto, como una bola de nieve, lanzado desde la misma posición a diferentes velocidades, es decir, a diferentes velocidades en diferentes direcciones.*

Cuando subíamos el brazo, contraíamos el bíceps y echábamos a volar la bola de nieve, teníamos la posibilidad de elegir entre un gran número de trayectorias:

El gran abanico de arcos posibles era el resultado de la fuerza que imprimíamos a la bola de nieve en combinación con la fuerza de la gravedad. En la época en que Newton desarrollaba sus leyes del movimiento, esta fuerza ni siquiera tenía nombre: lo acuñó él a partir del término latino *gravitas*, que significa 'digno', 'serio' o 'importante'. Porque lo que estaba claro era que, se llamara como se llamase, la fuerza que tiraba de los objetos hacia la Tierra era siempre un elemento decisivo, tanto si el objetivo inmediato era ganar un torneo de tiro con arco como si se trataba de lanzar con precisión balas de cañón contra el castillo que queríamos asaltar. El interés de Newton por saber cómo se movían las cosas estaba motivado por algo más que un simple deseo de hacer avances como «filósofo natural» (el término *científico* aún no existía); era sobre todo un interés de carácter práctico cuyos resultados podrían mejorar toda una diversidad de actividades humanas.

Estudiar el movimiento obligaba reiteradamente a Newton a investigar la gravedad, y demostró que su fuerza es una magnitud fiable e invariable que, sin embargo, se altera de forma previsible cuando cambian las circunstancias: se debilita a medida que un objeto se distancia del centro de la Tierra; en concreto, disminuye de forma inversamente proporcional al cuadrado de esa distancia. Dicho de otro modo, si se duplica la distancia entre una manzana y el centro de la Tierra, la fuerza que tira de ella hacia el suelo será cuatro veces menor. Y sí, tal vez fue la caída de una manzana lo que inició a Newton en su investigación de la gravedad, o tal vez era eso lo que al propio Isaac le gustaba contar; lo que no tiene nada de cierto es la versión caricaturesca en la que le cae una manzana en la cabeza. En cualquier caso, es fácil de entender que esa fruta fundamental, que desempeñó un papel tan siniestro en el Génesis, le sirviera de inspiración para formular su teoría. Al observar la caída de una manzana o de cualquier otra cosa

41

que caiga libremente en picado, la cuestión es que dicho objeto exhibe una trayectoria predecible:

Figura 2.2 *Diferentes trayectorias posibles de un objeto lanzado a la misma velocidad desde diferentes posiciones.*

Cuando el efecto de la gravedad se combina con una segunda fuerza, como el movimiento de una roca lanzada desde el borde de un acantilado, el resultado es una trayectoria curva como las de la figura 2.2. Pero por ahora pensemos como Newton e imaginemos que esa manzana cae del árbol en línea recta. Nadie la está lanzando, así que solo la gravedad influye en su movimiento, de modo que va enfilada directamente hacia abajo a una velocidad cada vez mayor debido a la acción de la gravedad. ¿A qué velocidad? Pues bien, al cabo de un segundo, la fruta está cayendo a 22 millas por hora, o, si preferimos que las manzanas se rijan por el sistema métrico decimal, a 9,8 metros por segundo. Si lleva dos segundos cayendo, estará viajando ahora a 44 millas por hora, o 19,6 metros por segundo. Al cabo de tres segundos, se precipitará a 66 millas por hora, lo bastante rápido como para convertirse en puré de manzana si se estrella contra el saliente de una roca.

Esta aceleración es predecible e inequívoca. (En la práctica, la resistencia del aire la ralentizaría un poco, pero por ahora dejémoslo así). Cuanto más cerca esté un objeto de la fuente de gravedad, con más fuerza actúa la gravedad sobre él y mayor es la aceleración de su caída. Cuando Newton dijo que la gravedad se debilitaría con la distancia, observó correctamente que la gravedad se comporta como si toda la masa de un planeta, que él suponía que era la fuente de su gravedad, se concentrara justo en el centro de ese planeta. Esto significa que, a efectos de la gravedad, el manzano que crece en la superficie de la Tierra no está en el punto cero de nuestro mundo, sino que está ya elevado 4.000 millas (algo más de 6.000 kilómetros), que es la distancia que hay desde la superficie hasta el núcleo de nuestro planeta.

Este resultó ser un dato muy importante, porque le permitió a Newton calcular el efecto de la gravedad terrestre sobre la luna. Sabía, por el paralaje trigonométrico, que el núcleo de la luna estaba a 240.000 millas (368.000 kilómetros) del de la Tierra. Es decir, estaba aproximadamente 60 veces más lejos de nuestro núcleo que el manzano. Por lo tanto, en la luna, la gravedad terrestre sería 60 x 60 o 3.600 veces más débil que la gravedad «percibida» por la manzana. Esto significa que la luna cae con mucha más lentitud que nuestra fruta terrestre.

Además, la luna no cae directamente hacia la Tierra como una manzana, sino que, desde el momento de su nacimiento, ha disfrutado de un movimiento hacia delante u horizontal de 2.290 millas (3.385 kilómetros) por hora. Por lo tanto, al igual que en el caso de la bola de nieve que lanzamos, la trayectoria real de la luna debería ser una combinación de ambos movimientos: horizontal hacia delante, a 2.290 millas o 3.385 kilómetros por hora, y también gravitacional hacia abajo, a 0,0060844667144 millas por hora (o 0,00272 m/s^2), lo que equivale a caer 4 metros por minuto en picado hacia la Tierra, un minuto detrás de otro.

Y ahora viene la parte divertida. Resulta que la combinación de esos dos movimientos produce una trayectoria lunar que hace que la luna caiga hacia la Tierra exactamente a la misma velocidad a la que la superficie esférica terrestre, situada muy por debajo de ella, se curva y la esquiva, gracias al movimiento horizontal de la luna. Como resultado, nuestro satélite cae hasta ponerse a la altura de la Tierra cada 27,32166 días. Tenemos una palabra para designar este fenómeno: cuando un objeto es atraído hacia un cuerpo más pesado por efecto de la gravedad, pero se mueve también lo bastante rápido en sentido horizontal como para dar vueltas repetidamente alrededor de él, decimos que el objeto ¡está en órbita!

Dependiendo de la velocidad a la que avanza el objeto, de la distancia entre uno y otro cuerpos celestes y de la fuerza de la gravedad (que depende de la masa y, por tanto, varía de un cuerpo a otro), podría haber un número casi infinito de órbitas posibles de un objeto alrededor de otro:

Figura 2.3 *Izquierda: una familia de diferentes trayectorias que podría seguir la Tierra en su movimiento alrededor del sol. Derecha: cuando el movimiento de avance horizontal y la gravedad están íntimamente equilibrados, obtenemos otra familia de posibles trayectorias: círculos. Y si consideramos diferentes distancias posibles entre el sol y la Tierra, nos encontramos con una serie de órbitas concéntricas. Las mismas reglas son aplicables a la luna, que gira alrededor de la Tierra, a las estrellas que orbitan alrededor de sus compañeras, y a todo tipo de combinaciones celestes observadas en el cosmos.*

Figura 2.4 *Otras dos posibles familias de trayectorias de la Tierra en su movimiento alrededor del sol: partiendo de la misma posición en diferentes direcciones, determinadas por distintas velocidades (izquierda) y partiendo de diferentes posiciones a la misma velocidad (derecha).*

Una de las principales revelaciones que tuvo Newton fue que la luna podría haber seguido multitud de trayectorias distintas alrededor de la Tierra, del mismo modo que la Tierra podría haber descrito cualquiera de entre un enorme número de trayectorias posibles alrededor del sol. Las trayectorias que de hecho describen la luna y la Tierra son el resultado de la historia de cada uno de estos dos cuerpos. Una historia diferente habría conducido a una órbita distinta; una historia *muy* diferente podría haber conducido a una trayectoria drásticamente distinta, por ejemplo a una trayectoria en la que la Tierra estuviera demasiado cerca del sol como para que pudiera haber vida en ella o en que la luna estuviera tan cerca de la Tierra que las mareas catastróficas fueran un hecho cotidiano, lo que también habría dificultado la vida.

En cualquier caso, las leyes de Newton nos permiten calcular con precisión la trayectoria real de un objeto si conocemos el punto de partida y la velocidad (velocidad y dirección), las llamadas «condiciones iniciales». El Laboratorio de Propulsión a Reacción (JPL) de la NASA y la Agencia Espacial Europea (ESA) siguen utilizando estas leyes para determinar las trayectorias de las naves espaciales, aunque se les podrían hacer minúsculas mejoras empleando las complejas ecuaciones de campo que son la base de la relatividad general de Einstein. Las leyes de Newton se utilizan también para calcular el movimiento futuro de la Tierra y la luna, y permiten por tanto predecir con exactitud los eclipses solares y lunares. Y se utilizan igualmente para determinar las posiciones futuras de los planetas, lo que nos permite predecir fenómenos como los tránsitos de Mercurio y Venus por delante del sol.

Sin embargo, a pesar de todas las ramificaciones prácticas de los descubrimientos de Newton, lo que más nos interesa es que sentaron la base, aunque solo fuera un poco, para la mecánica cuántica que llegaría varios siglos después. En la época de Newton, nadie supo ver en ellas ese potencial, ya que ni los físicos del siglo XVII, ni los del XVIII, ni tan siquiera los del XIX tenían idea del comportamiento tan irregular que caracteriza realmente a la naturaleza.

Para entender cómo entronca la mecánica cuántica con las leyes que Newton desarrolló siglos antes —primero mientras esquivaba la peste negra que asolaba Londres y más tarde mientras se relajaba a la sombra de un manzano en su granja campestre—, quizá sea conveniente retroceder antes unos pasos y ver qué trayectorias podría adoptar un objeto a través del espacio si absolutamente *ninguna* fuerza tirara de él, es decir, si por ejemplo lanzáramos una piedra al espacio vacío estando muy, muy lejos de cualquier planeta o estrella.

Es muy simple. La trayectoria sería en línea recta, como muestra la figura 2.5:

Figura 2.5 *Posibles trayectorias en ausencia de fuerzas: velocidad fija y posición inicial variable (izquierda); posición inicial fija y dirección inicial variable (derecha).*

Por lo tanto, en los casos en que no hay presente ninguna fuerza, el movimiento de un objeto es muy sencillo: se desplaza a velocidad uniforme a lo largo de una línea recta. Los ejemplos de la figura 2.5 nos permiten contemplar dos familias básicas de trayectorias posibles. Una familia consiste en trayectorias paralelas, que parten de posiciones diferentes y tienen todas la misma velocidad. La otra familia consiste en trayectorias que surgen radialmente de una misma posición central y viajan en diferentes direcciones.

Si volvemos a introducir en escena las fuerzas, vemos de inmediato la influencia resultante en la dirección del objeto, ya que su trayectoria se curvará y el movimiento se acelerará gracias a la fuerza que actúa sobre él. Esto es válido para cualquier objeto en presencia de cualquier fuerza: tanto un planeta o una nave espacial bajo la influencia de la fuerza gravitatoria como, lo que se descubrió más tarde, unos electrones en presencia de la fuerza electromagnética.

Pero volvamos al espacio vacío. Resulta que las trayectorias de Newton, concretamente las que se irradian desde un único punto, como vemos a la derecha en la figura 2.5, se comportan como los rayos de los frentes de onda.

¿Y esto significa...?

Bien, para entender lo que es un frente de onda, imagina un estanque de aguas tranquilas al que lanzamos un guijarro. Las ondas circulares que se propagan desde el punto de impacto determinan los llamados *frentes de onda*, como se muestra en la figura 2.6. Si imaginamos sucesivas líneas rectas ortogonales (es decir, una serie de ángulos rectos) que atraviesen esos frentes de onda circulares, habremos creado «rayos», como se muestra en la figura 2.6 a la derecha.

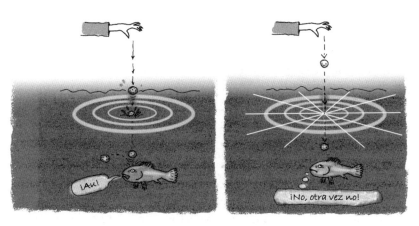

Figura 2.6 *Ondas en un estanque de aguas tranquilas (izquierda). Ilustración de los rayos y los frentes de onda (derecha).*

Un siglo después de Newton, el sabio matemático irlandés William Rowan Hamilton utilizó esta conexión entre trayectorias y frentes de onda para crear una forma de expresar el movimiento de una partícula como si fuera una onda. Las leyes de Newton y la reformulación de esas leyes, conocida como reformulación Hamilton-Jacobi —por las innovaciones que introdujo Hamilton y los posteriores retoques del genio decimonónico de las matemáticas Carl Gustav Jacob Jacobi, el primer matemático judío en ocupar el cargo de profesor en una universidad alemana—, nos permiten determinar no solo cómo se mueve o se moverá una partícula en el futuro dados los parámetros actuales, sino también cómo podría haberse movido si hubiera partido de condiciones iniciales diferentes. Como veremos más adelante, este es el núcleo de la mecánica cuántica, ya que una característica de la función de onda es precisamente que incorpora estas posibilidades alternativas.

Correspondió a pensadores mucho más tardíos abordar la cuestión, hábilmente ignorada hasta entonces, de por qué solo se experimenta una de esas posibilidades. Es inevitable que esta línea de razonamiento nos haga llegar a la conclusión de que, sin un observador, no puede haber un mundo definido y experimentado realmente. En definitiva, es el observador quien determina las condiciones iniciales. O más exactamente, es la conciencia del observador la que está enredada con unas condiciones iniciales concretas en lugar de otras. Por tanto, las condiciones iniciales están íntimamente conectadas con la existencia del observador que vive justo con esas condiciones precisas, en contraposición a otras situaciones posibles que corresponderían a realidades alternativas.

La cuestión de si pueden considerarse realmente existentes esos universos alternativos que existirían a partir de lo que «podía haber sido» o «debería haber pasado», o si son meras posibilidades, es objeto de intenso debate entre los expertos. Pero es uno de los temas predilectos tanto de la ciencia moderna como de la ciencia ficción, y muchos nos hemos planteado de hecho en la vida cotidiana esos «y qué hubiera pasado si»…, como en este caso relatado por el autor Robert Lanza:

Recuerdo haber asistido a mi trigésima quinta reunión del instituto con Vicki, una de mis amigas de toda la vida. Estando con ella me vinieron a la mente recuerdos de su madre, fallecida hacía tiempo, momentos que parecía que hubieran ocurrido el día anterior. La madre de Vicki era una mujer amable y discreta. Llevaba aparatos ortopédicos en las piernas a consecuencia de la polio, y cada vez que iba a su casa de visita yo era consciente de cuánto debía de haberle costado preparar un postre. Era la madre que siempre había querido tener, y ella solía hacer bromas diciendo que me iba a adoptar. A causa de su discapacidad, pasaba mucho tiempo viendo la televisión; se pasaba el día viendo esos falsos combates de lucha libre en los que zarandean a alguien y lo lanzan de un lado a otro. A mi amiga y a mí nos hacía mucha gracia que aquella mujer frágil y delicada viera unos programas tan violentos. Fue la madre de Vicki lo que me motivó a trabajar con Jonas Salk (el virólogo cuya vacuna contribuyó a erradicar la polio) al salir de la universidad.

Aquella noche cuando recogí a Vicki, sabía que a su madre le habría encantado saber que íbamos a ir juntos a nuestra trigésima quinta reunión del instituto. Si hubiera seguido viva, probablemente habría estado viendo su programa favorito y nos habría contado alguna anécdota para hacernos reír antes de mirarnos marchar hacia la fiesta. Qué orgullosa se habría sentido de la abogada y el médico que éramos ahora Vicki y yo. Es triste que no viviera para ver ese futuro. Pero me gusta pensar que, en algún otro universo, sí lo vio: cuando nos fuimos a la reunión esa noche, en algún lugar la madre de Vicki se recostó en el sofá y vio el resto del combate de lucha libre con una sonrisa en los labios.

Volveremos al tema de las realidades alternativas y lo trataremos con detalle en el capítulo cuatro. Cuando lo hagamos, recuerda que esta idea que parece tan moderna, que de hecho parece una idea alucinante para una película de ciencia ficción, en realidad empezó a fraguarse en los días de las pelucas empolvadas y la peste negra gracias a Newton y su manzana.

LA TEORÍA CUÁNTICA LO CAMBIA TODO

3

Si es posible, no sigas diciéndote: «Pero ċcómo puede ser así?»,
porque no te servirá de nada, entrarás en un callejón sin salida del que
nadie ha conseguido escapar. Nadie sabe cómo puede ser así.

—**RICHARD FEYNMAN**, *Sobre la mecánica cuántica*

No podemos llegar a las revelaciones del biocentrismo sin detenernos antes en la mecánica cuántica. Lo hacemos aun sabiendo que es como entrar en un campo de minas o como abrir la caja de los truenos.

Por un lado, la teoría cuántica fue un avance tan asombroso en nuestra comprensión del cosmos que, incluso ahora, un siglo más tarde, los físicos se refieren a toda la ciencia anterior como «física clásica», lo que demuestra que se sintieron obligados a establecer una importante distinción entre el antes y el después, algo similar a cuando la adopción generalizada del cristianismo llevó a gran parte del mundo a dividir el tiempo en componentes separados, a. C. y d. C., tras la vida de Jesucristo. La teoría cuántica, o TC, como la abreviaremos a partir de ahora, no solo preparó el camino para el biocentrismo, sino que creó una forma totalmente nueva de mirar el mundo, reescribió las reglas que lo rigen y transformó la ciencia de tal manera que, desde entonces, prácticamente todos los avances tecnológicos tienen algo que agradecer a sus principios fundamentales.

Pero la «caja de los truenos» tiene múltiples aspectos. En primer lugar, la TC a menudo contradice la lógica. Tanto es así que Niels Bohr, uno de sus fundadores, dijo: «Aquellos que no se sorprenden al encontrarse por primera vez con la teoría cuántica es imposible que la hayan entendido». Medio siglo después, el famoso teórico Richard Feynman fue todavía más lejos: «No es exagerado decir que *nadie* entiende la mecánica cuántica».

Esto no era debido a la dificultad de las ecuaciones o a la complejidad de los cálculos, sino a los conceptos en sí. Con esas palabras, Feynman solo estaba expresando que, para adentrarse aunque fuera tímidamente en la TC, era imprescindible abandonar cualquier suposición sobre la realidad. He aquí un ejemplo: si disparamos un fotón hacia un sensor, su llegada será detectada con facilidad. Sin embargo, podríamos hacerlo rebotar primero en una especie de divisor de haz, o espejo bidireccional, para que pueda llegar al detector por cualquiera de los dos caminos posibles. Llamémoslos ruta A y ruta B. Pues bien, otros detectores situados a mitad de camino muestran que, antes de impactar en el sensor final, el fotón no ha tomado ni la ruta A ni la ruta B. Tampoco es que de algún modo se haya dividido y haya tomado ambos caminos ni que haya llegado sin tomar ni un camino ni el otro. Misteriosamente, ha eludido el montaje entero que le habíamos puesto.

Esas son las únicas opciones que puede contemplar nuestra lógica. Si el mundo racional es de fiar, el fotón tiene que haber experimentado una de esas cuatro posibilidades, ya que no hay otras. Y, sin embargo, sorprendentemente, el fotón hizo *algo distinto*, algo que no era tomar la ruta A o la B, ni ambas, ni ninguna de las dos.

Los físicos ya se han acostumbrado a esto. Incluso tienen un nombre para este comportamiento tan ilógico, de objetos que se conducen fuera de las posibilidades que impone el sentido común. Dicen que el fotón se hallaba en estado de *superposición*, es decir, que era libre de actuar de las cuatro maneras posibles al mismo tiempo, aunque a nosotros nos parezcan mutuamente excluyentes.

Aparte de estas aparentes imposibilidades, también está el hecho de que nuestra observación, o incluso el conocimiento de nuestra mente, cambia el comportamiento de los objetos físicos. Este fue el primer indicio sólido de que tal vez el observador desempeñaba un papel más importante que el de mero testigo del espectáculo de la naturaleza.

Y la «caja de los truenos» de la TC es aún más profunda. Dado que los fenómenos cuánticos parecen producirse de forma instantánea, y ni siquiera es que viajen a la velocidad de la luz, sino que no necesitan tiempo de ninguna clase para propagarse de un lugar a otro, tratar de encontrar una explicación a esto plantea inevitablemente la idea de la conectividad universal. Las implicaciones de la ausencia de tiempo y distancia se asemejan a las enseñanzas místicas del hinduismo y el budismo, y esto ha llevado a muchos escritores a afirmar que la ciencia y la religión se han fusionado y están de acuerdo en los fundamentos del cosmos. Lo que ocurre es que, si bien estas reflexiones filosóficas o metafísicas no están fuera de lugar ni son intrínsecamente erróneas, hay muchos documentales televisivos, libros, películas y artículos que a todas luces malinterpretan la teoría cuántica. En pocas palabras, a menudo resulta obvio que sus autores no han entendido nada.

Por poner un ejemplo, el aspecto de unidad de la TC era el argumento de la película de 2004 *¿¡Y tú qué sabes!?*, que recaudó 10,6 millones de dólares en taquilla. En ella aparecían entrevistas a supuestos expertos en la mecánica cuántica, algunos de los cuales, sin embargo, hacían afirmaciones absurdas que nada tenían que ver con la auténtica teoría. Uno de ellos afirmaba, por ejemplo, que la TC dice que cada persona puede determinar su propio futuro en todos los sentidos. En realidad, ocurre justo lo contrario: de acuerdo con la teoría cuántica, todas las «predicciones» de acontecimientos futuros son probabilísticas y, por tanto, exclusivamente estadísticas. Nadie puede controlar conscientemente los sucesos físicos que le afectan desde el exterior, es decir, que están más allá de la voluntad humana, como que una roca ruede por la ladera de una montaña y se cruce en mitad de la carretera por la que vamos conduciendo, al igual que nadie puede controlar si al volver a lanzar la moneda al aire saldrá cara o cruz.

Dada la importancia de la teoría cuántica para nuestro relato biocéntrico, y a la vista de la cantidad de tonterías que se han difundido sobre ella en un intento por comprender sus rarezas, probablemente valga la pena invertir unas cuantas páginas en describir cómo empezó, cómo evolucionó, por qué consiguió aclarar aspectos de la naturaleza que hasta entonces habían resultado desconcertantes y cómo nos impulsó hacia los descubrimientos con los que nos encontraremos más adelante en el libro.

Todo empezó por la luz, es decir, por las emisiones de los objetos calientes.* Si examinamos un objeto caliente con un espectrógrafo, podemos analizar las diferentes longitudes de onda de la energía que proviene de él, que pueden incluir colores visibles, como los que componen el brillo que asociamos, por ejemplo, con un atizador de hierro al rojo vivo, así como emisiones invisibles como los infrarrojos (IR). Atendiendo a las propiedades de las ondas que componen las distintas frecuencias de la luz y a las leyes de la física clásica que rigen la distribución de la energía calorífica, cualquier objeto caliente

---

* N. de los A.: Los estudios se refieren en realidad a las propiedades de la «radiación del cuerpo negro». En la vida real, un objeto iluminado por algo –como la superficie de un planeta bañada por la luz del sol– reflejará parte de la energía que recibe; el porcentaje de radiación que refleje con respecto a la radiación que incide en él se conoce como el *albedo* de ese objeto, y está determinado por la oscuridad de su superficie, si es lisa u ondulada y otros factores. Algunos objetos, como el granizo, podrían transmitir también parte de la energía no solo desde su superficie sino a través de su cuerpo. Pero un cuerpo negro es un objeto teórico que no refleja nada y lo absorbe todo, sin importar el ángulo del que provenga la energía ni cuál sea su frecuencia de onda. Así, dependiendo únicamente de su temperatura, irradiará la energía absorbida de una forma muy concreta. El problema a finales del siglo XIX y principios del XX fue que las predicciones de la ciencia clásica sobre la naturaleza de esta radiación emitida por el cuerpo negro demostraron ser tremendamente incorrectas, lo que indicaba que la física necesitaba una seria actualización.

debería emitir cierta cantidad de débil luz roja e infrarroja; una mayor cantidad de luz verde, más energética, y una cantidad casi infinita de luz de alta energía y pequeña longitud de onda en la gama del violeta y, sobre todo, del ultravioleta (UV).

Pero eso no es lo que ocurre. La realidad es que se emite una cantidad máxima de luz con una longitud de onda específica, un color exacto que depende únicamente de la temperatura del objeto. La física clásica no podía explicar lo que vemos.

En 1900, el físico alemán Max Planck encontró una manera de hacer que las matemáticas coincidieran con los resultados experimentales; propuso que los átomos que componen un objeto brillante absorben y emiten luz de diversas frecuencias solo en múltiplos de alguna unidad fundamental. Así se introdujo la idea de un «*quantum*» o cantidad específica (en latín *quantum* significaba 'cuánto') de energía, en lo que fue el primer gran hito de la teoría cuántica.

En 1913, Niels Bohr utilizó la idea de los «cuantos discretos» para explicar por qué los átomos siguen existiendo, cuando la física clásica sostenía que tendrían que autodestruirse. Concretamente, el físico danés señaló que, según las leyes clásicas, mientras los electrones giran a toda velocidad en sus respectivas órbitas deberían emitir ondas electromagnéticas cada trillonésima de segundo y la acumulación de esa pérdida de energía debería hacerlos caer en espiral hacia el protón situado en el centro del átomo. Sin embargo, afortunadamente para nuestra existencia como cuerpos humanos en un planeta estable, no es esto lo que sucede.

Quizá recuerdes, de las clases de física del instituto, que la luz se crea cuando un electrón que orbita el núcleo de un átomo salta o cae hacia dentro, liberando un poco de energía al pasar a una órbita más reducida. Una manera de imaginar esto es visualizando los planetas que orbitan el sol. Si la Tierra recibiera de repente una cantidad suplementaria de energía, podría utilizarla para vencer parte de la gravedad del sol y saltar hacia fuera, hacia una órbita más amplia. Dependiendo de la cantidad de energía «extra», esa nueva órbita podría estar solo unos pocos kilómetros más alejada del sol que la órbita actual. O podría estar un millón de kilómetros más lejos. O diez millones. O a cualquier distancia intermedia.

La física clásica daba por sentado que a los electrones les ocurría lo mismo. Sin embargo, basándose en la innovación cuántica de Planck, Bohr planteó la hipótesis de que cada electrón tuviera que permanecer en una órbita discreta con un radio fijo desde su núcleo. Planteó que a un electrón solo se le «permitía» estar situado a una distancia determinada del núcleo de su átomo, o a otra distancia determinada, pero en ningún punto intermedio.[*]

Si un electrón recibiera de golpe un poco de energía, saltaría a una órbita mayor, *pero tendría que ser un salto específico*. Y para hacerlo, podría absorber una determinada cantidad (o cuanto) de energía, pero ni menos ni más. Esa cantidad de energía se sustraería entonces de la fuente de energía, lo cual dejaría una reveladora vacante negra, un hueco en su espectro.

Una vez adquirida la energía, ese electrón podría devolverla cayendo hacia el siguiente estado orbital inferior y emitiendo al mismo tiempo una cantidad precisa de energía y, por tanto, un color preciso de luz. La constante física, simbolizada con la letra h, que representa las unidades elementales de energía, o cuantos elementales de acción, se denomina constante de Planck, y todos los «saltos» de energía deben ser múltiplos de esa cantidad llamada «acción».

La unidad de energía de Planck no es arbitraria; es una constante que se observa en la naturaleza en todo el cosmos. El propio Planck determinó con precisión su valor mediante la observación y la experimentación. Se convirtió en una flamante unidad fundamental de la física.[**]

---

[*] N. de los A.: Uno de los resultados de este descubrimiento es que finalmente pudimos conocer el tamaño del átomo: 0,0529 nanómetros, es decir, aproximadamente la 1/200ª parte de un ángstrom.

[**] N. de los A.: El valor de esta constante es $h = 6{,}6218 \times 10\text{-}34\text{J-s}$ (J representa el julio, una unidad estándar de energía). En la práctica, un número que sigue apareciendo constantemente en la naturaleza es h dividido por 2 pi, por lo que este valor,

Pero también esto era muy extraño desde el primer instante. Imaginemos que los cuerpos celestes se comportaran así. Imaginemos que la luna pudiera orbitar la Tierra como lo hace ahora, o al doble de distancia, o al triple, pero en ninguna posición intermedia, y no por efecto de otros planetas u objetos que actúen sobre ella, sino... simplemente porque sí. Ahora imagina que saltara de una de esas órbitas a otra en tiempo cero. Y que, al hacerlo, *en ningún momento pasara por el espacio intermedio*. Sin embargo, así es exactamente como se comportan los electrones, dando saltos discretos que de alguna manera evitan cualquier transición en el espacio y que ocurren sin que medie nada de tiempo.

Por lo tanto, sí, los espectros de los objetos calientes y la existencia continuada de los átomos eran comprensibles al fin. Pero esto tenía un coste: lo que se acababa de comprender contradecía el pensamiento racional y la experiencia previa, e incluso el propio Planck tuvo problemas con ello. Años más tarde, admitió: «Una nueva verdad científica no triunfa porque convenza a sus oponentes y les haga ver la luz, sino porque sus oponentes un día se mueren, y hay una nueva generación que crece familiarizada con esa verdad».

La introducción de la cuántica por parte de Planck en 1900 lo cambió todo, y aquello era solo el comienzo. Cinco años más tarde, en 1905, Einstein aplicó el principio cuántico a la sustancia de la propia luz. En pocas palabras, dijo que la luz, considerada desde hacía mucho como una onda, también estaba compuesta por grupos o paquetes de energía discretos,* esencialmente partículas de luz, llamadas *fotones*. Esta naturaleza de partícula quedó plenamente

---

expresado como «h-barra», es el que más suelen utilizar los físicos, que acostumbran a multiplicar h-barra por la frecuencia angular de un color de luz concreto. «H-barra por la frecuencia angular» equivale al «paquete» discreto de energía al que Einstein pronto llamaría fotón, ¡el aspecto de partícula de la luz! ¡Todo empezaba a encajar!

* N. de la T.: Se dice que una cantidad física tiene un espectro discreto si solo toma valores distintos, con espacios entre un valor y el siguiente. A diferencia de lo que ocurre en un sistema lineal, en un sistema no lineal «el todo es mucho más que la suma de sus partes».

confirmada en 1922, cuando se demostró que la dispersión de la luz —el fenómeno al que le debemos el azul del cielo— solo podía responder a que la luz actuara no como ondas, sino en su forma de partícula.

Después, en 1924, el físico francés Louis de Broglie utilizó las leyes cuánticas existentes para demostrar que la luz no era la única que podía aparecer como onda y como partícula, sino que toda partícula del universo es también una onda y goza de la misma naturaleza dual. De Broglie se basó en los trabajos de Planck y Einstein para idear una fórmula que describiera la longitud de onda y el valor energético de objetos de distintos tamaños. La conclusión de De Broglie de que todas las partículas, los electrones entre ellas, tienen también una naturaleza ondulatoria se demostró mediante la experimentación real solo dos años después, utilizando los efectos de difracción sobre un cristal.

Por desgracia, o por suerte para quienes disfrutan con los descubrimientos insólitos, una revelación disparatada llevaba invariablemente a otra; parecía que la ciencia deambulara de repente entre espejos del País de las Maravillas. Aunque cada cuestión que pedía ser investigada era lógica, las respuestas eran cualquier cosa menos racionales. De modo que, en la década de 1920, los físicos vivían en un estado de constante fascinación y entusiasmo al atravesar aquellas nuevas y extrañas puertas, cada una de las cuales conducía a una revelación más y a un avance en la comprensión de la naturaleza. A medida que avanzaban, se veían obligados a abordar desde una perspectiva nueva temas aparentemente sencillos; por ejemplo, cómo determinar la posición de cualquier partícula o unidad elemental de luz. Parece que debería ser bastante sencillo responder a esto. Porque, indiscutiblemente, si todo lo que es una onda (es decir, todo lo que hay en el cosmos) ha de poseer además naturaleza de partícula, entonces, como todas las partículas, debe tener también una posición definida en un momento dado; debe estar en algún lugar preciso y en ningún otro. Pero ¿cómo determinar cuál es ese lugar? Los científicos razonaron que, si un átomo es un conjunto de ondas, observando la forma en que esas ondas interfieren entre sí debía ser posible identificar las pulsaciones armónicas, los lugares donde las ondas individuales al superponerse no se anulan entre sí, sino que se refuerzan unas a otras. De este modo, se obtiene una «dispersión» estadística de esos lugares que nos indica *dónde es más probable que se encuentre* una determinada partícula. Todas estas predicciones pronto demostraron ser acertadas. Ahora bien, «dónde es más probable que se encuentre» fue cuanto pudieron afinar sobre su localidad.

Entonces, en 1927, Werner Heisenberg introdujo el ya famoso principio de incertidumbre, que explica matemáticamente por qué cualquier objeto con naturaleza ondulatoria (es decir, todo, pero más específicamente los objetos diminutos) tiene una limitación incorporada sobre lo que podemos saber acerca de dónde se encuentra y cómo se mueve. No es solo que los observadores contaminemos o influenciemos lo que miramos (que es como muchos consideraron inicialmente el asunto de la incertidumbre durante décadas), o que cualquier interacción entre objetos de tamaño clásico y cuántico provoque dicha incertidumbre, sino que la incertidumbre es un atributo inherente a las formas de onda. Esta incertidumbre es aplicable a todos los pares de propiedades que se relacionan entre sí de una determinada manera. La conclusión es que cuanto más exactamente sepamos cómo se mueve un objeto, menos exactamente podremos saber dónde se encuentra en un momento dado.[*]

Las consecuencias de esto son formidables. ¿Recuerdas que Niels Bohr utilizó un modelo cuántico del átomo para explicar por qué los electrones no se estrellaban contra los protones, como decía la física clásica que debía ocurrir? Pues bien, el principio de incertidumbre de Heisenberg ofrecía otra explicación. Si el electrón se estrellara contra el núcleo, sabríamos que entonces su movimiento era nulo. Y también conoceríamos su ubicación; podríamos decir: «¡Está justo ahí, en el centro del átomo!». Pero como el principio de Heisenberg subraya que no podemos conocer con exactitud ni la posición

---

[*] N. de los A.: Encontrarás una explicación biocéntrica muy clara de esta incertidumbre en los dos libros anteriores sobre biocentrismo.

ni el movimiento, sencillamente es algo que no puede ocurrir. ¡Y no ocurre!

Hemos visto cómo, durante las tres primeras décadas del siglo XX, físicos visionarios como Max Planck, Albert Einstein, Louis de Broglie, Niels Bohr y Werner Heisenberg, seguidos de cerca por Erwin Schrödinger y Paul Dirac, crearon modelos matemáticos, con un poder de predicción sin precedentes, que explicaban las desconcertantes extravagancias de la naturaleza y nos mostraban cómo funcionan las cosas a las escalas más mínimas, las que constituyen el nivel celular del universo. Todos ellos recibieron uno tras otro el Premio Nobel en reconocimiento a sus esfuerzos. Utilizaron métodos estadísticos y descubrieron asombrosas «constantes» que nos mostraron que la naturaleza funciona de forma diferente en el nivel submicroscópico que en el mundo macroscópico que ven nuestros ojos. Al conjunto de su trabajo, lo llamamos teoría cuántica o *mecánica cuántica*. Aunque se la siga llamando «teoría», la TC ha superado todas las pruebas de observación que se le han hecho.

Además, la TC hizo varias predicciones concretas que parecían del todo imposibles, y son justamente estas las que más conectan la teoría cuántica con el biocentrismo en general y con los últimos ajustes que hemos incorporado en particular. Una de esas predicciones tiene que ver con lo que se conoce como *entrelazamiento*.

En 1935, Einstein y otros dos físicos, Nathan Rosen y Boris Podolsky, abordaron una curiosa predicción cuántica sobre las partículas o cuantos de luz que se crean juntos, y que se dice que están «entrelazados». Podemos disparar un fotón o cuanto de luz contra un cristal de borato de bario beta, por ejemplo, y ver que emergen dos fotones. Cada uno de ellos tendrá una longitud de onda dos veces mayor que la del fotón que entró, lo que significa que cada uno tiene la mitad de energía, luego en conjunto la energía que sale es la misma que la que entra, tal y como dictan las leyes de la física, cuántica o no. Lo extraño es que, según la TC, aunque estos dos fotones, ahora entrelazados, salgan disparados a la velocidad de la luz cada uno en una dirección hasta quedar separados por una enorme distancia, misteriosamente ambos «saben» en todo momento lo que está haciendo el otro y «responden» con acciones complementarias propias. Por ejemplo, si se observa que las ondas de un fotón vibran en dirección horizontal, su gemelo conocerá esa observación y mostrará una propiedad complementaria, en este caso una polarización vertical. De hecho, la teoría cuántica dice que ese «conocimiento» sería instantáneo incluso aunque esos dos fotones estuvieran a años luz de distancia el uno del otro, lo cual a su vez significaría que la regla aparentemente infalible que el propio Einstein había descubierto, de que la velocidad de la luz es la velocidad máxima en el universo, quedaría invalidada.

Figura 3.1 *En nuestro comprensible deseo de imaginar cómo son los átomos y los electrones que los rodean nos quedamos, por desgracia, muy lejos de la realidad. Utilizamos el término* orbital *para describir la posición de un electrón, y esto podría hacernos pensar que da vueltas alrededor del núcleo del átomo como un planeta que orbita el sol. Pero un electrón no orbita realmente. Más bien debemos imaginar que se encuentra a una distancia mínima del núcleo, en algún lugar de una capa esférica; sin embargo, no es posible determinar su posición fija en esa envoltura en un momento dado. Si calculamos las probabilidades de dónde podríamos encontrar ese electrón, las áreas negras son las que mayores probabilidades muestran, mientras que las áreas blancas indican dónde no es probable que se encuentre.*

Costaba demasiado aceptarlo, de modo que Einstein, Podolsky y Rosen argumentaron entonces que ese comportamiento simultáneo tendría que ser el resultado de influencias locales desconocidas — como una fuerza de la que aún no se tenía conciencia o la contaminación ejercida por el propio experimento— y no, como expresaron en tono peyorativo, una especie de «acción fantasmagórica a distancia».

Esta predicción puso de manifiesto una segunda cuestión preocupante. ¿Cómo era que la observación del primer fotón provocaba en sí misma el comportamiento que fuera? ¿Qué importancia podía tener que alguien observara o no ese haz o cuanto de luz? ¿No posee ese fotón sus propiedades (de polarización, por ejemplo) independientes de que alguien lo observe? Y los anonadados físicos de principios del siglo xx descubrieron que la respuesta era: «En realidad, no».

Básicamente, la teoría cuántica nos dice que, hasta que se observan, las partículas y cuantos de luz, o fotones, existen solo como una especie de mancha energética de «borrosa» posibilidad, una probabilidad matemática equis de ser esto y una probabilidad equis de ser aquello. Tras la observación, un grupo de partículas o cuantos de luz se materializará efectivamente atendiendo a esas probabilidades matemáticas, perdiendo su naturaleza ondulatoria borrosa para manifestarse como objetos discretos cuyo comportamiento será de partícula o de onda dependiendo del experimento utilizado para detectarlos. Einstein odiaba esta predicción porque indicaba que la realidad no está definida, que es probabilística, como un juego de azar, y por eso estas predicciones cuánticas inspiraron su famoso comentario burlón de «¡Dios no juega a los dados!».

La idea de que «no se puede obtener algo de la nada» hace a muchos preguntarse, todavía hoy, qué es en realidad esa «mancha de posibilidad» previa a la manifestación: ¿qué había antes de que el fotón o el electrón se convirtieran en una existencia definida? La manera de explicarlo, entonces y ahora, es diciendo que esa preexistencia es o tiene «función de onda». (Como veremos, esto es un poco incierto desde el principio, ya que muchas pruebas dan a entender que el fotón o la partícula simplemente no existían antes de la observación, de modo que esencialmente estamos tratando de encontrar una etiqueta para lo que equivale a la inexistencia). Cuando un objeto se materializa, lo hace según las probabilidades descritas por esa función de onda; podríamos concebir la función de onda como una simple probabilidad matemática. Pero ¿es la «probabilidad» algo real, o simplemente un concepto humano que utilizamos para describirla? Hablaremos largo y tendido sobre las funciones de onda en el próximo capítulo, pero cualquier lectura de los textos modernos de física cuántica revela que la denominación sigue siendo vaga y misteriosa, y ni siquiera los propios físicos están seguros de lo que es realmente una función de onda: ¿un objeto energético real?, ¿una especie de entidad probabilística de tipo fantasmagórico? Una cosa parece cierta: que en el momento de la observación, la función de onda de un objeto se «colapsa» (por utilizar el término que ha prevalecido durante más de medio siglo), lo cual es sencillamente una forma de decir que el objeto se convierte en una entidad específica, con características físicas reales, que *a partir de ese momento* continuará su existencia indefinidamente.

El «colapso de la función de onda» es, por tanto, el momento en que nace un objeto material.

En ese instante, si se trata de un electrón, se podría observar por ejemplo que tiene un giro vertical. Si es un fotón, podría observarse que tiene una polarización horizontal, lo que significaría que la componente eléctrica de sus ondas oscila de lado a lado y no de arriba abajo. Lo importante es que, al observarlo, este objeto muestra unas características físicas definidas que no son transitorias, sino que perduran hasta que son perturbadas por alguna otra interacción.

Pero volvamos al entrelazamiento. La predicción sobre el comportamiento de las partículas entrelazadas se basa en que las partículas gemelas creadas a partir de una sola partícula compartirán una función de onda. Los dos fotones podrían salir disparados en direcciones opuestas a la velocidad de la luz y tener vidas independientes quizá durante millones de años, pero si uno de ellos es observado y se descubre, por ejemplo, que tiene una polarización vertical, el fotón distante (o comando global de función de onda o como queramos imaginarlo) «sabe» al instante que su gemelo ha sido observado, y también se colapsa en un fotón con propiedades perfectamente complementarias, en este caso una polarización horizontal. *Juntos constituyen un conjunto coincidente, un todo de complementariedad.*

«¡Imposible!», dijeron Einstein, Podolsky y Rosen. Para ellos, esta predicción era la prueba de que había un fallo en la teoría cuántica. Seguidamente, trataron el entrelazamiento con tan obsesiva atención (y desprecio) que el fenómeno se ha conocido ya para siempre como «correlación EPR», utilizando la primera letra del apellido de cada uno de los físicos.

Pero los experimentos realizados desde entonces, en un intento por aclarar las desconcertantes predicciones sobre el entrelazamiento, muestran que Einstein estaba equivocado. En concreto, tras los experimentos no del todo concluyentes, aunque enormemente sugestivos, que realizaron en 1972 Stuart Freedman y John Clauser, y a principios de la década de 1980 Vittorio Rapisarda y Alain Aspect, un investigador ginebrino llamado Nicolas Gisin consiguió hacer una demostración decisiva de este comportamiento en 1997. Creó pares de fotones entrelazados y los lanzó a lo largo de fibras ópticas alejadas una de otra. Cuando uno de los fotones de cada par se encontraba con los espejos interpuestos por el investigador y tenía que elegir al azar si ir en una dirección o en otra, su gemelo entrelazado, a once kilómetros de distancia, siempre hacía instantáneamente la elección complementaria.

Las pruebas experimentales de que un fotón puede «decidir» cómo ser o actuar en función de las acciones de otro fotón separado por una gran distancia son, por supuesto, fascinantes. Pero, sin duda, uno de los aspectos más notables del experimento fue la palabra *instantáneamente*.

Recordarás que uno de los principales argumentos de Einstein y compañía en contra de que este comportamiento fuera posible era que nada puede superar la velocidad de la luz. Incluso cuando los agujeros negros chocan y crean impresionantes ondas gravitacionales que se extienden por el cosmos, el efecto se limita estrictamente a este límite de velocidad inviolable de 299.792,4 kilómetros por segundo. Sin embargo, ese límite de velocidad parecía no tener validez en el laboratorio de Gisin. En 1997, la reacción de los gemelos entrelazados no se retrasó el tiempo que hubiera tardado la luz en atravesar los once kilómetros que los separaban, sino que ocurrió al menos diez mil veces más rápido, que era el límite que podía medir el instrumental utilizado en el experimento. El comportamiento de respuesta fue presumiblemente simultáneo.

Las crecientes pruebas experimentales sobre el entrelazamiento eran tan insólitas que otros físicos emprendieron una búsqueda frenética de lagunas; algunos insistían en que algo tenía que haber influido en los resultados de los experimentos anteriores, por ejemplo una predisposición de los investigadores a detectar eventos entre partículas vinculadas que impedía detectar la posibilidad contraria. Todas las críticas se acallaron en 2001, cuando, como informó la revista *Nature*, el investigador David Wineland, del Instituto de Estándares y Tecnología, utilizó iones de berilio y unos aparatos de detección altamente eficaces para observar un porcentaje de eventos sincronizados lo bastante grande como para cerrar definitivamente el caso.

Así que ese comportamiento fantástico es real. Pero ¿cómo es posible? Ese año, Wineland, que ganaría el Premio Nobel de Física una década después, le dijo a uno de los autores: «Bueno, supongo que realmente *hay* algún tipo de acción fantasmagórica a distancia». Por supuesto, como él sabía, esto no explica nada.

En resumen, las partículas y los fotones —materia y energía— pasan de ser entidades estadísticas borrosas de la «función de onda», probabilísticas y no del todo reales, a objetos reales en el instante en que los observamos. Y pueden transmitir a través del cosmos información completa de su estado recién adquirido, de modo que su «gemelo» entrelazado asume los atributos complementarios al instante, en tiempo real. O tal vez no sea eso lo que ocurre. Quizá no hay una entidad que «envía» información ni una entidad que la recibe. Quizá lo que ocurre es que ambas cobran existencia simultáneamente cuando se observa a una de las dos. Sea como fuere, el caso es que a la lógica le cuesta gran esfuerzo asimilarlo, ya que esto significa entre otras cosas que:

a. Ni el espacio ni el tiempo existen de hecho. Porque es indudable que, si el espacio tuviera algún tipo de realidad, atravesarlo llevaría tiempo, aunque fuera mínimo.
b. Hay algún tipo de unidad en el cosmos, una conexión fuera del espacio y el tiempo.
c. El acto de la observación es, de alguna manera, fundamental para la existencia de la realidad.

Fantasmagórico o no, el entrelazamiento existe sin duda en el ámbito cuántico. Ahora bien, otra cosa es si las leyes de la mecánica cuántica se extienden o no a los objetos macroscópicos que nos rodean y cómo detectar si es así; esto es algo sobre lo que los investigadores llevan reflexionando desde hace décadas. En 2011, un equipo internacional de científicos de la Universidad de Oxford, la Universidad Nacional de Singapur y el Consejo Nacional de Investigación de Canadá concibió un experimento para ver si el concepto cuántico de entrelazamiento se extendía al ámbito cotidiano. Trabajaron con un par de cristales de diamante de tres milímetros de ancho, más o menos del tamaño de los diamantes de un bonito par de pendientes, objetos que ni siquiera eran microscópicos, mucho menos subatómicos.

Los científicos indujeron vibraciones en uno de los diamantes y crearon un fonón, una unidad de energía vibratoria. El experimento se había diseñado de modo que no había forma de saber si se había hecho que vibrara el fonón en el diamante de la izquierda o en el de la derecha. Los investigadores utilizaron un láser de pulsos para detectar el fonón, y los pulsos mostraron que el fonón procedía de ambos diamantes, no del uno o del otro. ¡Los diamantes estaban entrelazados! Aparentemente estaban compartiendo entre ellos un único fonón, a pesar de estar separados a una distancia de unos quince centímetros.

En 2018, un artículo publicado en la revista *Scientific American* resucitó la cuestión. Decía: «Los científicos se han preguntado dónde se entrecruzan exactamente los mundos microscópico y macroscópico [...] La gran pregunta es si los efectos cuánticos desempeñan un papel en cómo funcionan los seres vivos». El artículo se refería a un hallazgo de 2017 publicado en el *Journal of Physics Communications*, que era resultado de las investigaciones realizadas por un equipo de la Universidad de Oxford.

Al observar la fotosíntesis dentro de los microbios, el grupo de Oxford fue testigo del primer entrelazamiento de bacterias con fotones, partículas de luz. Dirigidos por la investigadora Chiara Marletto, analizaron un experimento realizado en 2016 por David Coles y sus colegas de la Universidad de Sheffield en el que Coles aisló y retuvo varios cientos de bacterias fotosintéticas entre dos espejos. Al hacer rebotar la luz entre los espejos, los investigadores habían provocado un acoplamiento o conexión entre las moléculas fotosintéticas dentro de seis de las bacterias. En este caso, las bacterias absorbían, emitían y reabsorbían continuamente los fotones rebotados, mostrando un comportamiento simultáneo nunca visto en la ciencia clásica.

En resumen, la ciencia actual ha trasladado la extraña actividad del reino cuántico, descubierta hace un siglo, al mundo macroscópico y biológico. ¡*Nuestro* mundo!

Ahora entiendes por qué teníamos que detenernos brevemente en la teoría cuántica, que no solo constituyó un gran avance para el conocimiento humano, sino que además sentó las bases que los teóricos posteriores utilizarían para viajar aún más lejos: del mundo cuántico al nuestro y del nuestro, como veremos, a la posibilidad de muchos otros.

INSINUACIONES DE INMORTALIDAD

4

Lo más notable seguirá siendo [...] que el propio estudio del mundo exterior nos haya llevado a la conclusión científica de que el contenido de la conciencia es una realidad última.

– EUGENE WIGNER

En la exploración que hemos hecho desde las leyes de Newton hasta la teoría cuántica, hemos encontrado las raíces del biocentrismo, cuya premisa central es que nosotros, como observadores, creamos la realidad. Ahora es el momento de profundizar en lo que realmente significa eso y en cómo ocurre. Y, para ello, tenemos que examinar con más atención un hecho decisivo que se ha mencionado en el capítulo anterior: el momento en el que lo posible se convierte en lo real, es decir, el colapso de la función de onda.

Hemos visto que la mecánica cuántica describe el movimiento de una partícula en términos de *función de onda,* que es su modo de expresar la preexistencia borrosa y aún no definida de todas las entidades cuánticas, ya sean partículas de materia o fotones de luz. Como es un concepto importante, vamos a no tener en cuenta que el público lleva intentando comprenderlo desde hace cuatro generaciones y vamos a empezar por dividirlo en dos y a asegurarnos de que entendemos lo que significan la palabra *onda* y la palabra *función*.

En su forma más simple, una onda es una perturbación generada en alguna matriz, como el aire o el agua, a través de la cual la energía viaja de un lugar a otro. Las ondas se pueden clasificar por la forma en que se desplazan: de arriba abajo, como una ola del océano, o de lado a lado, como una cuerda que se parte de repente en sentido horizontal. O se pueden agrupar también atendiendo a los medios por los que pueden viajar: las ondas longitudinales (verticales) pueden atravesar líquidos y gases, mientras que las transversales (laterales) requieren que el material sea sólido.

Seguiremos hablando de las ondas un poco más, pero en este momento vamos a introducir la segunda mitad del concepto y a definir qué entendemos por «función». Esto es fácil. Una función es una forma matemática de expresar una relación. Piensa, por ejemplo, en uno de esos gráficos que muestran la temperatura relacionada con el tiempo, que es algo bastante sencillo: probablemente la temperatura por la tarde sea más alta que por la mañana. Pero la temperatura depende también de la ubicación: varía de un lugar a otro y, por tanto, es una función de la posición. Lo mismo ocurre con la altura de una superficie de agua ondulada, que varía de un lugar a otro. Los matemáticos podrían utilizar la fórmula «$y = \operatorname{sen} x$» para describir la instantánea (la imagen inmovilizada) de una ola que se ha creado al lanzar una piedra a un estanque. Pero como en realidad esa forma ondulada está en constante movimiento sobre la superficie del agua, que podríamos dibujar o visualizar en nuestra mente como el eje-x, querríamos introducir también el tiempo utilizando «$y = \operatorname{sen}(x - t)$». No te preocupes por la ecuación; tratamos de explicar sencillamente que una *función de onda* es una representación matemática de una onda que puede describir su movimiento. Es decir, no solo nos dice qué forma tiene ahora una onda, sino que incluye además el modo en que esa onda cambia a lo largo de un periodo de tiempo.

Todo esto nos interesa porque el universo está compuesto por innumerables partículas que, como hemos visto, tienen «naturaleza de onda». El número concreto de partículas subatómicas, como los electrones, que hay en el universo es un diez seguido de ochenta y cuatro ceros. Luego están los fotones, partículas de luz, que podríamos considerar como ápices de energía. Hay aproximadamente mil millones de veces más fotones en el cosmos que partículas subatómicas «sólidas» como los electrones. Y toda esta fabulosa multitud de objetos semejantes a un punto diminuto, ya sean electrones o fotones, ¡se desplazan de maneras que una función de onda puede describir! Por lo tanto, si queremos saber lo que ocurre, es decir, dónde está algo o cómo se mueve, tenemos que estudiar las ondas.

Tal vez recuerdes que en el capítulo dos decíamos que un objeto, por ejemplo un electrón, puede representarse como un rayo recto (una línea) que se mueve ortogonalmente (en ángulo recto) al «frente» curvo de una onda en movimiento.

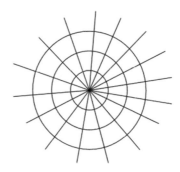

Figura 4.1 *Ondas creadas por una gota de agua (izquierda). Ilustración de los rayos y los frentes de onda (derecha). En el ejemplo de un objeto que cae al agua, las ondas circulares que se propagan hacia el exterior desde el punto de impacto determinan los llamados «frentes de onda».*

La expresión, un tanto complicada, que describe esta forma de movimiento es la función de onda, y en mecánica cuántica, la «función de onda» tiene su propio símbolo, la letra griega minúscula *psi*: ψ. La función de onda de una partícula cuántica describe una onda como la que vemos expandirse en el agua en la figura 4.1, y los rayos que se mueven ortogonalmente a sus frentes de onda son posibles trayectorias de la partícula.

La función de onda de un objeto como un electrón describe la probabilidad de observarlo en una determinada posición, y eso es en realidad todo cuanto podemos saber sobre el objeto. En la práctica, a diferencia de los objetos macroscópicos que vemos con los ojos, y que tienen trayectorias definidas reales, el movimiento futuro de la miríada de partículas diminutas que componen el universo puede inferirse solo como una probabilidad. Así que, por más que nos esforcemos, la ecuación de la función de onda no puede revelar exactamente dónde está un electrón o cómo se mueve; únicamente nos permite calcular la posición o el movimiento más probables, y hemos aprendido a conformarnos con eso.

Por tanto, una función de onda contiene información, aunque sea difusa, sobre las posibles posiciones de una partícula. Ahora bien, nosotros no podremos experimentar todas esas posiciones posibles. Sin ser observada, la función de onda de una partícula puede extenderse a una inmensidad de posibles posiciones, pero, una vez que la hemos observado, pierde esa libertad de expansión y al instante se concentra estrechamente en torno a una posición específica; acabamos de verlo. Esa transición de una función de onda amplia a una estrecha se denomina *colapso de la función de onda*. Y es en ese instante auténticamente glorioso en la vida de una partícula o cuanto de luz, el instante de su nacimiento, cuando deja atrás sus extraños e ilógicos atributos para asumir la apariencia de un objeto individualizado y modoso que no entraña más misterio que una hamburguesa.

Recuerda que en el país de la cuántica, el reino de lo diminuto, una partícula como el electrón existe en un estado de *superposición*, lo cual significa que está haciendo en un mismo instante todo lo que es posible hacer: está en la carretera A, en la carretera B, en ambas y en ninguna, todo al mismo tiempo. Esto quiere decir que un electrón en superposición tiene múltiples estados contradictorios que existen simultáneamente, como un espín (giro) hacia arriba y un espín hacia abajo. En realidad, la orientación del espín, por ejemplo, es siempre excluyente; un electrón no puede tener ambas modalidades de espín, y de hecho siempre tiene específicamente una o la otra cuando se mide. Ahora bien, *antes* de ser medido, no se puede hablar de que un electrón tenga ninguna propiedad definida.

El mundo macroscópico no actúa así. La luz de tu habitación está o encendida o apagada, pero no está encendida y apagada a la vez, y desde luego no está ni lo uno ni lo otro. Podemos observar una pelota de béisbol bateada con fuerza desplazarse por el aire hacia el campo exterior. Su trayectoria es clara. No está tomando dos caminos a la vez, uno hacia la zona de juego válida y otro hacia la zona no válida. O es *fair* o es *foul*, pero no ambas cosas. Sale disparada como un corcho de champán hacia lo alto o pasa silbando como una flecha en horizontal, pero no las dos cosas a la vez. Ni siquiera tendría sentido (y sería de lo más confuso para los árbitros).

Así que, durante todo un siglo, los físicos se han preguntado qué es lo que hace que el comportamiento de un objeto pase del reino cuántico del «todo vale» al reino de la ciencia clásica y el sentido común en cuanto se mide. ¿Qué es exactamente lo que hace que la función de onda se colapse para que el objeto obtenga un atributo propio de la vida real? Si se encontraba en un estado de «todo vale» y se convierte en un objeto real cuando lo observamos, parece lógico que la observación sea lo que ha provocado el colapso de la función de onda… pero si es así, ¿cómo? Y por otro lado, la correspondencia no es causalidad. Es decir, hay una correlación del cien por cien entre que el día comienza y la noche se desvanece justo a la vez. Sin embargo, a pesar de esta relación invariable, la noche no es la causa del día. Pero si la observación no provoca el colapso de la función de onda, ¿qué lo provoca entonces?

La multitud de aspectos escurridizos que surgen cuando tratamos con objetos diminutos —fenómenos en los que no necesitamos pensar cuando queremos calcular, por ejemplo, la posición de la luna– ponen en jaque a nuestras mentes racionales. Uno de ellos es que medir, o incluso observar, un objeto subatómico siempre le afecta de alguna manera, ya que cualquier información que obtengamos implica siempre un intercambio de energía. Piénsalo un momento: si ves algo, es porque los fotones o cuantos de energía electromagnética han impactado en las células de la retina; han hecho llegar la fuerza electromagnética, que es una de las cuatro fuerzas fundamentales, a los átomos de esas células y, como consecuencia, han provocado la aparición de impulsos eléctricos. ¿Es posible percibir algo sin un intercambio de energía? El mero proceso de observación puede alterar lo que está ocurriendo a un nivel fundamental sin que ni siquiera nos demos cuenta, del mismo modo que usar una linterna para intentar saber qué hacen los ratones por la noche cambiará su comportamiento nocturno y nos llevará a sacar conclusiones equivocadas.

Por lo tanto, la cuestión de cómo y por qué «provoca» un observador que las cosas sean exactamente como son puede ser a la vez la cuestión que más reclama que la investiguemos y la más obstinadamente difícil de desentrañar.

Hay innumerables experimentos que han aportado pistas, entre ellos el famoso experimento de la doble rendija, en el que se proyectan electrones contra una barrera en la que hay dos aberturas próximas entre sí. Si el haz de luz es lo bastante ancho como para que el electrón tenga un cincuenta por ciento de probabilidades de pasar por cualquiera de las dos rendijas, lo que nos espera es muy interesante. Sabemos que, según las reglas del mundo cuántico, cada electrón del haz de luz existe como una función de onda borrosa; por lo tanto, experimentará todas las posibilidades a la vez y pasará por ambas aberturas. Luego, esas diferentes porciones de la onda del electrón «interfieren» entre sí y crean un patrón de interferencia definido, fácilmente identificable en la pantalla del detector, situada al fondo.

Ahora entramos de nuevo en el laboratorio y repetimos el experimento, pero añadiendo esta vez un dispositivo de medición que nos diga por cuál de las dos rendijas pasa el electrón. Y así, sin más, por sí solo, el electrón pierde su existencia borrosa de onda de amplia probabilidad y, en lugar de pasar por ambas aberturas, se comporta como partícula y pasa por una sola. Ahora no aparece ningún patrón de interferencia en la pantalla.

Es incalculable la cantidad de veces que se han realizado variaciones de este experimento en los últimos setenta y cinco años. Y siempre, la única variable que provoca el colapso de la función de onda –o transición del electrón, de un comportamiento de onda difusa a un comportamiento de partícula clásica– es la observación, o la medición por parte de un observador. En algunas variantes, lo único que cambió de una versión del experimento a otra fue ¡la información que había en la mente del observador! En ese caso, cuando se configuraba el detector final de modo que un ordenador distorsionara y aleatorizara los resultados para hacerlos ininteligibles, el electrón conservaba su comportamiento cuántico y pasaba por ambas rendijas, produciendo el patrón de interferencia. Pero cada vez que se desactivaba el distorsionador para que el observador pudiera obtener información válida sobre la rendija o rendijas que el electrón había atravesado, en ese nanosegundo, el patrón de interferencia desaparecía y la trayectoria del electrón volvía a ser una única rendija, ¡incluso retroactivamente! Ese electrón es una partícula o una onda, cuya trayectoria cambia con claridad de «ambas rendijas» a «una rendija», ¡dependiendo únicamente de lo que sepa la persona que está en la sala! Es bastante fantasmagórico.

No hay manera de eludirlo. No se sabe cómo, la observación es la causa de la transición del comportamiento cuántico al clásico. Por supuesto, se le ha intentado dar todo tipo de explicaciones. Entre ellas, la idea de que una partícula que actúa de forma cuántica puede perder sus características cuánticas de «todo vale» y «cualquier cosa es posible» debido a una interferencia de ondas, por el simple hecho de situarla en compañía de objetos macroscópicos y recibir su influencia. Otros han aventurado que tal vez sea un campo gravitatorio el causante. Pero en todos los casos, se ha encontrado algún problema.

Incluso hoy en día, continúan los debates sobre si es necesario que el observador sea un ser vivo y consciente. Muchos afirman que cualquier interacción o medición «obliga» a un fotón o cualquier otra partícula subatómica a asumir propiedades definidas y cuenta por tanto como una observación, pues colapsa su función de onda. En la realidad, algunas propiedades de los observadores provocan ciertos efectos físicos, mientras que otras propiedades conducen a otros efectos. Es difícil desenmarañar esto por muchas razones, incluyendo algunas que probablemente resultan obvias: claro que podemos hacer mediciones a través de instrumentos automatizados. Pero todas las observaciones (incluso las mediciones realizadas por un instrumento) podemos conocerlas solo por medio de la conciencia. Si nadie mira nunca los resultados, todo queda en una cuestión borrosa y especulativa. Además, como veremos en el capítulo once, resulta que un observador debe tener memoria para poder establecer una «flecha del tiempo» y, en consecuencia, relaciones de causa y efecto en todo lo que observa a su alrededor. (El apéndice uno contiene un análisis detallado de la cuestión del observador, para quienes tengan interés en saber más).

En definitiva, lo único que podemos afirmar con *seguridad* es que un observador consciente hace que se colapse una función de onda cuántica. No hace falta decir que las repercusiones de esto son mucho mayores de lo que casi nadie imaginó en un principio, como estamos a punto de ver.

Ya hemos explicado que una función de onda se extenderá típicamente sobre toda una diversidad de posiciones posibles pero que, en cuanto se produce la observación, la función de onda pierde esa libertad de expansión y al instante se concentra estrechamente en torno a una posición específica, y esa transición de una función de onda amplia a una estrecha se denomina *colapso de la función de onda*.

Veamos cómo se produce ese colapso. Imagina que la función de onda de una partícula, digamos un electrón, se propaga como una onda plana, como se ilustra en la figura 4.2. Si te sirve de ayuda, recuerda la onda que veíamos producir ondulaciones concéntricas en un estanque. En este caso, los planos son como los frentes de onda paralelos que las ondulaciones van formando. Los rayos, que no se muestran en la figura, son líneas ortogonales a esos planos. (La línea ondulante de la figura tiene la sola finalidad de recordarnos que una onda se dirige hacia la pantalla).

Figura 4.2 *Una función de onda plana interactúa con una pantalla fluorescente. Cuando un observador mira la pantalla, ve el punto, que puede estar en cualquier lugar de la pantalla.*

Si ponemos una pantalla fluorescente en el camino del electrón, después de mirar la pantalla observaremos un único punto en algún lugar de ella.

La probabilidad de observar el electrón (o cualquier partícula) en una posición dada la determina su función de onda. (En la práctica, los físicos obtienen la probabilidad matemática tomando el cuadrado de la función de onda.* Recuerda que vamos a limitarnos a describir el proceso y te vamos a ahorrar las operaciones matemáticas).

---

* N. de los A.: Más concretamente, la función de onda es un objeto de dos componentes (ψ_1, ψ_2), que puede escribirse como un número complejo, $\psi = \psi_1 + i\psi_2$, cuyo cuadrado absoluto, $|\psi|^2 = \psi_1^2 + \psi_2^2$, expresa la probabilidad.

Antes de que lo observáramos, la probabilidad de que el electrón llegara a cualquier punto determinado de la pantalla era la misma para todos los puntos; si la onda de otro electrón llega a la pantalla, veremos entonces otro punto diferente, lo más probable es que en algún otro lugar de la pantalla, y, tras muchos encuentros de este tipo, observaríamos una distribución uniforme de puntos sobre ella.

Antes de mirar la pantalla, cuando todavía tenemos cero información sobre la posición de la partícula, la función de onda se extiende por todo el espacio como una onda plana. Pero una vez que miramos y vemos un punto, tenemos información útil y finita sobre la pregunta «¿Dónde está la partícula?», y la función de onda se colapsa y se fija como una nube alrededor de una determinada posición, como en la figura 4.3.

Por lo tanto, una forma fácil de entender todo este asunto es considerar la función de onda como un método de transmisión de información sobre probabilidades. Nos dice dónde es más probable que se materialice una partícula y, a la inversa, dónde no hay que molestarse en buscarla. Cuando la función de onda ya no está vagamente extendida por doquier en una situación de onda plana para la que «(casi) cualquier cosa es posible», sino que está oportunamente localizada, como antes hemos visto, sabemos que estamos cerca de la respuesta a la pregunta de «¿Dónde está?».

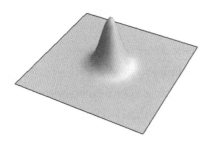 

Figura 4.3 *La ubicación de la densidad de probabilidades calculada a partir de una función de onda localizada alrededor de un punto. Dicha función de onda nos da la información de que la partícula se encontrará con mayor probabilidad en el centro de la «nube».*

Hasta este momento hemos considerado la función de onda de una sola partícula. Pero cuando se describe un sistema de dos, tres o muchas partículas, por no hablar del universo entero, la función de onda es una expresión de las posiciones de todas esas partículas. Si disponemos de suficiente potencia informática para hacer los cálculos, dicha función de onda nos dará entonces la información sobre cómo es el universo que experimentamos y qué es lo más probable que ocurra en el momento siguiente.

La función de onda representa, pues, el mundo que experimenta un observador como tú. Pero el mundo contiene también otros observadores.

Hemos visto que una función de onda describe la probabilidad. Pero si tenemos en cuenta que el mundo real contiene numerosos observadores, nos vemos obligados a expandir lo que significa *probabilidad*. Porque ¿es la probabilidad igual para todos? No necesariamente. Cualquier jugador de cartas sabe que su cálculo de probabilidades de que otro jugador tenga una determinada carta va cambiando a medida que va recibiendo información durante el juego. Y dado que los jugadores tienen diferentes cartas en las manos, el cálculo de esa probabilidad es diferente para cada uno de ellos. Así que averiguar cómo se desarrollan las situaciones o surgen las partículas o interactúan los movimientos se vuelve mucho más complejo cuando consideramos la multiplicidad real de la realidad que nos rodea, y la simple expresión *función de onda* exige de repente complicados cálculos y sistemas computacionales de gran potencia. (Por supuesto, te vamos a ahorrar de nuevo todas esas complicaciones matemáticas).

Y este mundo de muchos observadores nos lleva, por fin, a la «teoría de los muchos mundos». En un experimento como el que se muestra en la figura 4.2, antes de que miráramos la pantalla todas las posiciones del punto eran posibles, y la función de onda se reflejaba en la pantalla como una superposición de todas esas posibilidades. Cuando miramos la pantalla y vemos el punto negro que marca el impacto del electrón, esa función de onda de probabilidades se ha colapsado.

Supongamos ahora que no miras la pantalla, sino que la mira solo tu amiga Alice, que está en el laboratorio contigo. Ella ve un resultado definitivo del experimento, es decir, un punto negro en algún lugar de la pantalla. En relación con Alice, se ha producido un colapso de la función de onda; pero en relación contigo no: la función de onda no se ha colapsado, y sigue reflejando en la pantalla una superposición de todos los posibles puntos de impacto. Y además, como Alice ha mirado, se ha entrelazado con el resultado concreto que ese punto refleja en la pantalla.

Esto quiere decir que el mundo que experimenta Alice ha cambiado de maneras irrevocables una vez que ha visto el punto. Alice tendrá un recuerdo de esa observación. Si es un día en el que no hay ninguna noticia destacada y tampoco ha ocurrido nada notable en su vida, quizá les cuente a un par de amigas lo que ha observado y lo que cree que significa. Puede que ellas se lo cuenten a sus amigos, y que cada uno de esos amigos envíe un tuit sobre el tema a doscientas cincuenta y una personas, cinco de las cuales lo consideran tan importante como para que esa información los lleve a tomar ciertas decisiones. Inspirada por el experimento descrito en el tuit, una de ellas, Emma, decide volver a la universidad a estudiar física teórica. Pero de camino a su primera clase seis meses después, tiene un accidente de poca importancia en el aparcamiento de la facultad. Así es como conoce a Michael, el conductor del otro coche y profesor de física, y aunque su relación empieza con una Emma furiosa, que le grita por no mirar por dónde va, finalmente se casan y colaboran para mejorar sustancialmente las armas nucleares. Más adelante, esa tecnología cae en manos de un grupo terrorista que predica un programa radical contra el *hip-hop*, y el grupo hace detonar su arma en el Salón de la Fama del Rock and Roll de Cleveland.

Todos estos acontecimientos, incluida la destrucción de Cleveland, están íntimamente relacionados con el punto que Alice vio en su monitor. Todos estos acontecimientos ocurren o no ocurren, al igual que el punto se concreta o no se concreta, y juntos componen un «mundo» que, o bien es una posibilidad, o bien, atendiendo a la interpretación de los muchos mundos que hizo el físico cuántico Hugh Everett en la década de 1950, es un mundo de hecho, que constituye una especie de realidad alternativa.

Pero en lo que a ti respecta, la función de onda de la pantalla y el que Alice haya visto un punto negro —así como la vida que eso determina para ella y para sus amigos— continúan en superposición. Esa situación de superposición contiene muchas versiones de Alice, cada una de las cuales ve el punto negro en un lugar diferente de la pantalla o no lo ve en absoluto. Solo cuando *tú* miras la pantalla observas un punto definido, y entonces oyes a Alice decir que ella también ve el punto en el mismo lugar. Antes de la medición, había muchas posibilidades, que definiríamos como «muchos mundos posibles», pero después de la medición, tu conciencia se «engancha» a uno de esos mundos.

Según la interpretación de la mecánica cuántica formulada por Everett, esos muchos mundos no son solo hipotéticos, sino que existen realmente como componentes de una función de onda universal que se desarrolla igual que un árbol de muchas ramas y nunca se colapsa. En lugar de un colapso que acaba con todas las posibilidades en el momento de la observación, cada medición hace que la función de onda se divida, y cada rama resultante contiene una copia del observador con su particular memoria del resultado específico que ha observado en su caso (figura 4.4). Por ejemplo, en una rama Alice y tú veis un punto negro en la esquina superior izquierda de la pantalla, mientras que en otra rama lo veis en la esquina inferior derecha, y así sucesivamente. Cada rama es un «mundo» que una copia de ti y de Alice experimentan. Desde el punto de vista de cada una de esas copias de ti, la función de onda se ha colapsado, ha dejado de ser una función de onda que abarcaba la superposición de los muchos resultados posibles de la medición, y es ahora una función de onda que refleja un resultado único.

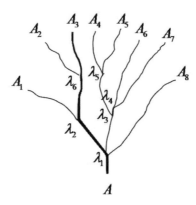

Figura 4.4 *Función de onda representada como un árbol ramificado. La línea en negrita representa el camino de la conciencia. Los otros caminos no pertenecen a mis experiencias, sino a las experiencias de cada copia de mí.*

El otro aspecto importante es que, desde la perspectiva de algún otro observador que no haya mirado la pantalla, la función de onda sigue sin haberse colapsado, y contiene muchas copias de la pantalla y de ti. Por ejemplo, si Alice no mira la pantalla, en su experiencia sigue siendo una función de onda que contiene muchas copias de la pantalla y de ti. Si eres tú el que no mira, en tu experiencia sigue siendo una función de onda que abarca muchas copias de la pantalla y de Alice.

Estos ejemplos de ti y Alice dejan claro que una función de onda que contenga un conjunto restringido de posibilidades *es siempre relativa a algún observador*. Es la primera prueba innegable de que la función de onda depende del observador y de que decir esto no es hacer una afirmación difusa o abierta a interpretaciones ni esconde, por supuesto, la intención mística de convertir la física en un seminario de yoga, como algunos han insinuado.

Para entenderlo con más claridad, pongamos otro ejemplo de un conjunto restringido de posibilidades que cambie la función de onda: piensa en qué ocurre si de entrada el electrón está confinado dentro de, digamos, una caja. La posición del electrón está en algún lugar de la caja, y la función de onda lo refleja. Sin embargo, si no lo hubiéramos confinado, el electrón podría estar en cualquier lugar del universo. E incluso ahora, el valor de la función de onda sigue teniendo flexibilidad para cambiar dependiendo de lo que hagamos: si abrimos la caja, la función de onda del electrón empieza a extenderse y, al cabo de suficiente tiempo, la probabilidad se extiende uniformemente por todo el universo. Es decir que, si no confinamos una configuración de partículas, la función de onda incluye todas las configuraciones posibles. De esto se infiere que, si la función de onda *no* se extiende uniformemente sobre todas las configuraciones posibles, es porque ha sido observada, medida o un observador ha interferido en ella de alguna manera. Si es así, dicha función de onda es relativa a ese observador. No puede haber ninguna función de onda que comprenda un conjunto restringido de configuraciones posibles que no haya sido observada y sea, por tanto, relativa a algún observador. Lo mismo ocurre con la función de onda del universo: representa un universo experimentado por ese observador, por ejemplo Bob, y contiene a otros observadores, como Alice.

En relación con este razonamiento, queremos asegurarnos de que, al intentar comprender la teoría de los muchos mundos de Everett, no cometes el error tan común de visualizar la «función de onda universal» como si fuera una entidad independiente que anduviera por ahí flotando y penetrando el universo entero. Si imagináramos tal cosa, tendríamos que imaginar también que nosotros somos espectadores innecesarios. En vez de esto, debemos tener presente que, para abarcar todas las posibilidades, todas las configuraciones, incluso todos los universos posibles, las partículas y objetos y energías de todo tipo necesitan que un observador los perciba o enrede con ellos de alguna manera para poder manifestarse, y por tanto son relativos a ese observador. Así que ninguna configuración del contenido del cosmos se desarrolla independientemente de nosotros. En otras palabras, aunque la función de onda global o universal se imagine a veces como sinónimo de todos los mundos posibles, incluidas las situaciones tanto anteriores como posteriores a la intromisión, vamos a no creer en fantasmas: sin la observación y su íntima correlación con la conciencia, son todo fantasías.

Si tienes la sensación, querida lectora o lector, de que la mayor parte de todo esto aún se te escapa, no te preocupes. Tienes compañía en abundancia, incluida la de muchos físicos cuando se encontraron con estas ideas por primera vez. Hemos visto que estas revelaciones surgen directa e indirectamente de la mecánica cuántica, pero vale la pena mencionar que, en la práctica, los físicos «observan» el modo de operar de las leyes cuánticas exclusivamente a través de los ojos de las matemáticas, mientras que nosotros intentamos hacerlo a través de torpes descripciones verbales y analogías. Ten un poco de paciencia. Hemos sentado una base importante, pero no es más que la plataforma de lanzamiento para nuestra exploración de *cómo funciona todo*. Lo que inviertas en comprenderlo a fondo te reportará dividendos que harán añicos la concepción ya obsoleta que tal vez tengas de la realidad.

En este capítulo hemos descrito cómo lo real surge de lo posible y qué relación tienen con todo eso la función de onda y los observadores. También hemos visto que, aunque solemos considerar que los «universos múltiples» de la ciencia ficción son simplemente eso, ficción, podría haber más que un ápice de verdad científica en esta denominación tan popular. Las realidades alternativas a las que hacíamos referencia en el capítulo dos podrían ser algo más que una imaginación de hipotéticas tramas.

Si es así —y todo lo que podría suceder sucede realmente en algún universo de Everett— entonces, por supuesto, la muerte no existe en sentido real, ya que la conciencia y la experiencia continúan para siempre sin disminución (seguiremos hablando de esto en el capítulo diez). Todos los universos posibles existen simultáneamente, independientemente de lo que ocurra en cualquiera de ellos. Así, en algunos mundos, Napoleón no fue derrotado en Waterloo. En algunos mundos, Alejandro Magno no nació. Y a ti, en el instituto, te eligieron realmente reina del baile o te nombraron capitán del equipo.

ABAJO EL REALISMO

5

¿Percibimos algo aparte de nuestras ideas o sensaciones?

– EL OBISPO GEORGE BERKELEY

El ser humano, en su incansable intento por comprender las realidades subyacentes de la vida, se encontró a principios del siglo xx con algo para lo que su mente no estaba preparada: la teoría cuántica. Hasta entonces, la ciencia había coincidido siempre con el sentido común, que dictaba que la percepción que cada individuo tenía de la naturaleza era mucho menos importante que la propia naturaleza. Al fin y al cabo, la composición de una roca y su ubicación eran hechos fehacientes, mientras que la medición que alguien hacía de esas cualidades podía ser dudosa y estaba sujeta a revisión.

Este punto de vista clásico, basado en el sentido común y considerado hasta entonces una visión «realista», refleja lo que la mayoría de la gente sigue creyendo hoy en día: que el mundo objetivo que hay «ahí fuera» es real, mientras que la «opinión» que cada persona tiene de él es hasta cierto punto especulativa. Incluso el lenguaje reafirma esta distinción. Decimos: «Intenta ser objetivo» o «No dejes que la subjetividad influya en tu informe».

Hay una expresión que los estadísticos y los científicos utilizan con frecuencia al referirse a ciertos modelos, y es que son *falsos pero* *útiles.*[*] En la vida cotidiana, los principios que caracterizan la perspectiva realista tienen cierta utilidad obvia: es importante tomar en consideración la posible parcialidad y subjetividad al evaluar lo que alguien nos cuenta, y nadie intenta pasar por una puerta sin abrirla antes (o en caso de hacerlo, probablemente no volverá a cometer el mismo error). Pero veamos lo que se entiende por «realismo» en el ámbito de la física. Los textos lo definen como «la doctrina de que los objetos materiales tienen existencia propia, con independencia de que la mente tenga conciencia de ellos». En otros casos, como «el principio de que la materia tiene su propia existencia independiente de nuestra mente» o como «la cualidad del universo de existir independientemente de nosotros». Una definición dice que el realismo es «la perspectiva de que la realidad existe con propiedades definidas incluso aunque no esté siendo observada».

Con que hayas prestado solo un poco de atención a lo que hemos contado en los capítulos anteriores, te darás cuenta del problema. En el nivel cuántico, la premisa de que las entidades de la naturaleza tienen propiedades objetivas, como posición y movimiento, que existen independientemente de cualquier medición es algo que los datos experimentales y observacionales contradicen rotundamente. Hoy en día, la perspectiva biocéntrica de que la naturaleza y el observador son correlativos está ampliamente extendida, y a pesar de que la gran mayoría del público sigue concibiendo el universo como un ente material definido e independiente de la conciencia, son muchos los físicos que están en desacuerdo con esta noción. Esto significa que, aunque puedes contar con que la puerta estará dolorosamente presente si intentas atravesarla, la ubicación de las partículas individuales que la componen sigue siendo una cuestión de probabilidad. Por si te sirve de algo, Einstein se resistía a aceptar esto como se resiste la mayoría

---

[*] N. de la T.: En referencia a los modelos, entendidos como representaciones mentales que nos hacen más fácil digerir la información y tomar decisiones, el estadístico George Edward Pelham Box dijo en 1976: «Todos los modelos son falsos, pero algunos son útiles».

del público en la actualidad: sin realismo, vivimos en ese «juego de dados» que él tanto deploraba.

Pero el realismo no fue el único elemento de la ciencia que arrastró a su paso el tsunami de la teoría cuántica en las primeras décadas del siglo XX. También desapareció de repente la «localidad». Esta era otra ancestral convicción de puro sentido común: que una cosa solo puede ser empujada, movida o influenciada por algo que esté en su proximidad inmediata y en contacto directo con ella. Así, todo el mundo sabía que una bandera que ondeaba frente a su ventana estaba siendo obligada a moverse por una sustancia material próxima, incluso aunque ese «cuerpo actuante», en este caso el viento, no se pudiera ver.

La erosión de la localidad empezó nada menos que con nuestro viejo amigo Isaac Newton, quien, como veíamos en el capítulo dos, nos dio las primeras nociones fidedignas de cómo se mueven las cosas y nos presentó esa «fuerza», a la que denominó con el término latino *gravitas*, que extiende sus garras invisibles e influye en los objetos grandes y pequeños por igual.

Pero había algo en sus descripciones de la gravedad que a Newton le inquietaba. Era el asunto de la localidad, aunque ese término específico no se acuñaría hasta al cabo de dos siglos.

En varias cartas de 1692, daba vueltas y vueltas a la idea de que había propuesto una supuesta fuerza que hacía a los objetos cambiar de posición sin ser tocados físicamente del modo que una bandera es tocada por el viento. «Que un cuerpo pueda actuar sobre otro a distancia a través del vacío, sin la mediación de nada más [...] —escribía— es para mí un absurdo tan grande que creo que ningún hombre que tenga [...] la facultad de pensar con competencia lo creerá jamás posible».

Así expresaba Newton, en un estado de angustiosa introspección poco habitual para la época, el profundo temor a que sus hipótesis fueran en cierto sentido imposibles, por más que sus «leyes» confirmaran sistemáticamente que eran verdad.

Claro está que la gravedad fue solo la primera de las fuerzas invisibles que se descubrieron. Algunas de las energías que detectaron los físicos posteriores operaban a través de «campos», lo cual introdujo la noción de fuerzas que se filtraban en el espacio aéreo circundante por caminos invisibles trazados con sus delicados zarcillos. Todo ello era espeluznante, y sin embargo explicaba el comportamiento de algunos objetos físicos que, de otro modo, no había forma de comprender; por ejemplo, los imanes, que pueden controlarse a través de campos magnéticos para que, sin nuestra intervención, manifiesten movimiento o, por el contrario, una resistencia férrea al movimiento. Hoy en día, estos campos magnéticos se utilizan en sistemas automáticos de cierre de puertas cuya acción no podemos impedir por mucha fuerza que hagamos.

Einstein, el iconoclasta por excelencia, mantuvo sin embargo toda su vida una adhesión inquebrantable al principio de localidad. Poco más de dos siglos después de que Newton expresara sus dudas, Einstein formuló sus teorías de la relatividad con una estricta adhesión a los principios de localidad, incluyendo un importante ajuste adicional: que el efecto de cualquier objeto, campo o unidad de energía está limitado por una velocidad de desplazamiento específica, que es la velocidad de la luz. Lo cual quería decir que la influencia instantánea era imposible.

Esto significaba que, al calcular los efectos de un evento, podíamos tener la seguridad de que las consecuencias más rápidas que observaríamos tendrían un segundo de retraso por cada 299.792,4 kilómetros de separación. Es decir, que si una estrella explotara violentamente, convertida en supernova, el retraso con que los observadores terrestres verían ocurrir el fenómeno coincidiría con la distancia exacta de la estrella en años luz. El prodigioso resplandor de una supernova que se produjera ahora, a una distancia de cien años luz, iluminaría de repente el cielo en el primer cuarto del siglo XXII.

Einstein insistió en que la gravedad, también, debía de obedecer a la localidad, de modo que cuando dos agujeros negros ultradensos colisionaron y se fusionaron a 1.300 millones de años luz de distancia, las ondas gravitacionales resultantes, que llegaron en 2017 a los recién construidos detectores LIGO del desierto chileno de Atacama, se habrían originado hacía 1.300 millones de años.

Dado que aquí en la Tierra las distancias son pequeñas, los retrasos de causa y efecto son insignificantes, aunque actualmente medibles. Según las reglas de la localidad y la limitación de la velocidad de la luz establecidas por Einstein, el retraso equivale a una milmillonésima de segundo por cada metro de separación. Así, cuando saludas a una amiga que se encuentra al otro lado de la calle a 15 metros, su respuesta o su grito de «¡hola!» se retrasa 50 nanosegundos, o 50 milmillonésimas de segundo, el tiempo que tarda tu imagen en llegar a sus ojos, aunque hasta el momento no parece que esta invariable demora haya sido motivo de perturbación en las relaciones sociales.

Lo que *sí* fue perturbador, al menos para muchos físicos, fue la llegada de la mecánica cuántica, cuyas ecuaciones demostraban sistemáticamente algo tan desconcertante como que los efectos e influencias de los objetos diminutos estarían totalmente libres de todas esas limitaciones y demoras inducidas por la velocidad de la luz.

Quizá recuerdes que este era uno de los motivos por los que las predicciones de la teoría cuántica sobre el entrelazamicnto les resultaban del todo inaceptables a Einstein y sus colegas Nathan Rosen y Boris Podolsky, quienes escribieron juntos el radical e influyente artículo de 1935 sobre el tema, como se ha comentado en un capítulo anterior. Según la teoría cuántica, la «detección» que hace una partícula entrelazada del estado de su gemela, así como su propia respuesta a ese estado, se producen instantáneamente, en tiempo real. La «información» del colapso inicial de la función de onda no necesita mil millones de años para propagarse por el espacio y llegar a la partícula gemela, aunque se encuentre en una galaxia situada a mil millones de años luz, sino que la gemela lo sabe al instante y responde al instante. Adiós a la localidad. Y como la partícula entrelazada solo asume su propiedad definida en respuesta a la medición de su gemela, el entrelazamiento ofrecía además otra prueba de que tampoco el realismo tenía ya cabida.

Pero la localidad y el realismo habían gobernado el pensamiento humano desde que los neandertales correteaban por ahí en ropa interior de piel de mamut, y los físicos no iban a desprenderse de esos principios así como así.

En una esquina estaban Einstein, Rosen y Podolsky, los famosos «EPR», el pelotón del *sheriff* que custodiaba la cárcel de la física clásica. Los tres afirmaron rotundamente que si el entrelazamiento en verdad producía los efectos que se habían predicho, tenía que ser debido a alguna variable local oculta que se desconocía o a que el experimento se había contaminado en algún sentido. Einstein y compañía siguieron convencidos de que nada podía influir en ningún objeto a menos que hubiera entre ellos algún tipo de contacto directo, aunque fuera a través de campos de energía; de que la velocidad de la luz era un límite de velocidad absoluto, y, lo más importante de todo, de que todo ocurría tanto si lo observábamos como si no. (Aun así, se sabe que Einstein le preguntó a un colega en privado: «*¿Tú* crees que la luna existe cuando nadie mira?»). Los tres se jugaron la reputación por defender el punto de vista del sentido común, porque estaban totalmente convencidos de que, se descubriera lo que se descubriera, la localidad y el realismo eran incuestionables.

A la vez, era 1935 y el público que vivía en la era de la Gran Depresión no podía permitirse ni comprar unos zapatos, a lo cual se sumó luego la amenaza de las potencias del Eje, decididas a dominar el mundo. Pocos tenían noticia de que en el mundo académico se estuviera librando una batalla épica en torno a si los cazas Messerschmitt existían o no cuando nadie los miraba.

La cuestión aún no se había resuelto del todo cuando los autores de este libro empezamos a ir al colegio. Y entonces, en 1964, apareció John Bell, con su trabajo teórico en el que utilizaba la probabilidad para explorar posibles desigualdades de medida de objetos entrelazados en función de distintas configuraciones del detector. Es una prueba matemática demasiado complicada para entrar en ella en este momento, pero el resultado es que las probabilidades no coinciden con lo que cabría esperar si alguna variable local oculta fuera la causante del extraño comportamiento de las partículas entrelazadas. Los experimentos realizados en los veinte años siguientes, en particular por Alain Aspect, asestaron un golpe tras otro a la postura de Einstein, Podolsky y Rosen sobre la variable local. Sin embargo, estos experimentos tenían lagunas, debidas sobre todo a las limitaciones del instrumental utilizado, y hasta los años inmediatamente anteriores al nacimiento del siglo XXI no pudieron los experimentos de laboratorio demostrar de forma concluyente la derrota definitiva del realismo local.

La demostración inicial de la comunicación cuántica a gran distancia, el experimento que realizó en 1997 Nicolas Gisin, del que hemos hablado en un capítulo anterior, utilizó un instrumental capaz de medir retrasos miles de veces inferiores a las veintiséis milésimas de segundo que la luz habría necesitado para transmitir la información a través de los once kilómetros de distancia que separaban a los gemelos entrelazados en la prueba de laboratorio de Gisin. El hecho recién certificado de la transferencia de información a mayor velocidad que la de la luz cambió radicalmente el panorama: la velocidad de la luz había dejado de ser el límite de velocidad permitido.* Aun así, los frikis de la ciencia se preguntaban: «Ya, pero eso del entrelazamiento ¿se produce simplemente a una velocidad superior a la de la luz o es realmente instantáneo?». Porque era cierto que romper la barrera de la velocidad de la luz era algo tan formidable como para echar por tierra la férrea defensa de la física clásica erigida por el grupo EPR, pero viajar en cero tiempo tenía unas implicaciones sin precedentes sobre la propia naturaleza de la realidad.

---

* N. de los A.: La información que damos aquí se refiere al estado cuántico del gemelo entrelazado. No es posible que dos personas se comuniquen intercambiando mensajes a mayor velocidad que la de la luz empleando el entrelazamiento cuántico.

Ya conoces a los investigadores: si hay algo que se deje cuantificar, harán lo imposible para fijar esa cifra. Así que en 2013, un equipo de físicos chinos entrelazaron pares de fotones y luego transmitieron la mitad del par a unidades receptoras situadas a casi dieciséis kilómetros de distancia en una orientación este-oeste, a fin de minimizar los efectos de confusión causados por la velocidad de rotación de la Tierra, de 1.666 Km/h. Básicamente, el trabajo consistía en medir un miembro del par entrelazado y ver luego cómo de rápido asumía el otro un estado complementario, y en repetir durante doce horas seguidas el procedimiento, haciendo numerosas mediciones cada hora, para contabilizar cualquier valor atípico y enfocarse con total precisión en el tiempo transcurrido entre la medición de un fotón y la respuesta del otro.

Al final de la jornada, el equipo chino descubrió que el entrelazamiento cuántico intercambia información a unos treinta millones de kilómetros por segundo, es decir, a una velocidad unas diez mil veces superior a la de la luz. Esa velocidad pasmosa, equivalente a cuatro mil viajes de ida y vuelta de la Tierra a la luna en un segundo, fue noticia de primera plana. Sin embargo, aunque confirma la predicción de transmisión «instantánea» hecha por la teoría cuántica, no es concluyente. Dado que ese era el límite mínimo que el instrumental utilizado en el experimento permitía cuantificar, la cifra real indicaría casi con seguridad una velocidad más alta. De modo que la predicción de transmisión «sin tiempo» hecha por la teoría cuántica sigue a salvo, ya que ha superado todas las pruebas experimentales a las que se la ha sometido. De hecho, hoy en día se anuncian con regularidad experimentos que muestran tanto violaciones de la localidad (efectos instantáneos de fuentes distantes sin contacto directo) como violaciones del realismo (la idea de que los objetos existen con propiedades definidas incluso aunque nadie los observe).

Ahora que las predicciones de la teoría cuántica se demuestran en repetidos experimentos y que el castillo del realismo local se ha derrumbado definitivamente, científicos, filósofos y metafísicos se encuentran en una extraña situación de alianza y temporalmente unen sus fuerzas y se preguntan juntos qué significa todo esto a un nivel profundo, el del sentido de la vida.

Ciertamente, se ha establecido que existe algún tipo de interconexión en el universo, alguna propiedad aún desconocida de no separación entre objetos, sin importar la supuesta distancia que haya entre ellos. La creencia en la «unidad» no es ya cosa de los místicos. «La no separabilidad –dijo el físico Bernard d'Espagnat– es actualmente uno de los conceptos generales más ciertos de la física».

Este fue un puente importante hacia el modelo biocéntrico. Y, también, un clavo más en los ataúdes del tiempo y el espacio. Por supuesto, estos conceptos siguen resultando útiles, fundidos en la combinación matemática einsteiniana del «espaciotiempo», que nos permite calcular cómo deben moverse los objetos clásicos a través del universo y cómo miran los observadores sujetos a un «marco de referencia» de velocidad y fuerza gravitatoria los objetos y acontecimientos sujetos a otro marco; hablaremos más sobre el espaciotiempo en un capítulo posterior. Pero ¿el «tiempo» y el «espacio» como componentes fiables y definidos de alguna matriz externa? Olvídalo: cualquier pretensión de que uno u otro tengan una realidad inherente e independiente ha desaparecido para siempre jamás. La ironía del asunto es que fue el propio Einstein el primero en tirar de la manta, al mostrar en sus teorías de la relatividad que tanto el espacio como el tiempo pueden deformarse, encogerse e incluso colapsarse hasta desaparecer, dependiendo de las circunstancias locales.

Pero si el tiempo y el espacio ya no son entidades fiables e independientes, ¿cómo debemos visualizar entonces nuestro universo y el lugar que ocupamos en él? ¿Dónde y cómo debemos imaginar entonces que se desarrolla todo?

Cada vez que aparece la palabra *solipsismo*, la ciencia se pone en guardia porque la considera una conclusión peligrosa que debe quedar excluida de cualquier debate científico. Sin embargo, no es difícil entender la razón por la que esa palabra aparece una y otra vez. Un examen exhaustivo de las implicaciones de la teoría cuántica es una excursión por un sendero que bordea los resbaladizos límites del solipsismo.

El *Random House Webster's Dictionary* define el solipsismo como «la creencia de que solo el yo existe o se puede demostrar que existe».[*] La reacción inicial de la mayoría de la gente al leer esto es decir: «Qué estupidez». Pero ese rechazo tan rápido se desvanece al pensar en ello más detenidamente.

Todo el mundo ha oído la frase más famosa de René Descartes *cogito, ergo sum* ('pienso, luego existo'). Menos conocida es otra cita suya: «El primer precepto era no admitir como verdadera cosa alguna, como no supiese con evidencia que lo es [...] porque se presentase tan clara y distintamente a mi espíritu que no hubiese ninguna ocasión de ponerlo en duda». A Descartes le obsesionaba tener la seguridad de que las pruebas que utilizaba para construir su concepción del mundo eran fiables.

La suya era una pregunta básica, que sirve de fundamento a cualquier indagación sobre la naturaleza de la realidad: «¿De qué podemos estar totalmente seguros?». A lo largo de la historia, han desfilado ante los ojos del ser humano toda clase de afirmaciones aparentemente sólidas sobre la realidad que, en su momento, se le han presentado como la verdad absoluta, pero en todas ha habido siempre lagunas o incoherencias. En la Francia del siglo XVII, Descartes vivía rodeado de una comunidad de pensadores que estaban empeñados en delinear un universo objetivo, basado en la materia, y en eliminar de la ecuación al observador subjetivo. Sin embargo, pese a estar inmerso en este ambiente, se dio cuenta de que nunca podría estar totalmente seguro de la naturaleza del cosmos material. ¿Cómo tener la seguridad, razonó, de que todo lo que percibía no estaba solo en su mente?

---

[*] N. de la T.: Según el *Diccionario de la Real Academia Española*: «Solipsismo: Forma radical de subjetivismo según la cual solo existe aquello de lo que es consciente el propio yo».

Y entendió que únicamente podía confiar por completo en el hecho de su propia experiencia.

Y Descartes no fue el único en considerar estas líneas de razonamiento ni fue el último en llegar a las mismas conclusiones. En el siglo XVIII, el obispo George Berkeley tuvo revelaciones similares. «Las únicas cosas que percibimos son nuestras percepciones», dijo, y sencillamente *damos por hecho* que tales percepciones se corresponden con un mundo real de objetos externos a nosotros. Al negar la existencia independiente de sustancias materiales como soporte del mundo sensible, o al menos cualquier certeza sobre ellas, Berkeley rompió tajantemente con la filosofía racional predominante en aquella época, y enfureció a toda una serie de contemporáneos suyos.

Por supuesto, no poder estar seguro de que algo es real no equivale a demostrar que no lo es. Pero con el auge de la teoría cuántica y las demostraciones experimentales de que, al menos en el ámbito de lo cuántico, los objetos materiales no existen con propiedades definidas antes de que los observemos, la idea de que el universo no es una realidad externa objetiva cuenta repentinamente con el respaldo de la ciencia, no solo con el de los filósofos llevados por sus elucubraciones mentales. Y, como dijo en una ocasión el estimado físico teórico Heinz Pagels: «Si niegas que el mundo tenga realidad objetiva a menos que lo observes y seas consciente de él (como muchos físicos han hecho), acabas en el solipsismo: la creencia de que tu conciencia es lo único».

La conclusión de Pagels era correcta. Solo que, según el biocentrismo, lo único no es *tu* conciencia sino *nuestra* conciencia. La individualidad que nos separa es una ilusión. Después de todo, si el espacio y el tiempo no existen en sentido absoluto, ¿cómo podemos pensar que las cosas estén separadas? Hay una sola conciencia. Lo «focal» (lo que experimentas como «yo») es esa única conciencia manifestándose en una de sus muy diversas formas.

Entonces, ¿es esto realmente solipsismo o todo lo contrario? El solipsismo y la creencia en la unidad universal —el «solo yo» y el «no yo»— no son tan fáciles de diferenciar como puede parecer. Si lo piensas, en cierto modo lo uno lleva a lo otro. Son semejantes a las hebras retorcidas de un mismo cordel.

Como hemos comentado anteriormente, este tipo de pensamiento gozaba ya de un venerable pedigrí para cuando la Europa del Renacimiento empezó a darle vueltas. Ya en el siglo VI a. C., el filósofo Parménides llegó a la conclusión de que la naturaleza del universo era una única esencia inmortal; de que este cosmos, que era idéntico a nuestra conciencia y de ningún modo estaba separado de nosotros, ni había nacido ni jamás perecería, y era además inmune al cambio, al menos a un nivel fundamental. En su poema *Sobre la naturaleza*, afirmó la primacía absoluta de la conciencia. Escribía (siglos antes que Descartes): «Ser consciente y ser son lo mismo».

Y aun así, no fue ese el origen de la «mente única». Incluso antes de Parménides, Shankara y otros autores hinduistas habían dicho que «todo es uno» y que esa unidad era idéntica al sí-mismo. Un poco más adelante, varias ramas de la filosofía budista se sumaron a esta corriente de pensamiento, principalmente el budismo zen. Afirmaban que la llamada experiencia de la iluminación se reducía a la percepción directa de la unidad. Experimentar esa unidad se convirtió en el objetivo principal de los practicantes de las religiones orientales y sigue siéndolo hoy en día, tanto entre los seguidores de esas religiones como entre los devotos de la práctica cada vez más común de la meditación. En esa percepción de la «verdad», el meditador o meditadora percibe que, en realidad, no existe el «yo» ni hay un «los otros».

Y para encontrar un matemático relativamente moderno que esté de acuerdo con los meditadores, no hace falta ir más allá de Schrödinger, que fue a la vez uno de los fundadores de la teoría cuántica y, como contaremos en el próximo capítulo, uno de sus críticos más rigurosos. Además, se adelantó notablemente a su tiempo en lo referente a la conexión entre la teoría cuántica y la conciencia; percibió antes que la mayoría una conexión esencial entre la física elemental del universo y los fundamentos de la realidad perceptiva: «Toda mente consciente que haya dicho o sentido "yo" es [la que] controla el "movimiento de los átomos"».

También se adelantó en lo que respecta a la no separabilidad. Uno de los problemas que supuso desde el principio el paradigma del «todo es uno» es que contradecía totalmente lo que la experiencia cotidiana parecía demostrar: que tenemos conciencias separadas. A fin de cuentas, mis sueños no son los mismos que los tuyos ni puedo mover los dedos de tus pies. Esta perspectiva, se diría que la del sentido común, tenía un apoyo casi generalizado en el modelo occidental, que daba por hecho la existencia de innumerables puntos de control separados, al menos en lo que a control corporal se refiere, lo cual implicaba a su vez múltiples islas de conciencia independientes.

«Es un engaño —insistía Schrödinger en unos escritos que habrían aplaudido los sacerdotes de Benarés—. Lo que parece ser una pluralidad no es más que una serie de aspectos de personalidad diferentes de esta única cosa, originados por una quimera».

Continuaba explicando: «La pluralidad que experimentamos es solo apariencia; no es real [...] Debería decir: el número total de mentes es uno. Me atrevo a calificarla de indestructible, ya que atiende a un sentido muy peculiar del tiempo: la mente siempre es ahora. En realidad no hay una forma anterior y posterior. Solo hay un ahora que incluye recuerdos y expectativas».

En otras ocasiones, le gustaba decir que «la conciencia es un singular del que se desconoce el plural». Y, bingo, aquí estamos de nuevo en el solipsismo, o al menos en su intersección con la idea de una unidad global.

Es interesante que, sin utilizar específicamente la palabra, la ciencia ficción emplee cada vez con más frecuencia argumentos solipsistas para estimular la mente del público. En la famosísima saga *Matrix*, el protagonista, Neo, se nos presenta como un «cerebro en una cubeta», cuyas aparentes aventuras en un inmenso mundo externo son producidas artificialmente y en realidad ocurren solo en la mente.

(En ese caso, hay aún otro mundo externo, del que el ser humano no es consciente, que lo tiene cautivo).

En el modelo del universo holográfico, que cada vez aparece más en las revistas de divulgación científica, la naturaleza se explica como un diseño artificial semejante al holograma de una tarjeta bancaria, y los colores que se perciben, la dimensionalidad y la presencia de multitud de personas y otros organismos vivos, portadores todos de complejas líneas argumentales entrelazadas, no son más que un código informático.

En este contexto, los modelos basados en la conciencia o en una sola mente ya no parecen particularmente descabellados. Sin duda, la atención general de las ciencias en los últimos ciento cincuenta años ha estado dirigida a la búsqueda de explicaciones unificadoras, y como resultado se han hecho numerosos descubrimientos simplificadores. Desde el siglo XIX, en el que se descubrió que la electricidad y el magnetismo eran aspectos de un único fenómeno, en el mundo científico la caja de Pandora de la unificación ha estado abierta de par en par, invitando a otros a seguir investigando. A principios del siglo XX, Einstein unió primero la materia y la energía y luego el espacio y el tiempo, y, más tarde, los teóricos de mediados del siglo que intentaban saber qué condiciones existían en los minutos y segundos posteriores al *big bang* descubrieron que tres de las cuatro fuerzas fundamentales del universo se habían fusionado originalmente en lugar de existir como entidades separadas. Y hoy en día, muchos físicos ya no hablan de la «fuerza débil» y la «fuerza electromagnética» como fenómenos diferentes, sino que se ocupan de lo que denominan «unificación electrodébil».

La cuestión es que, innegablemente, la unidad de fondo que revelan los avances de la mecánica cuántica ha sido y sigue siendo una búsqueda fundamental cuyo punto final aún no se ha alcanzado plenamente. Es tarea de la ciencia demostrar o refutar el papel del observador y considerar las implicaciones de la unidad a la que apuntan los resultados experimentales de los últimos ciento cincuenta años.

Y la ciencia debe hacer todo esto sin vacilar, ateniéndose a la evidencia incluso aunque esa evidencia contradiga nuestras creencias más arraigadas y fundamentales.

En medio de las ruinas del realismo local, mientras siguen acumulándose las pruebas no solo de una verdadera interconexión, sino de una interconexión que incluye explícitamente a la mente o la conciencia, estamos descubriendo que el nuestro es un cosmos todo lo simple y unido que se pueda imaginar, y que además comparte su identidad más íntima con la esencia de cada uno de nosotros.

LA CONCIENCIA

6

Considero que la conciencia es fundamental.

– MAX PLANCK

P ara los físicos del siglo XX fue una sorpresa anonadante darse cuenta del papel de la «conciencia», el aspecto más fundamental de la existencia humana, en el contexto científico.

Por un lado, la realidad de la percepción consciente era indiscutible; la conciencia era más real, quizá, incluso que las más sólidas conclusiones matemáticas sobre el universo material, que era el elemento central de sus estudios. Por otro, parecía estar fuera de lugar en una conversación científica; hablar de la conciencia era como hablar del amor, de las relaciones de pareja o de otros imponderables de esta clase. En parte esto se debía a que, llevados por las ideas de Pierre LaPlace y otros matemáticos, físicos y astrónomos del siglo anterior, los científicos prácticamente habían conseguido hacer que el universo pareciera una gigantesca máquina que trabajaba con la precisión de un mecanismo de relojería: una vez descubiertas las leyes del movimiento, las reglas de la probabilidad, la naturaleza de las fuerzas que empujaban las cosas o tiraban de ellas, en aquel cosmos mecánico todo era predecible. La conciencia aquí no pintaba nada.

Sin embargo, en la década de 1920, los avances de la física situaron al observador y a la conciencia en primer plano. Y los genios que crearon y desarrollaron entre todos la mecánica cuántica –Max Planck, Werner Heisenberg, Niels Bohr, Erwin Schrödinger, Wolfgang Pauli, Albert Einstein, Paul Dirac y, más tarde, Eugene Wigner, entre otros– se dieron cuenta de que el modelo estrictamente objetivo del universo, del que se había excluido a la totalidad de los observadores humanos para evitar que lo contaminaran, se había topado con un obstáculo insalvable. Y ese obstáculo, en palabras de Heisenberg, era el siguiente: «La transición de lo posible a lo real tiene lugar durante el acto de observación. Si queremos describir lo que ocurre en un evento atómico –dijo–, tenemos que entender que el "ocurre" depende exclusivamente de la observación».

La teoría cuántica seguía mostrando que, en todo momento y circunstancia, un objeto como un electrón o un fotón podía comportarse como onda o como partícula, pero solo se manifestaría como una de ellas; podía tener o un espín hacia arriba o un espín hacia abajo, o una polarización horizontal o vertical, o podía estar aquí en lugar de allí, pero qué propiedades manifestaría de hecho al ser observado era imposible de predecir. El proceso de materialización, que el objeto apareciera de una forma y no de otra, respondía a un cambio instantáneo en su función de onda, ese potencial o probabilidad borrosos, de los que ya hemos hablado, preexistentes al «colapso» que lo fija como elemento concreto con propiedades tangibles. La gran pregunta era: ¿qué lo provoca?, ¿qué es lo que hace que se colapse la función de onda y dé lugar al objeto como entidad real duradera? Y según estudios como el famoso experimento de la doble rendija, el factor definitorio parecía ser el observador, la medición que alguien hacía.

Con el tiempo, el papel del observador ha demostrado ser más, y no menos, importante de lo que en principio se imaginaba. No es solo que las propiedades fundamentales de la realidad cambien, y un electrón se muestre como onda o como partícula dependiendo de la presencia o ausencia de información en la mente del observador, sino que, antes de una observación, ¡ni siquiera tiene sentido hablar de fotones o partículas subatómicas como si poseyeran atributos! De hecho, hoy en día está totalmente aceptado por la física que un electrón no tiene posición real en el espacio ni movimiento real independientes del observador.

Como declaró una vez John Wheeler, el gran físico de la Universidad de Princeton: «Ningún fenómeno es real si no es un fenómeno observado». Lo que significa que la palabra *observación*, pese a que pueda transmitir la idea del proceso pasivo de ser un espectador, es en la práctica el proceso de creación de la realidad.

Así, hace aproximadamente un siglo, cuando los investigadores empezaban a demostrar que el llamado mundo físico externo cambiaba dependiendo de que lo observáramos o no, Heisenberg escribió: «La discontinuación de la función de onda se produce en el instante en que la mente del observador registra el resultado. El cambio que provoca en nuestro conocimiento registrar la información rompe en ese instante su continuidad, y es ese cambio disruptivo [pasar de lo que no sabíamos a lo que ahora sabemos] el que se refleja en la discontinuación instantánea de la función de probabilidad».

Y, como seguía explicando Heisenberg: «Los instrumentos nunca sustituyen del todo al observador; si así fuera, obviamente el observador no podría obtener ningún conocimiento. Es necesario leer los instrumentos; en algún momento los sentidos del observador tienen que intervenir. Ni siquiera el registro más meticuloso nos dice nada si no se inspecciona».

En resumen, como decíamos, para que una observación nos dé alguna información (incluso en las mediciones hechas con instrumentos), debe intervenir la conciencia. Y así, haber descubierto el papel fundamental de la observación hizo que del modo más inesperado la conciencia se convirtiera en el principal objetivo de serias investigaciones físicas. Era en ella donde los estudiosos de las leyes naturales debían poner su atención, en ese fenómeno que acababa de descubrirse que era esencial no solo para comprender el cosmos, y no solo para alterar físicamente su contenido, sino como mecanismo gracias al cual el cosmos se manifestaba.

Tanto fue así que, hacia el final de la Primera Guerra Mundial, los grandes físicos del mundo hablaban todos de repente de la que hasta entonces había sido una entidad desdeñada que interesaba solo a metafísicos, filósofos, clérigos y místicos. Adentrarse en este misterioso reino debió de ser para ellos igual de extraño que de frustrante, ya que la conciencia ha demostrado ser un objeto de estudio sumamente delicado que se resiste a dejarse examinar por los métodos científicos habituales.

No obstante, los físicos teóricos de principios del siglo XX se fueron sumando uno tras otro al coro de alabanzas a la conciencia: «Todo lo que consideramos real –dijo Bohr– está hecho de cosas que no pueden considerarse reales. Un físico no es más que la forma en que un átomo se mira a sí mismo».

Y dijo Pauli: «No creemos ya en [la realidad de] un *observador desvinculado*, sino en un observador que con sus efectos indeterminables crea una nueva situación, un nuevo estado del sistema observado».

El interés por la conciencia se fue contagiando a todos. Incluso los fundadores de la mecánica cuántica que más obsesionados habían estado con las ecuaciones se dieron cuenta de que la nueva manera de sondear el reino submicroscópico que exigían sus descubrimientos teóricos los obligaba a contemplar al propio observador: «Considero que la conciencia es fundamental –escribió Max Planck, con una concisión similar a la del sermón de la montaña–. Considero que la materia se deriva de la conciencia».

Y por si alguien piensa que aquellos primeros físicos cuánticos estaban siendo quizá simples víctimas de una especie de moda que recorría la Europa de posguerra, debes saber que los genios cuánticos de finales de siglo siguieron entonando el mismo estribillo.

Como explicó en 1961 el físico húngaro-estadounidense Eugene Wigner, dos años antes de recibir el Premio Nobel: «Hasta no hace mucho, la mayoría de los científicos físicos habrían negado rotundamente la "existencia" de una mente o un alma. Los formidables avances de la física mecanicista y [...] macroscópica eclipsaron hasta tal punto el hecho obvio de que los pensamientos, los deseos y las emociones no están hechos de materia que, entre los físicos, estaba casi unánimemente aceptado que no había nada más que materia. El epítome de esta creencia era la convicción de que, si llegábamos a conocer las posiciones y velocidades de todos los átomos en un instante de tiempo, podríamos calcular el destino del universo para todo el futuro... [Pero tras el advenimiento de la teoría cuántica] el concepto de "conciencia" volvió a pasar a primer plano: no era posible formular de un modo en verdad coherente las leyes de la mecánica cuántica sin tomar en consideración la conciencia».

Más adelante lo resumió así: «El propio estudio del mundo exterior [nos lleva] a la conclusión de que el contenido de la conciencia es una realidad última».

John Bell, el físico norirlandés cuyo teorema proporcionó unos años más tarde la base matemática para el entrelazamiento que violaría el principio de localidad, se hizo eco de Wigner: «En cuanto a la mente, estoy convencido de que ocupa un lugar central en la naturaleza última de la realidad».

Como veremos más adelante, los físicos de las décadas posteriores, desde Hawking hasta Wheeler, han ido aún más lejos y han introducido conceptos como el de un «universo participativo» en el que no solo creamos el presente, sino también el pasado. Como ha dicho el famoso cosmólogo británico y astrónomo real Martin Rees: «Si el universo pudo existir en un principio es porque alguien lo observó. Da lo mismo que los observadores aparecieran varios miles de millones de años después. El universo existe porque somos conscientes de él».

Bueno, ¡un poco exagerado, sin duda! Pero por el momento dejémoslo estar; la cuestión es que, desde hace alrededor de un siglo, la física dio bruscamente un giro y empezó a considerar con seriedad que, sin la conciencia, el universo material por sí solo no podía proporcionar la imagen verdadera o completa de la realidad.

La refutación más famosa de que «la observación cambia la realidad» vino de Erwin Schrödinger, quien, a pesar de creer fervientemente que una única conciencia eterna es la sustancia del cosmos, se opuso a las conclusiones de la teoría cuántica formuladas en la interpretación de Copenhague por considerarlas ilógicas.

Diremos brevemente que la interpretación de Copenhague, llamada así por el famoso físico danés Niels Bohr, era la interpretación consensuada de la teoría cuántica que hemos examinado en capítulos anteriores. Sostenía, como decíamos, que en un sistema cuántico –un átomo, por ejemplo, y cualquier observador que pueda estar observándolo o interactúe con él de alguna manera–, ese átomo asumirá de forma decisiva un estado u otro solo tras la observación. Hasta esa observación, todas las posibilidades siguen coexistiendo y son igualmente reales. En otras palabras, una partícula puede estar en dos lugares a la vez, o un fotón puede poseer una polarización horizontal y otra vertical, y esto sigue siendo así hasta que alguien mira. Entonces un estado se materializa y el otro desaparece sin dejar rastro.

La respuesta que dio la pandilla de Copenhague al hecho de que este tipo de comportamiento no fuera aplicable al mundo clásico (piensa en el ejemplo que poníamos en un capítulo anterior sobre la pelota de béisbol: o está en la zona de juego válida o está en la zona no válida, pero no puede estar en ambas) fue que había un conjunto de reglas para el reino cuántico y otro para el clásico, y que nunca coincidirían. Para caldear un poco el ambiente, Schrödinger planteó entonces una situación hipotética que mostraba que los dos mundos podían conectarse y producir lo que sería «un caso ridículo». En 1935, en la publicación alemana *Naturwissenschaften*, escribió: «Encerramos a un gato en una cámara de acero junto con el dispositivo que se explica a continuación (y que debe estar a prueba de la interferencia directa del gato): [se trata de] un contador Geiger en el que hay una porción minúscula de sustancia radiactiva, tan pequeña que tal vez en el transcurso de una hora alguno de los átomos radiactivos se descomponga pero, también con igual probabilidad, puede que no. Si un átomo se descompone, el tubo del contador se descarga y, a través de un relé, libera un martillo que rompe un pequeño frasco de ácido cianhídrico.

Si hemos dejado el sistema dispuesto de esta manera durante una hora, deduciremos que el gato sigue vivo en caso de que no se haya descompuesto ningún átomo, ya que la primera descomposición atómica lo habría envenenado. La función de onda (*psi*, ψ) del sistema lo expresaría conteniendo al gato vivo y al gato muerto mezclados o confundidos a partes iguales».

En resumen, la teoría cuántica decía que el átomo radiactivo de la caja existiría en superposición antes de ser observado, lo que significaría que el desventurado gato estaba simultáneamente muerto y vivo hasta que se abriera la caja, algo que todo el mundo estaba de acuerdo en que era imposible. (Al menos en un único mundo... ¡pero las ramificaciones de Everett aún estaban por llegar!). Lo que Schrödinger quería demostrar era que la interpretación de Copenhague parecía llevar inevitablemente a una conclusión así de absurda, y por tanto tenía que estar equivocada.

La paradoja del gato de Schrödinger pronto se convirtió en el experimento mental más famoso de la historia, pero no era precisamente original. La primera vez que un físico ilustró el sinsentido de la interpretación presentada por la teoría cuántica, y encontró una forma de entrelazar el comportamiento cuántico submicroscópico con el mundo clásico que vemos a diario, fue ni más ni menos que quince años antes, en 1920, cuando Albert Einstein ingenió un experimento mental muy parecido, en este caso utilizando el ejemplo de una bomba que explota por efecto, también, de la desintegración atómica.

Bien, hay un aspecto en el que Schrödinger y Einstein están totalmente en lo cierto: la predicción de la teoría cuántica de que la realidad depende de un observador es profundamente extraña. Pero el hecho es que los experimentos siguen confirmando que es así.

Hace poco más de medio siglo, en 1961, Eugene Wigner ideó otro famoso experimento mental. Se trataba de dos observadores, Wigner y el amigo de Wigner; uno de ellos hacía una medición en un laboratorio y el otro se enteraba de ella después, una situación muy parecida a la que describíamos en el capítulo cuatro. El propósito era investigar la naturaleza de la medición y si pueden existir hechos objetivos. Si el estado de un objeto permanece en superposición para el observador que está fuera del laboratorio hasta que se le comunique el resultado, mientras que para el observador que está dentro del laboratorio el estado de ese objeto se «colapsa» al medirlo, ¿qué nos dice esto sobre la realidad y sobre el papel que el observador desempeña en ella? Algunas hipótesis como esta sugieren lo que los físicos han sospechado desde hace mucho: que la mecánica cuántica permite que dos observadores experimenten realidades no solo diferentes sino opuestas, pero los recientes avances de las tecnologías cuánticas han hecho posible al fin comprobarlo en un laboratorio, utilizando el entrelazamiento. En un sofisticado experimento que se publicó en la revista *Science Advances* en 2019, Massimiliano Proietti y sus colegas de la Universidad Heriot-Watt, de Edimburgo, crearon realidades diferentes (utilizando seis fotones entrelazados para crear dos realidades alternativas) y las compararon (figura 6.1).[*]

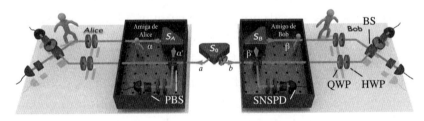

Figura 6.1 *Montaje experimental del artículo publicado en 2019 (Massimiliano Proietti et al., Science Advances 2019;5:eaaw9832). Se utilizaron pares de fotones entrelazados desde la fuente (S$_o$) para crear dos realidades alternativas, que se distribuyeron entre la amiga de Alice (cuadro de la izquierda) y el amigo de Bob (cuadro de la derecha), que miden sus respectivos fotones para determinar si la medición y el fotón están en superposición.*

---

[*] Copyright © 2019 de los autores, algunos derechos reservados; licenciatario exclusivo, American Association for the Advancement of Science. No hace referencia a obras originales del Gobierno de Estados Unidos. Distribuido bajo Licencia de Atribución de Creative Commons 4.0 (CC BY).

Pese a utilizar tecnología cuántica de última generación, los investigadores tardaron varias semanas en recoger datos suficientes como para que tuvieran significación estadística. Pero, finalmente, el experimento produjo un resultado inequívoco: que ambas realidades pueden coexistir aunque produzcan resultados inconciliables, tal y como predijo Wigner. Se puede hacer que las realidades sean incompatibles, lo que hará imposible ponerse de acuerdo sobre los hechos objetivos de un experimento. Los resultados dan a entender que la realidad objetiva no existe. Escriben los autores: «Este resultado indica que la teoría cuántica debe interpretarse de forma dependiente del observador [...] El método científico se basa en hechos, establecidos a través de repetidas mediciones y acordados universalmente, independientemente de quién los observe. Y sin embargo, en [nuestro] trabajo, ellos [los observadores] hacen que esta idea se tambalee, quizá sin remedio».

Aunque los observadores del experimento fueron modelados por fotones entrelazados,[*] en los detectores macroscópicos se cumple el mismo principio cuando se trata de observadores conscientes. Los resultados confirman experimentalmente lo que hemos explicado en este capítulo y lo que los científicos del siglo pasado descubrieron: que aquello de lo que es consciente un observador —es decir, aquello de lo que tiene *conciencia*— cambia la realidad.

Así pues, la conciencia es importante (¡esto es quedarse muy, muy corto, claro!), pero la decisión de estudiarla abre siempre un camino lleno de escollos. Porque ¿qué *es* la conciencia exactamente? A pesar de cierta controversia, en general se acepta que es el estado de ser consciente, de percibir las cosas, de estar despiertos, de tener sentimientos y experiencias. Lo más delicado a la hora de definirla con precisión es que comprender la conciencia significa no solo sondear

---

[*] N. de los A.: Esto se aclarará en el próximo capítulo, en el que presentaremos el concepto de «jerarquía de las representaciones», según el cual desde el punto de vista de la primera persona, otros observadores son una especie de imágenes («representaciones») en la *pantalla* de la conciencia.

la naturaleza o la calidad de los pensamientos, sino, más bien, qué *se experimenta* al tener pensamientos. En los últimos tiempos se ha utilizado la palabra *qualia* para referirse a las sensaciones o experiencias individuales y subjetivas que definen la conciencia.

El filósofo David Chalmers acuñó la frase «el problema difícil de la conciencia», queriendo denotar la dificultad que tiene la ciencia para tratar de explicar cómo es posible que la materia –los átomos de carbono, de hidrógeno y de oxígeno, o el tejido cerebral, o los electrones (la corriente eléctrica) que viajan por las neuronas– dé lugar a la experiencia subjetiva de un cielo crepuscular púrpura o al olor de la hierba recién cortada. Hasta la fecha, han resultado inútiles todos los esfuerzos por explicarlo y por explicar algo aún más inaprehensible: cómo es posible de entrada que surja *cualquier qualia*, esas sensaciones que acompañan a la percepción. Esto resucita los eternos debates sobre si la materia y la conciencia son diferentes o están relacionadas y, en caso de ser distintas, cuál de las dos es más fundamental.

A veces parece como si todo este embrollo fuera una broma pesada. La conciencia es probablemente el aspecto más íntimo y obvio de la realidad, por lo cual resulta de lo más irónico que siga siendo imposible explicar lo que es y tan espinoso incluso hablar de ella. Estudiarla es a la vez sencillísimo e inalcanzable, y el tormento que esto nos crea nace de la contradicción entre la imposibilidad para explicar cómo surge eso que nos da a los animales la capacidad de percepción consciente y el hecho de que los *qualia* «son», y esa cualidad de «ser» los hace inefables. La conciencia hace posible que percibamos el cielo azul, una experiencia que, si bien es simple e indiscutible, no podremos captar si hemos nacido ciegos, incluso aunque alguien dedique su vida entera a tratar de transmitirnos intelectualmente lo que es eso. La experiencia azul es evidente en sí misma y no se parece a nada. Además es enteramente satisfactoria; al ver el cielo, sabemos *plenamente* cómo es, no hay necesidad de más. Es una percepción completa. No le falta nada.

Así pues, si nos proponemos explorar el universo, indagar en sus características a través del conocimiento, el hecho de la conciencia podría considerarse la faceta inicial y más segura de la existencia. Si hay una piedra angular, un punto de partida, un bloque fundacional, es la conciencia.

Sin embargo, a pesar de que los primeros científicos cuánticos coincidieron en esto y demostraron su importancia, hay científicos que al tratar de aplicar ecuaciones matemáticas y físicas a los imponderables de la vida descubren una absoluta incompatibilidad entre ciencia y conciencia. Tanto es así que en la actualidad, un siglo después, la mayoría de ellos cambian de tema cada vez que se menciona la palabra *conciencia*, y los que se deciden a estudiarla siguen haciéndolo de forma superficial, tal vez porque, como ya hemos mencionado en un capítulo anterior, no pueden o no quieren expandir los límites de la ciencia para dar cabida a este tipo de fenómenos inherentemente subjetivos.

Ahí tenemos, por ejemplo, al científico cognitivo Daniel Dennett, autor de *La conciencia explicada*. Dennett rechaza de plano los *qualia*, ni siquiera los considera un concepto útil, y su libro, pese a tener un título tan prometedor, ignora el «problema difícil» y dedica cientos de páginas a describir qué partes del cerebro controlan funciones específicas como la visión, por lo cual muchos críticos consideraron que hubiera debido titularse «la conciencia ignorada».

Los supuestos efectos de la conciencia, y si la física debe ocuparse de ella o dejar el tema a los filósofos y los metafísicos, siguen siendo motivo de constante controversia. La mayoría de los físicos de hoy consideran que la conciencia pertenece al mismo compartimiento que los fantasmas, Dios o el más allá.

No obstante, quienes se empeñan en mantener la física aislada de las cuestiones más esenciales de la vida se encuentran con una fuerte y seria oposición. Por ejemplo, en 2018, el físico teórico italiano Carlo Rovelli escribió sobre la *necesidad* de que la física aborde las inquietudes más profundas del ser humano, incluso aunque puedan parecer filosóficas. En una entrada del blog de *Scientific American*, escribió: «He aquí una lista de temas sobre los que la física teórica se pregunta actualmente: ¿Qué es el espacio? ¿Qué es el tiempo? ¿Vivimos en un mundo determinista? ¿Es necesario tener en cuenta al observador para describir la naturaleza?».

El tema de la conciencia no va a desaparecer de escena. La extensa armada de preguntas fundamentales que pusieron a flote los pioneros de la teoría cuántica sigue navegando, con los cascos ocultos en el mar a la misma profundidad que entonces.

Sin embargo, al fin, en algunos de los lugares de aguas más agitadas, empiezan a asomar en el horizonte soleados puertos que parecen llamarnos desde lejos; solo necesitamos mantener el rumbo.

CÓMO OPERA LA CONCIENCIA

7

La conocida cuestión de la unión de lo pensante y lo extenso [...] se reduciría simplemente a esta: cómo es posible en un sujeto pensante la intuición externa, a saber, la del espacio (la ocupación del mismo, figura y movimiento). Nadie puede responder a esta pregunta. [*]

–IMMANUEL KANT

Te quedas mirando al técnico con los ojos muy abiertos. Vas asimilando poco a poco sus palabras. El fabuloso generador en el que te gastaste una fortuna hace unos años para poder seguir teniendo luz cuando haya tormenta o corten la electricidad necesita una reparación importante.

—¿Una junta de culata? —Te haces eco de la frase que acaba de pronunciar, temiéndote que se trate de algo muy caro—. ¿Qué *es* exactamente una junta de culata?

Lo escuchas con interés mientras te explica los fundamentos de los motores de cuatro tiempos y por qué las dos grandes secciones del bloque motor requieren una capa de compresión que impida que los gases internos y el aceite se escapen.

---

[*] N. de la T.: *Crítica de la razón pura*. Madrid: Editorial Taurus, 2005. Trad., Pedro Ribas, p. 300.

La ingeniería moderna es sin duda una maravilla. Pero la verdadera maravilla es que esa experiencia, incluso algo tan mundano como tu conversación con el reparador, sea posible. ¿Cómo es que eres capaz de percibir con detalle tridimensional a la persona que está delante, de comprender sus palabras (al menos la mayoría de ellas), cómo es que cada uno tenéis una percepción subjetiva de lo que ocurre y, a la vez, sois capaces de comunicaros dentro de una realidad compartida aparentemente muy real? ¿Cómo opera la conciencia?

Hemos visto que la cuestión de qué *es* la conciencia, cuál es su origen último, continúa siendo en su mayor parte una incógnita. Esto se debe a que la conciencia abarca toda la realidad –en esencia, conciencia y realidad son sinónimos–, y por tanto la pregunta equivale a querer conocer el origen de todo. Y por si la dificultad era poca, el tiempo no existe como elemento independiente que habite fuera de la conciencia, lo cual significa que no hay una matriz exterior de la que pueda surgir la conciencia/realidad y desde la que podamos estudiarla.

Ah, pero cómo *funciona* la conciencia es algo muy distinto. Afortunadamente, hemos llegado a la parte del embrollo sobre la que los científicos pueden dar respuestas, ya que los «procesos» son justo el tipo de cuestiones que la mente (y las herramientas de la ciencia) pueden abordar con eficacia. El funcionamiento de la conciencia sigue siendo bastante más complejo que el de una junta de culata, ya que la ciencia clásica que gobierna el funcionamiento de un motor de cuatro tiempos no se ocupa de fenómenos cuánticos como las superposiciones, por las que múltiples resultados posibles flotan en el aire hasta que un colapso de la función de onda hace que el conjunto entero actúe al unísono para producir un único resultado que nosotros percibimos. Y resulta que la conciencia es precisamente un fenómeno cuántico.

Empecemos la exploración del «cómo» de la conciencia deteniéndonos en un semáforo. Todos coincidimos en que el semáforo está en «rojo», aunque no podamos demostrar que la experiencia visual precisa a la que yo llamo «rojo» sea la misma que la tuya. Pero no importa, porque, lo sea o no, el caso es que el concepto se sostiene, y se ha sostenido desde el día que a alguien se le ocurrió poner nombre a los colores.

Uno de los grandes enigmas de la conciencia es, por supuesto, cómo y por qué experimentamos en principio algo llamado «rojo». Para entender el problema, consideremos el hecho de que la luz forma parte del espectro electromagnético, un gradiente continuo de radiación electromagnética que va de longitudes de onda más cortas a longitudes más largas. Así que podríamos experimentar el espectro visual como un gradiente de luminosidad: un continuo de grises que fueran de la oscuridad a la luz. Podría ser una simple experiencia cuantitativa. Pero, para los humanos y algunos otros animales, no lo es. Tenemos, por el contrario, una singular experiencia *cualitativa*. ¿Cómo es que, cuando la luz cae dentro de rangos muy específicos del espectro visual, experimentamos subjetivamente una sensación particular a la que llamamos «rojo», diferente, por ejemplo, de la sensación a la que llamamos «verde»?

En 1965, los investigadores descubrieron en el ojo tres tipos de células cónicas encargadas de recoger elementos del espectro de luz solar y transformarlos en impulsos eléctricos que nosotros asociamos seguidamente a las sensaciones visuales de rojo, verde y azul. La estimulación de cada tipo de cono se asocia a una experiencia en particular. Pero ¿cómo y por qué? Puede ser una pista el que dos tercios de estos conos sean del llamado «tipo L», responsable de la sensación de rojo. Esta mayoría asimétrica sugiere, de entrada, que la percepción de la luz en el rango «rojo» del espectro visual tiene prioridad sobre la percepción de otras longitudes de onda de la luz, y que por tanto la percepción de los colores tiene un propósito.

Desde el punto de vista evolutivo, es probable que el rojo reciba una atención especial por parte del cerebro debido a que se asocia con acontecimientos alarmantes e importantes como las lesiones, el fuego y la sangre. En el día a día, la presencia repentina de ese color en la conciencia solía significar o que la bicicleta se había salido de la carretera y acabábamos de caer en un campo de begonias o, lo cual es más preocupante y debió de ser mucho más probable en los primeros tiempos de la humanidad, que la sangre nos caía a chorro por el brazo y requería atención inmediata.

La posibilidad de encontrarnos en una situación que pusiera en peligro nuestra vida hizo tradicionalmente del rojo la señal por excelencia de malas noticias que no debíamos ignorar. Lo sabemos instintivamente; por eso a nadie, salvo a algún adolescente empeñado en llevar siempre la contraria, se le ocurriría pintar su dormitorio de color rojo vivo, al menos a nadie que aprecie estar en un ambiente de tranquilidad. Esto explica por qué se acordó universalmente que el rojo fuera el color de los letreros de peligro y las señales de parada, primero de los ferrocarriles y, más adelante, de los automóviles. Y por qué ni siquiera las naciones con culturas radicalmente distintas, o que antagonizaban tanto con Occidente como para haber decidido, quizá, hacer caso omiso de las convenciones modernas, han dejado de acatar esta norma. Evidentemente, esa experiencia de cualidad tan atrayente a la que llamamos «rojo» está asociada a un patrón de emociones y conexiones neuronales que todos llevamos incorporado.

Otro circuito igual de específico y compuesto asimismo por laberínticos grupos de células está conectado con los otros dos colores y tipos de conos, cada uno asociado con áreas separadas del cerebro. Cuando esas arquitecturas celulares se estimulan a través de sus respectivos conos situados en la retina, tenemos experiencias diferentes: el azul evoca la inmensidad del cielo y nos produce una sensación mucho más tranquila que el rojo, mientras que el verde evoca los incontables siglos de plantas y vegetación y es una reconfortante evocación de la vida.

Se cree que estos tres colores básicos y sus diversas combinaciones debieron de ser unos valiosos aliados para la supervivencia durante las primeras etapas de nuestra evolución, y que esa es la razón de que en el cerebro estén asociados con sus vías funcionales respectivas.

Cuando la compleja lógica de relaciones asociada a estos grupos de células diferenciados se aplica a la zona del cerebro asociada a la conciencia, tenemos sensaciones discretas, aunque rara vez se nos ocurra pensar en los componentes de cada uno de estos colores más de lo que pensamos en los ingredientes de la mahonesa o de un crujiente pétalo de Chocapic.

Esto no es más que una breve muestra de los procesos que tienen lugar por debajo de nuestras percepciones y decisiones conscientes. Y para entender los procesos de los que sí somos conscientes, debemos volver a la nube de actividad cuántica que rodea los innumerables sucesos neuroeléctricos del cerebro.

No se puede censurar a nadie porque quiera una explicación más completa de qué es exactamente lo que aprieta el gatillo y provoca el colapso de la función de onda. Si el detonante es una observación realizada en la conciencia, ¿por qué no habría de contar también una acción subconsciente, como cuando de pronto nos sentimos tensos pero no somos conscientes de que es por el extravagante color rojo de las paredes del club en el que acabamos de entrar? Al fin y al cabo, el subconsciente es con frecuencia el factor decisivo en ese tipo de situaciones, como lo es de muchos actos reflejos.

La respuesta es que las actividades que tienen lugar a nivel subconsciente se hallan en superposición cuántica, es decir, que todas las posibilidades existen simultáneamente, pero en el momento en que sus resultados saltan a la realidad y a la conciencia, hacemos una «elección» perceptible. Esto es crucial, porque siempre hay muchas cadenas de actividades cerebrales posibles (en muchas ramas posibles del árbol de Everett), pero solo cuando la conciencia se detiene en una de ellas —lo que percibimos subjetivamente como la decisión definitiva— podemos describirlo matemáticamente como un colapso de la función de onda.

Quizá nos sirva de ayuda recordar el resumen que hacíamos del experimento mental de Schrödinger con el gato más famoso de la historia de la física. En ese ejemplo, a partir de una fuente de radiación monitorizada por un contador Geiger se desencadenaban una serie de hechos posibles. La función de onda de la sustancia radiactiva era una superposición de dos estados: uno en el que había una descomposición y otro en el que no. Simplifiquémoslo trasladando esta situación a un laboratorio moderno y omitiendo toda posibilidad de eutanasia felina, lo cual nos ahorrará posibles discusiones con la asociación PETA (Personas por el Trato Ético de los Animales). En caso de desintegración, el contador detecta un fotón de alta energía y produce un breve clic que llega a los oídos del técnico de laboratorio. Ese sonido, que es en sí una simple onda de presión que viaja por el aire, se transforma en una señal electroquímica y, a través del sistema nervioso, llega al cerebro, donde comienza el procesamiento de la información, primero a nivel subconsciente. A continuación, la información se registra conscientemente como «un clic del contador Geiger», y esto va seguido de un torrente de juicios interpretativos en la corteza cerebral. Toda esta secuencia de acontecimientos comprende una posible cadena de actividad cerebral, pero date cuenta de que la desintegración radiactiva puramente física y las respuestas neuronales ¡se fusionan en un único resultado! La otra posibilidad es que no haya desintegración, lo cual se corresponde con una cadena de actividad cerebral muy distinta y el registro consciente de que el contador no ha producido ningún clic. Hay, pues, dos ramas de posibilidades —una que termina en la percepción consciente de un clic y otra en la percepción de que solo ha habido silencio— y, según la teoría cuántica, ambas eran igualmente reales (existían en superposición) hasta el momento de la percepción. Sin embargo, desde mi perspectiva en primera persona, no puedo estar en una superposición de esos dos estados de conciencia, ya que son mutuamente excluyentes: es obvio que no puedo oír un clic y a la vez *no* oírlo; así que me encuentro en uno solo de esos dos estados.

Lo que provoca el colapso de la función de onda es, por tanto, mi percepción de lo uno o lo otro. Pero lo que tal vez te sorprenda es que, además, las dos ramas se extienden e incluyen la sustancia radiactiva, el instrumento, su altavoz vibratorio, la membrana del tímpano y las innumerables neuronas del cerebro. Inevitablemente, todos estos elementos forman parte de una única rama de Everett y son inseparables.

Cómo participan las diferentes partes del cerebro en una superposición y en el colapso que da lugar a una experiencia concreta depende de los detalles de cómo procesa el cerebro la información, así que en este momento tenemos que hablar en términos técnicos. Todas las neuronas cerebrales procesan la información mediante señales eléctricas y químicas. Las partes interior y exterior de la membrana neuronal presentan cargas eléctricas opuestas y, en respuesta a un determinado estímulo, las neuronas tienen la capacidad de invertir ese potencial eléctrico por la acción de las «bombas de iones» a través de la membrana. Los iones del cerebro son átomos de sodio, potasio, cloro y calcio faltos de electrones, y a los que la ionización confiere una pequeña carga eléctrica. Fluyen a través de los canales iónicos incrustados en la membrana celular, lo cual produce diferencias de concentración de iones dentro y fuera de la célula. Los cambios de voltaje transmembrana pueden alterar la función de estos canales iónicos, que dependen del gradiente electroquímico de cada ion en particular. Si el voltaje cambia lo suficiente, se genera un pulso electroquímico repentino llamado *potencial de acción*, o *impulso nervioso*, que recorre el axón de la célula a una velocidad de entre 110 y 400 kilómetros por hora, hasta activar las conexiones sinápticas con otras células. Esto significa que, en definitiva, la dinámica de los iones hace posible toda la transmisión de información que tiene lugar en el cerebro.

Estos iones, así como los canales por los que entran o salen de la célula, son muy pequeños, por lo cual, como ha indicado el físico y matemático estadounidense Henry Stapp: «De acuerdo con el principio de incertidumbre de Heisenberg, esto crea una incertidumbre inversamente proporcional sobre en qué dirección se mueve el ion. Es decir, que durante el viaje desde el canal de iones hasta el lugar de activación, el paquete de ondas cuánticas que describe la ubicación del ion se extiende hasta un tamaño mucho mayor que el del lugar de activación. Esto significa que la cuestión de si el ion de calcio (en combinación con otros iones de calcio) produce o no una exocitosis (sale de la célula) es una cuestión cuántica básicamente similar a la de si una partícula cuántica pasa por una u otra abertura en un experimento de doble rendija. Según la teoría cuántica, la respuesta es "en ambas direcciones"».

Aunque Stapp se enfoca aquí en si los canales de iones de calcio se abren o se cierran, el mecanismo comprende mucho más que eso. Por ejemplo, las sondas de electrofisiología permiten estudiar el movimiento de distintos tipos de iones dentro de las células del cerebro. Si un electrodo es lo suficientemente pequeño, es decir, con un diámetro de micrómetros, es posible observar y registrar directamente la actividad eléctrica intracelular de células individuales. De este modo, podemos captar por entero el mecanismo responsable de la noción del tiempo, desde el nivel cuántico (donde todo está en superposición) hasta los acontecimientos macroscópicos que se producen en la red de circuitos neuronales (seguiremos hablando del cerebro y de cómo surge el tiempo en el capítulo once).

Sin embargo, no es suficiente con hablar de canales de calcio que se abren y se cierran, ya que al expandir el mecanismo e incluir la dinámica de los iones que intervienen en toda la secuencia temporal de acontecimientos, desde los cambios de gradiente de concentración de iones en el interior de la célula hasta la descarga del axón, la ecuación se reduce a una mera nube de información cuántica. Y si bien es cierto que, por un lado, la sofisticada tecnología actual nos permite estudiar con detalle la generación y el movimiento del potencial de acción a lo largo de los axones de las células, la auténtica historia de fondo abarca también la información cuántica que surge de golpe al expandir el proceso e incluir la dinámica de los iones y sus superposiciones.

Esto se debe a que la modulación de la dinámica de los iones a nivel cuántico es lo que permite que todas las partes del sistema de información que asociamos con la conciencia —con el sentimiento unitario de «yo»— estén simultáneamente interconectadas.

Esta es la clave. Lo relevante aquí (y en cualquier otra parte del libro en que hablemos de la conciencia y la función de onda) es que esas zonas entrelazadas del cerebro, que en conjunto constituyen el sistema al que denominamos «conciencia» en todas sus manifestaciones, surgen como tales porque un sentido del «tiempo», o flujo secuencial de acontecimientos, emerge simultáneamente de todos los algoritmos espaciales y circuitos neuronales responsables de generar una experiencia consciente (espaciotemporal) «real».

Es importante destacar que la separación espacial entre las neuronas cerebrales no significa nada hasta que tiene lugar este proceso. Es un fenómeno radical.

En todo momento hay una nube de actividad cuántica asociada a la conciencia. Las sensaciones y sentimientos precisos que experimentamos cambian de un momento a otro dependiendo de qué recuerdos y emociones rescate el sistema en cada instante, que se corresponden con diferentes redes de circuitos neuronales. Esta lógica espaciotemporal puede extenderse al resto del cerebro, al sistema nervioso periférico e incluso al mundo entero que observamos en ese momento. Encontramos una prueba más de esto en los individuos que padecen trastornos de identidad disociativos (TID), que tienen identidades distintas o divididas, dos o más personalidades, como en el famoso caso de Sybil. De este modo, un mismo cerebro puede tener zonas que experimentan cada una un «yo» diferente. En estos casos, es posible que gran parte de los circuitos neuronales asociados a cada sistema entrelazado se solapen y que la distinción —es decir, el que emerja uno u otro «yo»— dependa de los recuerdos concretos y las áreas de emoción que se sitúen en primer plano en un momento u otro. Sybil podría ser «Peggy» ahora mismo, «Vicki» esta noche y «Sybil Ann» mañana, según qué zonas del cerebro estuvieran entrelazadas en cada momento.

De hecho, podemos observar el proceso, ya que se han realizado experimentos análogos que ilustran muy bien las superposiciones.

En un experimento publicado en 2007 en la revista *Science*, los investigadores habían disparado fotones al interior de un aparato y demostraron que era posible alterar retroactivamente si esos fotones se comportaban como partículas o como ondas. Los fotones tenían que «decidir» qué hacer al llegar a una bifurcación del aparato. Después, una vez que habían recorrido unos cincuenta metros pasada la bifurcación, el experimentador podía accionar un interruptor... y que lo accionara o no lo accionara determinaba cómo se había comportado la partícula al llegar a la bifurcación en el pasado.

El primero en proponer este tipo de experimento de «elección retardada», décadas antes de que pudiera llevarse a cabo, fue el eminente físico John Wheeler, de la Universidad de Princeton, colega de Einstein, y al que le debemos además expresiones como *agujero negro* y *agujero de gusano*. Puedes ver cómo funciona en la siguiente figura. Si sigues la trayectoria de los fotones desde la parte inferior izquierda, ves que primero se encuentran con un divisor de haz (esquina inferior izquierda). Este divisor del haz es la «bifurcación»: si actúan como partículas, la mitad de los fotones de la corriente de luz seguirán en línea recta, mientras que la otra mitad se desviarán hacia arriba. Por el contrario, un fotón que actúe como onda recorrerá ambos caminos, como ya se ha comentado en capítulos anteriores. Pasado el divisor de haz, existe la misma probabilidad de que cada fotón llegue a uno u otro de los detectores situados al final del experimento. Si se disparan al aparato muchas unidades de luz y actúan como partículas, la mitad acabará en un detector y la otra mitad en el otro. Sin embargo, un segundo divisor de haz —la línea diagonal punteada de la esquina superior derecha— permite recombinar las trayectorias en un único haz de luz que muestra los efectos de interferencia característicos de la naturaleza ondulatoria de la luz. Que el experimentador decida encender este segundo divisor de haz determina la forma en que los fotones salen del aparato, es decir, determina retroactivamente la decisión de qué trayectoria seguir y la decisión de ser partícula o ser onda que el fotón tomó previamente, lo que demuestra que las acciones y observaciones futuras pueden alterar algo que ya ha ocurrido. Sin embargo, según el propio Wheeler, es un tanto engañosa esta interpretación «retroactiva» del experimento de elección retardada. A su entender, el experimento simplemente muestra que la lógica de lo que ocurre en la bifurcación (es decir, lo que ocurrió en el aparato en el pasado) depende de si el segundo divisor de rayos está apagado o encendido, y que no se produce el colapso hasta que se hace la segunda elección/observación en el presente.

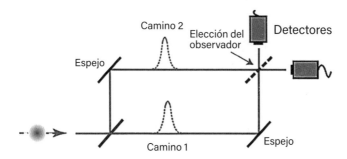

Figura 7.1. *Práctica del experimento de elección retardada de Wheeler. En 2007, los científicos dispararon fotones al interior de un aparato (flecha, abajo a la izquierda) y demostraron que podían alterar retroactivamente que los fotones se comportaran como partículas u ondas. Las partículas tenían que «decidir» si tomar el «camino 1» o el «camino 2» al llegar a una bifurcación creada en el aparato. Más adelante (casi cincuenta metros después de la bifurcación), el experimentador podía accionar un interruptor y activar o no un segundo divisor de haz («elección del observador», arriba a la derecha). Resulta que lo que hace el observador en ese momento determina la lógica de cómo se comportó la partícula en la bifurcación en el pasado.*

Se interprete como se interprete, el experimento de 2007 y otros similares ponen seriamente en tela de juicio la existencia de un «pasado fijo». De hecho, desde la década de 1960, físicos teóricos como Wheeler han expresado la firme convicción de que el pasado no surge hasta que los objetos relevantes se observan en el presente (seguiremos hablando de esto en el capítulo doce).

El que se hayan observado en el cerebro efectos cuánticos similares a estos indica claramente que las decisiones, e incluso la mera percepción consciente, producen toda una cadena de consecuencias cuánticas que al parecer pueden incluso «sobrescribir» configuraciones anteriores. Lo importante del hecho es que aquello que está en tu conciencia *ahora* colapsa la lógica espaciotemporal de lo que ocurrió en el pasado.

Antes de terminar la explicación de los mecanismos de la conciencia, posiblemente valga la pena abrir una última caja de Pandora. Nos referimos al problema que plantea intentar describir la conciencia de alguien basándonos en la actividad de sus circuitos neuronales.

Si un científico inspecciona la actividad cerebral de otra persona, digamos Alice, quiere decir que el cerebro de Alice y su funcionamiento están representados en el cerebro del científico, que tiene una percepción consciente de ellos. Por lo tanto, este intento de investigar el mundo exterior, que incluye el funcionamiento mental de Alice, sigue estando firmemente plantado en la conciencia del científico. Es cierto que podemos obtener importante información sobre cómo opera la conciencia de Alice (o, más exactamente, nuestra percepción de su conciencia) en asociación con dicha actividad. Sin embargo, por mucho que un científico intente comprender la conciencia de Alice y su percepción del mundo exterior, el resultado sigue siendo simplemente una imagen o representación del cerebro de Alice.

Para comprender la conciencia de otra persona o animal, es posible que intentemos ponernos mentalmente «en su lugar», pero mis sentimientos y pensamientos permanecen fijados a la conciencia que me es familiar, la conciencia que he conocido siempre como «yo». No tenemos la capacidad de experimentar múltiples conciencias, la nuestra y la de otra persona. Por más información que tengamos de ella, en el mejor de los casos veremos una imagen dentro de otra imagen, una obra dramática dentro de otra, una mente que es solo una representación dentro de la nuestra.

Esto significa que la vida ofrece diferentes niveles jerárquicos de representación. En el nivel superior hay una representación o «imagen» del mundo tal y como lo percibe la conciencia, que puede concretarse en un estado deslocalizado (la experiencia de unidad absoluta) o en el estado que experimentas tomando tu cerebro como centro. Y dentro de esta imagen de nivel superior hay imágenes o representaciones de nivel inferior asociadas a otros observadores, como se ilustra en la figura 7.2.

Figura 7.2 *La representación que Alice hace del mundo (la «imagen» que tiene de él) es solo una representación dentro de la representación del mundo que hace Bob.*

El «problema difícil de la conciencia» aparece cuando no tenemos en cuenta los distintos niveles de representación y, por consiguiente, no hacemos una diferenciación entre ellos. Dentro del paradigma materialista estándar, en el que lo primario es la materia, el problema difícil es nuestra incapacidad para entender cómo es posible que la experiencia, la percepción o el sentimiento surjan de objetos materiales insensibles como las moléculas y el tejido cerebral, o incluso de los impulsos eléctricos que hay en ellos. En cambio, dentro de un paradigma alternativo, el paradigma biocéntrico en el que lo fundamental es la conciencia —un axioma en el que el mundo «exterior» (y, por tanto, la materia) es una representación en la conciencia—, no existe el problema de cómo se deriva la conciencia de lo material. Nos esforzamos por comprender cómo surge la conciencia del cerebro de una persona a la que sometemos a investigación científica, pero cualquier percepción consciente o representación del mundo que investiguemos está ya dentro de la conciencia.

Figura 7.3 *Ilustración de dos niveles diferentes de representación: una habitación donde hay un ratón en la butaca y un gato en el cuadro. Un niño filma la escena, en la que está incluida también la pantalla que hay sobre el escritorio, y la señal de la cámara se transmite al ordenador, que muestra la imagen en la pantalla. El resultado de este bucle autorreferencial es una repetición infinita de la imagen dentro de la imagen. Una situación análoga ocurriría si observaras el funcionamiento de tu cerebro.*

No es posible explicar íntegramente la conciencia, entendiendo por conciencia la «experiencia en primera persona» que todos reconocemos como el sentimiento familiar e íntimo de «yo». Mi conciencia (mi experiencia en primera persona) está en un nivel diferente al de una imagen de la conciencia de otra persona que puedo observar estudiando los procesos neuronales de su cerebro. Su conciencia, para mí, es una imagen dentro de una imagen, como se muestra en la figura anterior; no es la auténtica experiencia de «yo» que tiene esa persona. Por lo tanto, esta clase de estudios se mantienen a distancia del verdadero y enigmático sentimiento de «yo». Está claro que el gato que veo representado en un cuadro no puede comerse al ratón que corretea por la habitación.

¿O sí? En el fascinante libro *Gödel, Escher, Bach: un eterno y grácil bucle*, de Douglas Hofstadter, se analiza en detalle la enmarañada jerarquía de las representaciones, utilizando el ejemplo de un famoso cuadro de Escher *Galería de grabados*, en el que un observador contempla una imagen de una ciudad que contiene la galería, que a su vez contiene al propio observador.

Si mientras observo mis procesos neuronales los veo, por ejemplo, en la pantalla de un ordenador, entro en un bucle autorreferencial, en el que veo cómo muta mi conciencia de acuerdo con esos procesos neuronales. Experimento de este modo la conciencia que experimenta la conciencia. Es como la serpiente que se muerde la cola, el uróboro, símbolo de la antigua iconografía egipcia. En la representación más antigua que se conoce en Occidente, la serpiente encierra la inscripción en griego ἓν τὸ πᾶν (*hen to pan*), que significa 'Todo es Uno'. Sus mitades blanca y negra presumiblemente representan la dualidad gnóstica de la existencia.

Pero salgamos de este salón de espejos y olvidémoslo por ahora. Dejemos a un lado la iconografía egipcia y la sabiduría de los griegos de la Antigüedad, que llegaron a la conclusión de que «Todo es Uno», y sinteticemos lo que hemos descubierto hasta aquí, para lo cual repasaremos los siete principios fundamentales del biocentrismo.

Y añadiremos uno nuevo, el octavo, que es el primero de los cuatro principios adicionales que desvelará este libro.

PRINCIPIOS DEL BIOCENTRISMO

Primer principio del biocentrismo: lo que percibimos como realidad es un proceso en el que necesariamente participa la conciencia. Una realidad externa, si existiese, tendría que existir por definición en el marco del espacio y el tiempo. Pero el espacio y el tiempo no son realidades independientes, sino herramientas de la mente humana y animal.

Segundo principio del biocentrismo: nuestras percepciones externas e internas están inextricablemente entrelazadas; son las dos caras de una misma moneda que no se pueden separar.

Tercer principio del biocentrismo: el comportamiento de las partículas subatómicas, y en definitiva de todas las partículas y objetos, está inextricablemente ligado a la presencia de un observador. Sin la presencia de un observador consciente, existen como mucho en un estado indeterminado de ondas de probabilidad.

Cuarto principio del biocentrismo: sin conciencia, la «materia» reside en un estado de probabilidad indeterminado. Cualquier universo que pudiera haber precedido a la conciencia habría existido solo en un estado de probabilidad.

Quinto principio del biocentrismo: solo el biocentrismo puede explicar la estructura del universo porque el universo está hecho con precisión absoluta para la vida, lo cual tiene mucho sentido, ya que la vida crea el universo, y no al contrario. El «universo» es sencillamente la lógica espaciotemporal completa del sí-mismo.

Sexto principio del biocentrismo: el tiempo no tiene existencia real fuera de la percepción sensorial animal. Es el proceso mediante el cual percibimos los cambios del universo.

Séptimo principio del biocentrismo: el tiempo no es un objeto o una cosa, y el espacio tampoco lo es. El espacio es otra manifestación de nuestro entendimiento animal y carece de realidad independiente. Llevamos el espacio y el tiempo con nosotros allá adonde vayamos como llevan las tortugas consigo su caparazón. Así pues, no hay una matriz absoluta con existencia propia e independiente en la que ocurran los acontecimientos físicos.

Octavo principio del biocentrismo: solo el biocentrismo es capaz de explicar la unidad de la mente con la materia y el mundo, al mostrar cómo la modulación de la dinámica de los iones en el cerebro a nivel cuántico permite que todas las partes del sistema de información que asociamos con la conciencia estén simultáneamente interconectadas.

EL EXPERIMENTO DE LIBET REVISADO

8

No soy un pájaro, ni estoy atrapada en una red; soy
un ser humano libre con voluntad propia.

–CHARLOTTE BRONTË, *JANE EYRE*

V amos a zambullirnos ahora en una de las cuestiones más anti-
guas y fundamentales de la existencia humana: si tenemos libre
albedrío. Es posible que a la mayoría os parezca una pérdida
de tiempo, porque... ¡claro que lo tenemos! ¿O es que no acabas de
decidir comerte un bocadillo de atún con pan de centeno en vez de la
ensalada de *mozzarella* y tomate? Pero vamos a examinarlo más a fondo. Recuerda que, desde la época de Descartes, la mayor parte de los
científicos han coincidido en que no son los caprichos de los dioses lo
que gobierna el mundo, sino leyes y fuerzas físicas como la inercia y la
gravedad, y más adelante, en el nivel subatómico, las reglas de la teoría
cuántica. Independientemente de lo que cada cual creyera sobre los
orígenes del cosmos, se consideraba que ahora funcionaba como una
gigantesca máquina regida por las leyes de causa y efecto. Leyes que
operan en nuestro cuerpo también.

Siendo esto así, y dado que no puedes controlar personalmente
las descargas eléctricas que se producen dentro de las neuronas de tu

cerebro, ¿en qué sentido «decidiste» pedir el bocadillo de atún? Si lo piensas un poco, fueran cuales fuesen los pros y los contras que tomaras en consideración, ¿no dirías que, hasta cierto punto, la decisión final te vino a la mente sin más? Seguro que, si no en este caso, habrá habido otros momentos en tu vida en que al tomar una decisión hayas experimentado sencillamente eso. Y si en verdad no sabes *cómo* has tomado una decisión, o *por qué*, ¿puedes asegurar que la has tomado haciendo uso de la libre voluntad?

Ya, de acuerdo, si empezamos a creer que las cosas suceden principalmente por sí solas, ¿cómo responsabilizar de sus actos a los delincuentes o motivar a alguien para que alcance altas metas? ¿Qué hay de nuestras ideas morales y nuestra humanidad en general?

Evidentemente, se trata de una cuestión mucho más profunda y compleja de lo que puede parecer en un principio. Incluso a Einstein le quitaba el sueño. Citaba a menudo al filósofo decimonónico Arthur Schopenhauer, al que le gustaba decir: «Un hombre puede, acaso, hacer lo que quiere, lo que no puede es querer lo que quiere».

Que saquemos a relucir todo este embrollo así de repente, en el momento más inesperado, quizá te haga sospechar que la mecánica cuántica o el biocentrismo van a entrar en él y a aclarar las cosas. Si es así, estás en lo cierto. Concretamente, acudirán en nuestra ayuda dentro de un instante, cuando empecemos a examinar los famosos experimentos de Libet, que tradicionalmente se han interpretado como prueba de que no tenemos libre voluntad. Esta conclusión se basaba en el resultado de su ingenioso montaje experimental: la señal eléctrica de la actividad cerebral que captaban los aparatos indicaba repetidamente que las decisiones de los sujetos del experimento se tomaban ¡antes incluso de que fueran conscientes de que hubiera algo sobre lo que decidir!

Hace casi cuarenta años, el doctor Benjamin Libet se propuso descubrir si la actividad neuronal electrofisiológica dirige nuestra vida y se limita a informarnos de sus decisiones, que nosotros por lo general sentimos y damos por hecho que han sido tomadas por eso a lo que denominamos «yo», o si, por el contrario, eso que percibimos como «yo» es lo que realmente lleva el timón de nuestra nave, como en general siempre hemos creído. Libet sabía que los resultados que obtuviera podrían tener serias consecuencias e incluso zanjar de una vez por todas los eternos debates sobre la libertad individual.

El primer experimento de Libet, realizado en 1983, constaba de tres elementos principales: una decisión que debía tomarse, la medición de la actividad cerebral durante el proceso de tomarla y un reloj.

Se les dijo a los sujetos que la decisión consistía en mover o el brazo izquierdo o el derecho, bien haciendo un movimiento brusco de muñeca o bien levantando un dedo, de la mano izquierda o de la derecha. Se les indicó que dejaran que el impulso de moverse apareciera por sí mismo en el momento que fuera, sin planificación previa ni concentración en el momento de actuar. El movimiento de los músculos del brazo permitiría registrar directamente el instante preciso en que se produjera.

El segundo componente, la medición de la actividad cerebral, se obtenía por medio de electrodos aplicados sobre el cuero cabelludo. Afortunadamente, el instrumental tenía capacidad para detectar por separado el impulso y el movimiento real del lado derecho o izquierdo, ya que cuando los electrodos se colocan a lo largo de la línea media de la cabeza, sobre la corteza motora, aparecen señales eléctricas características si el sujeto planifica y ejecuta un movimiento en un lado del cuerpo o el otro.

El reloj tenía un diseño de alta precisión que permitía medir los tiempos en subsegundos, y se les indicó a los participantes que lo utilizaran para informar del momento exacto en que tomaran la decisión de moverse.

Los fisiólogos sabían desde hacía décadas que, una fracción de segundo antes de que realmente nos movamos, se produce un cambio en las señales eléctricas cerebrales. Así que, como era de esperar, en el experimento de Libet los electrodos registraron en todos los casos un cambio de la actividad cerebral una fracción de segundo antes de que los participantes se movieran. Hasta aquí, todo en orden.

El resultado sorpresa llegó cuando los investigadores observaron en qué momento informaban los sujetos de su decisión de moverse. El equipo de Libet descubrió que esta «decisión» ocurría siempre en el intervalo *entre* el cambio de la actividad eléctrica cerebral (denominado técnicamente *potencial de preparación*) y el movimiento real.

Descubrieron que, sencillamente, la «sensación» de decidir no podía ser expresión de lo que en verdad estaba causando la decisión de moverse. Los electrodos registraban sistemáticamente un cambio de las señales cerebrales hasta tres décimas de segundo antes de que se produjera la experiencia subjetiva de tomar una decisión. Y las señales que detectaban los electrodos eran sin dudas precisas, ya que los investigadores, al observarlas, podían predecir en todos los casos qué brazo, muñeca o mano acabaría por levantarse, ¡antes de que los propios sujetos lo supieran!

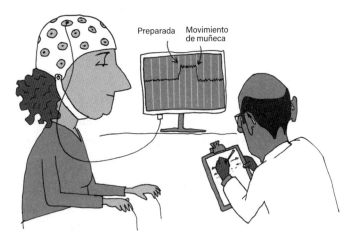

Figura 8.1 *El famoso experimento de Benjamin Libet se interpreta tradicionalmente como la prueba de que no tenemos libre albedrío. Esta conclusión se basaba en la medición de una señal eléctrica de actividad cerebral que indicaba que se había tomado una decisión antes de que el sujeto fuera consciente de lo que había elegido. Sin embargo, como veremos, el biocentrismo hace una interpretación del experimento opuesta a la que de forma generalizada se ha aceptado tradicionalmente.*

Estos resultados parecían mostrar claramente que las decisiones se toman en los circuitos neuronales antes de que seamos conscientes de ellas, lo que significa que no tenemos libre albedrío. En pocas palabras, el cerebro decide algo y, un poco después, somos conscientes de la decisión, que acto seguido atribuimos (equivocadamente) a nuestra voluntad.

Este y otros experimentos posteriores que confirmaban el hallazgo causaron un gran revuelo, tanto que en los años siguientes *The New York Times* publicó en primera plana tres artículos sobre el tema que difundieron la noticia al gran público. Los artículos acababan llegando a la conclusión de que probablemente no existía el libre albedrío, pero la sociedad debía fingir que sí para preservar el estado de derecho y que se pudiera responsabilizar a la gente de sus actos.

En algunos círculos, los experimentos de Libet provocaron poco más que indiferencia: si una parte del cerebro o de la mente toma una decisión, por mucho que los circuitos del ego que nos dan la sensación de ser Nancy o George sean meros receptores de información pasivos, ¿no sigue constituyendo eso una forma de autogobierno, dado que en cualquier caso es nuestro cerebro el que está al mando? Sin embargo, para la mayoría de la gente, que vive identificada con el sentimiento de «yo» y no concibe otra posibilidad de *ser* que esa, los hallazgos de Libet fueron humillantes cuando no profundamente desmoralizadores. Al parecer, el presunto estatus de capitanes del barco de nuestra vida era una ilusión: los riñones depuran la sangre, el hígado realiza sus quinientas funciones y el cerebro toma todas las decisiones él solo, sin intervención nuestra, incluidas las decisiones cotidianas como a qué restaurante ir y qué pedir cuando lleguemos. De repente no había lugar para Nancy o George, para el sentimiento de que somos controladores conscientes de nuestros actos.

Pero ¡alto ahí!, guarda los antidepresivos. Tenemos buenas noticias, en caso de que no tengas la intención de decir adiós al control consciente: el biocentrismo te ofrece un motivo más que justificado para apelar a la cláusula de escape.

La teoría cuántica, y dentro de ella la interpretación de los muchos mundos a partir del colapso de la función por la intervención de la conciencia –explicaciones que constituyen el esqueleto del biocentrismo–, nos ofrece una interpretación alternativa de los resultados obtenidos en los experimentos de Libet: una interpretación en la que *no* somos marionetas cuyos actos están determinados por proteínas y átomos, sino el agente activo. Desde esta perspectiva, es únicamente mi *decisión consciente* lo que provoca el colapso de la función de onda, lo cual ocurre en el momento en que tengo conciencia de la decisión de mover la mano derecha o la izquierda. En otras palabras, el colapso de la función de onda no se produce en el momento en que se forma el potencial de preparación que detectan los electrodos. En ese momento, hay todavía una superposición de posibilidades, ilustradas en la figura 8.2 como dos caminos distintos.

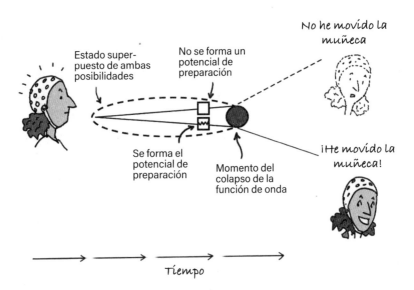

Figura 8.2 *Colapso de la función de onda como lo percibe la participante en un experimento del tipo de los de Libet. Una vez que mueve la muñeca, se encuentra en el mundo 1. El mundo 2 desaparece de su percepción.*

La interpretación de estos experimentos como una demostración de que no existe la libre voluntad se basa en la suposición de que no hay diferencia entre las perspectivas del investigador y la participante. El orden temporal de los acontecimientos visto por un observador externo (el investigador) indica, por supuesto, que la participante, tal como la percibe el investigador, no tomó ninguna decisión: aparentemente, la decisión se había tomado ya en el momento en que apareció el potencial de preparación detectado por el electrodo. Sin embargo, ese potencial de preparación formaba parte de una de las muchas ramas posibles, y desde la perspectiva de la participante, la función de onda se colapsó y concretó en una determinada rama solo en el momento en que era consciente de estar tomando una decisión. Todas las demás ramas desaparecieron de su percepción; desde su perspectiva, todas se desvanecieron.

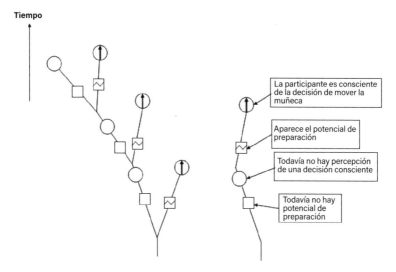

Figura 8.3 *Una ramificación de la función de onda en relación con un tercer observador, que no ha mirado los instrumentos (izquierda). En relación con el investigador (derecha), después de haber mirado los registros del potencial de preparación, la función de onda ramificada se colapsó y concretó en una sola rama, en la que primero estaba el potencial de preparación y luego el movimiento de la muñeca (ilustrado en las figuras por la flecha que apunta hacia arriba).*

La situación es diferente desde el punto de vista del investigador. En su caso, el colapso de la función de onda se produjo en el momento en que vio el resultado del experimento. Antes de mirarlo, había diversas posibilidades, mientras que, después de mirarlo, el curso de lo que ocurriría seguidamente en el experimento estaba determinado por la aparición (o no aparición) de un potencial de preparación específico.

Desde la perspectiva de cada observador, no está predeterminado el camino que tomará su conciencia. Y el caso es el mismo si interviene una tercera persona (como el «amigo de Wigner» del capítulo seis): para ella, todo el montaje –que incluye a la participante, al investigador y las lecturas que muestra la pantalla– está en superposición hasta que ella misma vea el resultado (figuras 8.3 y 8.4).

Figura 8.4 *Ilustración de cómo ve el experimento de Libet un tercer individuo (desde el exterior). Para él, todo el montaje –la participante, el investigador y los datos de la pantalla– está en superposición mientras no vea personalmente el resultado.*

Que mi conciencia tome uno u otro camino constituye una elección voluntaria por definición. Desde mi punto de vista, si soy el sujeto de este experimento, mi decisión de mover la muñeca o levantar el dedo es una decisión libre. Decidir en este momento que voy a mover la muñeca izquierda significa que la función de onda del mundo (incluido mi cerebro) se colapsa justo ahora y se concreta en el estado correspondiente al potencial de preparación que se había formado una fracción de segundo antes. Si hubiera decidido no moverme en absoluto, mi función de onda, en lo concerniente al potencial de preparación, habría permanecido en el estado de ambas posibilidades (figura 8.2).

La interpretación tradicional del experimento de Libet, que entiende sus resultados como la prueba de que la libre voluntad es una ilusión, representa el paradigma del determinismo. Este es el paradigma mencionado al principio de este capítulo, y que todavía defienden muchos científicos, en el que el universo es una gran máquina que se puso en marcha al principio de los tiempos y cuyas ruedas y engranajes giran atendiendo a leyes ajenas a nosotros. «Todo, tanto el principio como el final –dijo Einstein–, está determinado por fuerzas sobre las que no tenemos ningún control. Está determinado tanto para el insecto como para la estrella. Los seres humanos, los vegetales, el polvo cósmico: todos bailamos al son de una misteriosa melodía que entona en la distancia un gaitero invisible». En esta interpretación del resultado de Libet, todo pensamiento, sentimiento y acción humanos son el resultado mecánico de fuerzas preexistentes; el cerebro es una máquina determinista, cuyo subproducto es la conciencia.

Incluso entre quienes reconocen las realidades indeterministas de la mecánica cuántica, muchos objetan que, a efectos prácticos, dicha indeterminación se limita a los fenómenos microscópicos, y otros muchos argumentan que la única diferencia que introduce la indeterminación cuántica es que en este caso las acciones serían resultado de la aleatoriedad cuántica, lo que significa que la libre voluntad sigue estando ausente, ya que continúa siendo imposible ejercer un control independiente sobre esas acciones mediante una elección consciente.

En el capítulo anterior hablábamos de la superposición cuántica extendida al funcionamiento del cerebro, y hacíamos referencia principalmente a las teorías de Henry Stapp. Stapp, entre otros, argumentó además que la indeterminación cuántica de los procesos cerebrales permite hacer una interpretación del experimento de Libet que es compatible con el libre albedrío. A diferencia de nuestra explicación, la de Stapp no se basa en la teoría de los muchos mundos, sino en un minucioso funcionamiento de los procesos cerebrales que conduce al potencial de preparación y a la posterior decisión consciente de mover un dedo. Stapp explica con todo detalle por qué el cerebro no puede ser una máquina determinista sino que sus procesos están en superposición cuántica.

La cuestión de si el cerebro puede o no hallarse en estado de superposición es tema de debate dentro de la comunidad científica. Sin embargo, Stapp puntualizó que tal vez pueda cuestionarse la coherencia cuántica interna del cerebro, pero lo que es indiscutible es que el cerebro y el entorno se hallan juntos en estado cuántico puro (es decir, de superposición). Y, de hecho, ese «entorno» se extiende al universo entero.

Por consiguiente, incluso aunque resultara que no hay superposición cuántica en los procesos cerebrales, ese estado puro significa que el sistema cuántico que comprende el cerebro y su entorno abarca muchas experiencias posibles del observador, que seguidamente se «actualizan» concretándose en una experiencia definitiva al colapsarse la función de onda. La decisión que toma la participante del experimento, sobre en cuál de las experiencias o ramas posibles entrar, no puede desarrollarse en el momento en que se produce el potencial de preparación puesto que en ese instante ella ni siquiera es consciente de que esté ocurriendo: en ese momento, la función de onda se halla todavía en estado de superposición. La decisión se produce una fracción de segundo después, cuando la función de onda se colapsa.

Resumiendo, en la interpretación biocéntrica del experimento de Libet que hemos descrito a grandes rasgos, *tú* eres el agente que provoca la concreción de los acontecimientos. Tú determinas el camino que tomas dentro del árbol ramificado de los muchos caminos posibles, como se ilustra en la figura 4.4 del capítulo cuatro y en las figuras de este capítulo.

Y no es tu subconsciente el que lo hace, en contra de lo que da a entender Libet. Tu *sub*consciente está, tal y como expresa la palabra, por debajo de la conciencia, o como lo define la Wikipedia: «Es el conjunto de procesos mentales que ocurren por debajo del umbral de la conciencia, independientes de la voluntad y no percibidos conscientemente, pero que no llegan a ser inaccesibles. El subconsciente está formado por todo aquello que se ha aprendido conscientemente y que en la actualidad da lugar a comportamientos hasta cierto punto automáticos, pero que haciendo un esfuerzo es posible recordar y traer de nuevo al nivel consciente».

Es obvio que el cuerpo hace muchas cosas de forma subconsciente y realiza involuntariamente innumerables actos automáticos y reflejos en respuesta a los distintos estímulos sin que medie el pensamiento, como apartar la mano de una sartén que chisporrotea. Pero esto no significa que *todo* nuestro comportamiento sea resultado de la actividad subconsciente y que el nivel consciente no tenga nada que decir. En la interpretación biocéntrica del experimento de Libet, tu conciencia es la que elige uno de los caminos posibles, que se convierte entonces en la realidad que experimentas.

Así que se te ha acabado la excusa para llegar a casa tan tarde que el estofado se ha quedado a la temperatura del mármol. Eso de «no he podido evitar parar a tomarme una copa» ya no te va a servir. Puede que hasta ahora hayas intentado echarle la culpa de todo a tu potencial de preparación, a no tener libertad para decidir tus actos, pero ahora que tu pareja ha leído este capítulo, se acabó. Te ha calado: «... Claro, supongo que ahora la culpa será de la función de onda, que se colapsó justo cuando no estabas prestando atención, ¿verdad? ¡Pues olvídate!».

LA CONCIENCIA ANIMAL

Tenemos una actitud condescendiente [hacia los animales]
porque los consideramos seres incompletos cuyo trágico destino
es haber adoptado una forma tan inferior a la nuestra. Y en
eso nos equivocamos, nos equivocamos seriamente.

–HENRY BESTON

Es natural que tengamos una perspectiva personalista cuando exploramos la conciencia; todos nos dejamos llevar por lo que nos es familiar. Y además, como hemos visto, estamos solo empezando a entender la conciencia humana a pesar de ser la nuestra, lo que probablemente significa que intentar entender la de un pulpo, por ejemplo, sería todavía más difícil. Pero la experiencia subjetiva y los exquisitos y variados procesos que facilitan la percepción son algo de lo que disfrutan igualmente criaturas muy diferentes a nosotros. La arquitectura de sus redes neuronales será sin duda muy distinta de las estructuras del cerebro humano, pero tampoco hay duda de que está diseñada para permitir que la conciencia se centre o localice en ella. Las estructuras neuronales de la conciencia de un organismo han evolucionado para otorgarle experiencias singularmente adaptadas a circunstancias y hábitats específicos.

En cuanto a cómo se manifiesta la experiencia consciente en las formas de vida no humanas, una gran diferencia es su capacidad espontánea de lo que se ha denominado en el mundo humano «atención plena», o «*mindfulness*», de la que tal vez hayas oído hablar gracias a su creciente utilización en la educación primaria, a la vista de que es capaz de mejorar la concentración de los estudiantes. Si es la primera vez que oyes hablar de ella, quizá el *mind* ('mente') de *mindfulness* te haga creer de entrada que se trata de algún método para ejercitar el pensamiento, pero de hecho es justo lo contrario. Lo que hoy se denomina *mindfulness* es una práctica meditativa ancestral que consiste en enfocar la atención en las experiencias sensoriales inmediatas en lugar de dejarnos llevar por los pensamientos constantes. Se ha visto que si los estudiantes, en vez de perderse en sus ensoñaciones, observan lo que ven u oyen, prestando atención a los infinitos detalles que se revelan en el momento presente, tienen más claridad y agudeza y aprovechan al máximo el aquí y ahora, incluida la experiencia de estar en el aula. En definitiva: el prodigioso cerebro que se nos ha dado puede ser tanto un regalo como una vía de distracción, mientras que ese «estar en el momento presente» es el tipo de conciencia que, por lo que sabemos, más se corresponde con la de otros organismos conscientes.

Al decir «otros organismos conscientes» nos referimos a los animales –incluidas las aves y los insectos– que tienen cerebro, órganos sensoriales y apéndices que les permiten la locomoción, así como a los animales y plantas que no tienen movimiento activo, pero que son capaces de almacenar recuerdos y responder a su entorno espacial.

La atención plena podría acercarnos a la clase de experiencias propias de los animales no humanos, pero las diferencias entre nuestra experiencia consciente y la suya son, obviamente, mucho más fundamentales que la simple afición humana a soñar despiertos. Algunos organismos utilizan vías de percepción sensorial que están ausentes por completo en nuestra capacidad perceptual, o, si están presentes, se han ido degradando con el paso del tiempo hasta desempeñar en la actualidad un papel insignificante en nuestra vida. Una vez que empezamos a examinar la conciencia animal, nos encontramos ante una revelación casi interminable de nuevos mundos. Recuerda que la realidad existe en relación con cada observador particular: la conciencia animal, como la humana, provoca el colapso de la función de onda. Y las singulares configuraciones fisiológicas de otros animales permiten que sus decisiones, y colapsos de la función de onda, se desarrollen por caminos que divergen de los nuestros de formas maravillosamente creativas y eficaces.

Cualquiera que haya tenido un perro sabe en qué se enfoca principalmente la atención de un canino: en los olores, por supuesto. Y no hay necesidad de especular sobre si esta proclividad es simple hábito o responde a dictados genéticos y ambientales más profundos. Basta con observar la cara de Rover Dangerfield, el perro con suerte. ¡Mira qué nariz! Empieza justo debajo de los ojos, como la nuestra, pero luego se extiende como un aeródromo. ¿Es de extrañar que el noventa por ciento de la atención de Rover esté en la química ambiental?

Para oler algo, al menos una molécula de la sustancia en cuestión debe aterrizar en la húmeda membrana mucosa que tapiza la nariz y adherirse a ella. (Esta es la razón por la que algunas moléculas muy grandes, como la tetraciclina y el ADN, no tienen olor: son demasiado grandes para adherirse a nuestra nariz). Los perros con gran sensibilidad olfativa pueden detectar solo unas pocas moléculas que floten en el aire. Los investigadores calculan que la nariz de un sabueso contiene doscientos treinta millones de células olfativas, es decir, cuarenta veces más que la nariz humana. Y si el centro olfativo de nuestro cerebro tiene el tamaño de un sello de correos, el de un perro puede ser de grande como un sobre.

Al perro, toda esta arquitectura sensorial le sirve no solo para discernir olores apenas perceptibles, sino para deleitarse en ellos. Su mundo es una miscelánea de fascinantes excreciones bioquímicas que le transmiten con detalle la historia de las criaturas que han pasado recientemente por las inmediaciones. ¿Por qué iba a ser, en ese caso, igual de importante para él que para nosotros la percepción visual? De hecho los humanos percibimos una gama de colores más extensa que los caninos: en la parte verde del espectro, que es donde mayor sensibilidad tenemos, podemos distinguir cincuenta matices diferentes de esa sola tonalidad. En cambio, los perros no son capaces de detectar *ninguna* diferencia entre el verde, el rojo y el amarillo; para ellos, constituyen un solo tono, y el único matiz que contrasta claramente con él es el color azul.

Figura 9.1 *La fotografía superior muestra cómo vemos los humanos la Casa Blanca gracias a nuestra agudeza visual; la fotografía inferior muestra cómo podrían verla los insectos.*

La conciencia de muchos animales crea experiencias visuales muy diferentes a las de los humanos, que tenemos mayor agudeza visual que la mayoría de ellos, como se ilustra en la figura 9.1. Los humanos vemos la Casa Blanca como aparece en la fotografía superior (¡aunque normalmente en color!), mientras que ciertos insectos «colapsarían» colectivamente una realidad más parecida a la de la fotografía inferior.

Con tal falta de detalle visual, ¿por qué iba a querer Rover fijar la mirada cuando puede usar el olfato? Pero hay diferencias entre la conciencia de nuestro perro y la nuestra mucho más significativas que la de que nosotros miramos y ellos huelen. ¡Recientemente se ha demostrado que los perros perciben los campos magnéticos!

Sabemos desde hace tiempo que algunos animales se orientan alineándose con la magnetosfera terrestre, una fuerza magnética de apenas 0,5 gauss. La lista es muy larga: abejas, termitas, hormigas, aves —desde gallinas hasta palomas mensajeras—, moluscos, bacterias, salmones reales, anguilas, salamandras, sapos y tortugas entre muchos otros seres vivos. La capacidad de magnetorrecepción, o magnetocepción, de estas criaturas se debe en algunos casos a que su sistema nervioso central se rige por unas cadenas de magnetosomas, pequeñas motas de minerales ricos en hierro, como la magnetita, rodeadas por una membrana de ácidos grasos y, normalmente, más de veinte proteínas. Esta arquitectura es tan prodigiosa, y otorga una sensibilidad tan aguda, que algunos animales se hacen un esquema mental de las sutiles variaciones del campo magnético planetario que les sirve de mapa interno para ubicarse. En otros casos, el magnetismo les ofrece un sistema de navegación secundario, que algunas aves, por ejemplo, utilizan si el cielo está cubierto y el sol o las estrellas no se ven.

Se sospechaba que tal vez también los perros estuvieran dotados de magnetocepción desde mucho antes de que se demostrara que es así, y el motivo era la curiosa preferencia que manifestaban por hacer sus necesidades con el cuerpo alineado de norte a sur. Además, hacía siglos que se había observado en sus primos caninos, los zorros rojos, una peculiar preferencia por abalanzarse sobre sus presas en una dirección determinada. Si alguna vez has visto a un zorro dando su característico salto sobre un topillo o un ratón, o sobre un lugar aparentemente vacío cubierto de nieve en el que ha detectado un sonido procedente del reino subníveo (el espacio a menudo vacío entre el suelo y la capa de nieve), probablemente no estabas prestando atención a los puntos cardinales de la brújula... pero si lo hubieras hecho, tal vez habrías visto que el zorro saltaba hacia el noreste.

Sea cual sea el bioma o paisaje bioclimático en que habite una criatura, se diría que la capacidad de innovación natural para desarrollar habilidades con las que hacer frente a las dificultades concretas es prácticamente ilimitada. Pensemos, por ejemplo, en la capacidad para detectar el calor, o radiación infrarroja.

La piel humana detecta cuándo un objeto muy próximo está caliente, pero esta capacidad funciona solo cuando el objeto está a más de 43 °C. En cambio, el murciélago vampiro detecta a distancias de hasta veinte centímetros objetos que estén a tan solo 30 °C, es decir, la temperatura mínima que emite prácticamente cualquiera de los mamíferos sobre los que podría querer realizar su ataque draculino.

Aunque, por supuesto, a los murciélagos la fama les viene por otra capacidad sensorial todavía más chocante para nosotros, que es su mecanismo de sonar: emiten una serie continua de sonidos y detectan los reflejos sónicos que revelan la distancia que los separa de una presa voladora o la pared de una cueva que prefieren evitar. Pueden hasta obtener información sobre el movimiento de un objetivo atendiendo al efecto Doppler del cambio de sonido, algo similar al cambio de tono que percibimos nosotros cuando el claxon de un coche o la sirena de una ambulancia se acercan o se alejan. La sofisticación de estos talentos es sin duda impresionante, pero la habilidad de ecolocalización alcanza un asombroso grado de perfección en las ballenas dentadas y los delfines, cuyos pulsos sonoros son capaces de penetrar en los tejidos blandos y proporcionarles una imagen mental similar a la de los rayos X del objeto de su interés.

Los delfines guardan todavía otros ases bajo la manga. Tienen la capacidad de *reproducir* los ecos de sus propias señales de sonar, de modo que cuando han encontrado algo interesante, por ejemplo un delicioso banco de suculentos peces, pueden replicar los sonidos para «contarles» a otros delfines lo que han descubierto. Pero no lo hacen empleando un torpe proceso lineal de símbolos emitidos uno detrás de otro como hacemos los humanos para comunicarnos, sino que crean en la mente de otros delfines una imagen visual de lo que ellos acaban de ver, quizá incluso resaltando o subrayando aquellos aspectos sobre los que quieren llamar principalmente su atención.

Otra capacidad de la que carecemos nosotros, pobres humanos, es la de percibir los campos eléctricos. Se ha hablado mucho de los supuestos riesgos que tiene para la salud humana vivir en estrecha proximidad a las líneas de alta tensión, que están envueltas en enormes campos eléctricos y magnéticos. En torno a ellas, e incluso en torno a los electrodomésticos y ordenadores que utilizamos en casa, se generan campos eléctricos independientemente de que el aparato esté encendido o apagado; los campos magnéticos, en cambio, se crean solo cuando fluye la corriente, y es necesario que el aparato esté encendido. Las torres de alta tensión producen campos magnéticos de manera continua porque la corriente fluye a través de ellas sin cesar. Las paredes y otros objetos actúan como escudo o debilitan con facilidad los campos eléctricos, mientras que los campos magnéticos pueden traspasar edificios, organismos vivos y la mayoría de los materiales. Muchos han especulado sobre cómo puede afectar al cuerpo humano vivir sumergido en un campo de tal fuerza casi las veinticuatro horas del día. Aunque los resultados de los estudios no son concluyentes, parece ser que quienes están expuestos a campos de gran intensidad (por encima de 3 o 4 microteslas) tienen un riesgo ligeramente mayor de padecer algunos tipos de cáncer. En la medida que sea, sabemos que los campos electromagnéticos afectan a nuestro cuerpo animal; sabemos que no son inofensivos, como simples neutrinos,[*] cuando nos atraviesan. Por consiguiente, tiene una razón de ser que haya criaturas a las que los procesos evolutivos han dotado

---

[*] N. de la T.: Los neutrinos son unas enigmáticas partículas elementales que carecen de carga eléctrica y tienen una interacción mínima con la materia que atraviesan.

EL GRAN DISEÑO BIOCÉNTRICO

de una arquitectura fisiológica capaz de detectar conscientemente dichos campos.

Es decir, no debería sorprendernos que los tiburones tengan unos órganos llamados ampollas de Lorenzini que detectan los campos eléctricos. Esta capacidad de percepción eléctrica, común a varias criaturas marinas, la posee un solo mamífero, el ornitorrinco. También las abejas perciben los campos eléctricos, aunque de manera indirecta: acumulan una carga eléctrica positiva durante el vuelo y, a continuación, la carga negativa que suele estar presente en las flores hace que los pelos de las patas se les pongan de punta, lo cual las alerta de la presencia de flora. (Las abejas cuentan además con la ayuda de unos ojos que, a diferencia de los nuestros, captan las longitudes de onda de la radiación ultravioleta. Resulta que muchas flores lucen preciosos e intrincados diseños que solo la luz ultravioleta hace visibles).

Hasta ahora, hemos descrito distintas maneras en que la conciencia animal es capaz de detectar lo que para nosotros son emanaciones imperceptibles. Vamos a hablar ahora de otros mecanismos animales que detectan estímulos más tangibles y cotidianos, sustancias que de hecho nos impactan a diario. Uno de ellos da lugar a lo que nosotros experimentamos como sonido.

La mayoría de la gente sigue sin entender la naturaleza esencial de la experiencia acústica. Prueba de ello es que, tras una conferencia ante un público no especializado, uno de los autores planteó la siguiente pregunta, probablemente la pregunta más antigua y elemental relacionada con la conciencia: «Si un árbol cae en un bosque, y no hay ninguna persona ni animal presente que pueda oírlo caer, ¿produce un sonido?».

Se pidió al público que contestara sí o no mediante una simple votación a mano alzada. ¿Cuál fue el resultado? Alrededor de tres cuartas partes de la sala votaron que sí: según la opinión consensuada, el árbol hace ruido aunque no haya ningún ser sintiente en las proximidades.

La respuesta es errónea, pero ilustra muy bien la confusión generalizada del público en lo concerniente al sonido, y de hecho a la conciencia en general.

150

Cuando cae un árbol, el hecho físico de que el gran tronco y las innumerables ramas golpeen el suelo produce perturbaciones en el aire circundante. Se irradian en todas las direcciones rápidas y complejas pulsaciones de la presión del aire que van disminuyendo con la distancia. En un suceso provocado por objetos lo suficientemente pesados (como la caída de un árbol) o de suficiente intensidad (como una explosión), esos cambios de presión del aire pueden percibirse realmente en la piel como rápidos soplos de aire, razón por la cual es posible que las personas sordas tengan una experiencia sensual nada desdeñable si están sentadas frente a los altavoces del escenario en un concierto de *rock*.

Esos soplos de aire son el resultado físico de la caída de un árbol. En sí mismos, son silenciosos. Lo que pasa es que, cuando se encuentran con los tímpanos de los seres humanos o de los animales, provocan el movimiento físico de esa fina capa de tejido. Entonces las neuronas conectadas a esa membrana timpánica responden a las vibraciones resultantes enviando señales eléctricas al cerebro, y en él se activan miles de millones de células para producir lo que los humanos o los animales experimentamos como sonidos específicos.

Así pues, *el sonido viene de dentro*. Los ruidos los producen nuestras neuronas, que manifiestan su experiencia consciente. El ruido de la caída de un árbol es el resultado final de las variaciones de presión del aire que empujan la membrana timpánica, diseñada para agitarse en respuesta, pero obviamente nada de esto —salvo la alteración del aire (que en sí misma es silenciosa)— ocurre si ese día no hay nadie en el bosque. Esto no es una lección de filosofía, sino un simple hecho de la física y la naturaleza: la caída de un árbol, por sí misma, no puede producir sonido, porque el sonido es, por definición, una experiencia consciente.

Otra cosa es lo que cada organismo consciente hace con un determinado conjunto de soplos de aire y las vibraciones que producen. Los seres humanos somos sensibles a los sonidos de frecuencias comprendidas entre los 20 y los 20.000 Hz; aquellos organismos que sean sensibles a un rango de frecuencias mayor o distinto tendrán posiblemente una percepción del sonido muy diferente de la nuestra. No hay forma de saber si lo que nosotros experimentamos como el estruendo grave de un trueno lejano tal vez un gato lo experimenta como un gemido agudo. La incontestable naturaleza subjetiva de la experiencia consciente es una prueba más de que se trata de un fenómeno simbiótico, una amalgama formada por la naturaleza «externa» y el ser que somos. Por supuesto, para ser exactos, ni el mundo «externo», el mundo de los estímulos, tiene una existencia definida independiente de la conciencia ni las personas y los animales tenemos una existencia independiente de un observador consciente, aunque seamos nosotros mismos ese observador.

Pero volvamos al sonido. Aunque es mucho lo que no podemos saber sobre la percepción subjetiva del sonido que experimentan otros animales, a base de observación, y con la ayuda de la tecnología, poco a poco nos vamos enterando de cómo utilizan el sonido otros organismos. Muchos producen sonidos deliberados para comunicarse, como nosotros. Los investigadores han descubierto que hay insectos sociales, como las abejas y las hormigas, que utilizan por lo general entre diez y veinte vocalizaciones distintas y reconocibles, mientras que el número es tres o cuatro veces mayor en los vertebrados sociales como los lobos y los primates. Y al igual que la percepción del sonido es variable, también lo son sus métodos de producción. Si hay muchos organismos que se comunican con vocalizaciones, otros, como los grillos, crean la comunicación sonora por otros medios, por ejemplo frotando las alas.

Hace algo más de un siglo, el físico estadounidense Amos Dolbear, profesor de la Universidad de Tufts, provocó un gran revuelo con el sorprendente artículo que publicó en la revista *American Naturalist* —sorprendente, entre otras cosas, porque ni siquiera trataba sobre un tema relacionado con su especialidad— en el que revelaba que cualquiera puede saber qué temperatura hace con solo contar los chirridos de los grillos. La ley de Dolbear, como se denominó de inmediato, causó furor en los círculos de amantes de la naturaleza y entre los campistas. Aunque los detalles del método se alejan bastante del tema de este libro, vamos a darte la oportunidad de ser la única persona de tu edificio que posea la singular habilidad de detectar la temperatura ambiente. ¿Te parece?

Basta con que cuentes el número de chirridos que emite un grillo en catorce segundos y le sumes cuarenta. Esa es la temperatura ambiental en grados Fahrenheit.* ¿Podría ser más simple? Y la ley de Dolbear es de una precisión asombrosa.

En cuanto al viejo debate tantas veces sostenido en la barra de un bar sobre qué organismo tiene mejor oído (¿Qué? Igual es que no vas a los bares adecuados...), la respuesta es la polilla. Las polillas son capaces de detectar sonidos más agudos que los murciélagos, lo cual no es una tontería, teniendo en cuenta que es precisamente a ellos a los que más intentan evitar. El murciélago ocupa el segundo puesto, y a continuación están el búho, el elefante y el perro, seguidos de los gatos. ¿Qué animal tiene peor oído? Es de suponer que las serpientes, que como es natural y comprensible tienen una conciencia más sensible a las vibraciones del suelo que a las fluctuaciones de la presión del aire.

Esperamos que todo esto haya servido para dejar una cosa clara: que la percepción consciente de los distintos organismos es muy diversa, y cada uno de ellos utiliza unas determinadas estructuras fisiológicas para captar, de entre todos los tipos de señales posibles, aquellas que benefician a su forma de vida. Es decir, cada organismo tiene la libertad teórica de atender a la realidad mediante experiencias sensoriales de lo más diverso, pero, en la realidad, las fuerzas complementarias del entorno y la evolución han ido filtrando y enfocando esas libertades, lo que significa que, en la práctica, probablemente sea mucho más limitada la variedad de percepciones que ocupa en cada momento la atención de cada organismo.

---

* N. de los A.: Si prefieres saber la temperatura en grados Celsius, cuenta los chirridos que emite el grillo en ocho segundos y súmale cinco.

En cualquier caso, conviene recordar que, aunque el cuerpo animal es el instrumento de la percepción sensorial —una especie de gran antena neuronal—, todos los datos sensoriales se procesan en última instancia en el cerebro. Este órgano no hace sino recibir impulsos, una constante intermitencia de señales eléctricas que se transmiten de los sentidos a los nervios. El cerebro recibe información fragmentada y tiene que recomponer esta masa desarticulada de datos, y lo hace ateniéndose a unas leyes muy específicas. Reúne los datos sensoriales de acuerdo con las reglas del tiempo y el espacio: la lógica del cerebro.

El tiempo y el espacio son proyecciones creadas dentro de la mente, y es en ellas donde la percepción, el sentimiento y la experiencia comienzan. El tiempo y el espacio son las herramientas para la vida, las representaciones del intelecto y de los sentidos que incluso una diminuta tortuga recién nacida debe aprender a utilizar en cuanto abre los brillantes ojillos por primera vez. Esa cría que vaga sola por la tierra entre los frondes de los helechos y las inflorescencias de la hierba de tallo azul, que viaja a veces durante más de una semana antes de llegar a un estanque o un pantano, depende de esas herramientas para poder orientarse en el mundo.

Todos los animales dotados de un sistema nervioso tienen el mismo funcionamiento básico. Y no es por casualidad. La comprensión espacial y temporal existe, sin duda, en otros animales además de los humanos, aunque el «vataje» y la «instrumentación» de nuestros sentidos sean diferentes. Podemos entender el «vataje» como la intensidad o falta de intensidad perceptiva de un sentido: el halcón tiene una vista muy aguda, capaz de procesar una formidable cantidad de información visual; la rata topo lampiña es ciega y, como muchas criaturas que viven en cuevas, carece de órganos para registrar la luz. Así, la percepción visual de un halcón es resplandeciente, de enorme potencia, mientras que la de un topo es entre tenue y oscura.

La vista, el olfato, el oído, el tacto y el gusto son nuestros conocidos «instrumentos» sensoriales humanos. Diversas especies animales utilizan igualmente varios de estos cinco sentidos a distintas intensidades de potencia, y, como hemos visto, pueden emplear además otros sentidos que en nosotros están subdesarrollados. La mayoría de los insectos, por ejemplo, no oyen como oímos los humanos, sino que perciben vibraciones —a menudo a través de los órganos sensoriales de las patas— semejantes a temblores constantes. Los «oídos» del grillo de campo, sensibles a las vibraciones, están situados en sus rodillas. Ya hemos visto que algunas especies de murciélago no se orientan por la vista o el olfato, sino por ecolocalización. Los peces de cardumen son extremadamente sensibles a la presión del agua gracias a una «línea lateral» que recorre ambos costados de su cuerpo y que les permite sincronizar sus movimientos con los de los peces contiguos y desplazarse con ellos como un todo unificado y fluido.

En términos biológicos, la lógica expresada en los circuitos del cerebro está enlazada con la lógica del sistema nervioso periférico. Están coordinadas. Las diferencias de vataje e instrumentación entre las especies animales circunscriben el universo de forma distinta para cada una de ellas.

Los animales y los seres humanos somos capaces de discernir múltiples percepciones sensoriales al mismo tiempo como si existieran en paralelo unas de otras; las observamos como si fueran objetos que existen fuera de nosotros, objetos que estuvieran en el espacio. Un ser humano puede percibir, por ejemplo, el aroma de las lilas que brota de unos esplendorosos racimos primaverales que asoman a través de la valla metálica de un exuberante jardín y cuelgan a un lado del callejón en el que hay varios cubos de basura repletos que apestan bajo la pálida luz de un cielo nublado mientras le llega de lo alto el rugido de un avión. Y, sin embargo, a pesar de todas estas percepciones conscientes que experimentamos por mediación de los sentidos, a pesar de ese popurrí de sensaciones sin fin, los seres humanos entramos muchas veces en «modo de interferencia»: no estamos sintonizados con ninguno de los sentidos, estamos perdidos en el mundo de nuestros pensamientos hasta que de repente nos damos cuenta de que un amigo nos estaba hablando... y nos preguntamos si eso del *mindfulness* no será después de todo algo que valga la pena probar

Por lo que sabemos, los humanos somos los únicos animales que dejamos de atender las percepciones externas de esta manera y nos sumimos en nuestro proceso de pensamiento, o incluso, como has hecho al leer este libro, en pensar *sobre* el pensamiento. No hay duda de que la conciencia de los animales es distinta de la nuestra, quizá de formas que solo podemos imaginar. Y como resultado, sus realidades, que en definitiva se derivan de su experiencia en primera persona, como observadores, son también distintas. Sin embargo, hay un sentido en el que estas diferencias son ilusorias. Experimentamos la conciencia y la función de onda como si estuvieran localizadas en nuestro cerebro, donde crean el sentimiento de «yo». Pero como descubrimos en el capítulo cinco, la no separación que han demostrado los experimentos de entrelazamiento cuántico significa que mi conciencia y tu conciencia, o la tuya y la de tu perro Rover, son de hecho manifestaciones de una única conciencia.

Uno de los autores, Lanza, recuerda así una experiencia de esta unidad:

Recuerdo que estaba pescando, una noche cálida de verano. De vez en cuando notaba las vibraciones del sedal que me conectaban con la vida que merodeaba por el fondo. Al final saqué una lubina, que se sacudía jadeando y lanzando al aire sonidos guturales.

En los experimentos se ha demostrado repetidamente que una sola partícula puede ser dos cosas a la vez. El físico Nicolas Gisin envió pares de fotones entrelazados a lo largo de fibras ópticas hasta que estuvieron a once kilómetros de distancia uno de otro, luego midió uno de los fotones del par y descubrió que el otro «sabía» el resultado instantáneamente, lo cual solo es posible si están enlazados tan íntimamente que no hay espacio entre ellos y no existe por tanto tiempo que limite la velocidad de su comunicación. Hoy en día nadie duda de la conexión entre unidades elementales de luz o de materia, ni incluso entre grupos enteros de átomos. Vemos el somormujo en el agua, el diente de león en el prado. Qué engañoso es el espacio que los separa y los hace parecer solitarios.

Del mismo modo, una parte de nosotros está conectada con el diente de león, el somormujo, el pez que nada en el estanque. Es la parte que experimenta la conciencia, no nuestras personificaciones externas sino nuestro ser interior. Según el biocentrismo, la separación individual es una ilusión. Todo lo que experimentas es un torbellino de información que surge en tu cerebro. El espacio y el tiempo no son más que las herramientas de la mente para reunirlo y organizarlo todo. Por muy sólidas y reales que hayan llegado a parecernos las paredes del espacio y el tiempo, la inseparabilidad significa que hay una parte de nosotros que no es más humana que animal. Y como partes de ese todo, hay justicia. El ave y la presa son uno. No te equivoques: serás tú quien mire por los ojos de tu víctima. O puedes ser el receptor de la bondad, lo que tú elijas.

Este era el mundo que me confrontaba aquella cálida noche de verano. El pez y yo, el depredador y la víctima, éramos uno. Aquella noche, sentí la unión que toda criatura tiene con las demás. Como dice un viejo poema hindú: «Conoce en ti y en Todo una misma alma; destierra el sueño que separa la parte del todo». La conciencia que había detrás del joven que fui y del hombre en el que me había convertido era también la que había detrás de la mente de todos los animales y personas que existían y habían existido en el espacio y el tiempo.

Puede que esto no te inquiete, excepto quizá una cálida noche de luna llena mirando a un pez jadear al final de tu caña.

«Somos todos uno —escribió el eminente antropólogo Loren Eiseley—, todos fundidos».

Solté el pez. Con una enérgica sacudida de cola, desapareció en el estanque.

EL SUICIDIO CUÁNTICO Y LA IMPOSIBILIDAD DE ESTAR MUERTO

Al principio había solo probabilidades. El universo podía existir únicamente si alguien lo observaba. Da igual que los observadores aparecieran al cabo de varios miles de millones de años. El universo existe porque somos conscientes de él.

—MARTIN REES

«¿Por qué estoy aquí?». Es una pregunta que casi todo el mundo se ha hecho alguna vez, a menudo entrada ya la noche o a altas horas de la madrugada. Aunque puede que la ciencia no parezca la disciplina más adecuada para abordar una pregunta como esta, el hecho es que la cuestión de por qué existes en lugar de *no* existir está íntimamente relacionada con las nociones físicas que hemos examinado a lo largo del libro.

En el eterno intento por descifrar cómo funciona el universo en el nivel más fundamental e inmediato, uno de los obstáculos con los que la ciencia ha tropezado una y otra vez ha sido explicar por qué ocurre un determinado acontecimiento y no otro. Con la llegada de la teoría cuántica, quedó claro que el investigador tenía las mismas posibilidades de observar un electrón con espín «hacia arriba» que «hacia abajo»; pero determinar por qué el experimento se desarrollaba de una manera y no de otra parecía imposible.

Niels Bohr ofreció en la década de 1920 lo que se ha denominado desde entonces interpretación de Copenhague, que, como hemos visto, decía básicamente que todas las posibilidades flotan imperceptibles sobre el investigador y su laboratorio en forma de «función de onda». El acto de observar, afirmaba Bohr, hace que esa función de onda se colapse, lo que significa que las múltiples posibilidades se desvanecen de repente en favor de un solo resultado definitivo. Sin embargo, a pesar de su revolucionaria comprensión de cómo se convierte el incierto mundo cuántico en una realidad definida, esta interpretación no respondía a la pregunta de por qué, en caso de existir dos realidades posibles con las mismas probabilidades de materializarse, es una la que se concreta y no otra.

Entonces, el estudiante de la Universidad de Yale Hugh Everett propuso en su tesis doctoral de 1957 una sorprendente alternativa, en la que no era necesario que se produjera ningún colapso en particular porque, de hecho, *todas* las posibilidades se concretan. Postuló que, en lugar del colapso de la función de onda, el universo se ramifica y bifurca de modo que todas las posibilidades se despliegan. Así, el observador forma parte de la bifurcación o rama en la que observa el electrón con un espín «hacia arriba», pero una copia del observador, separada de él, ve el espín «hacia abajo» y continúa su vida con ese recuerdo.

Reconocerás en esto la interpretación de los muchos mundos de la que ya hemos hablado con bastante detalle en otros capítulos, pero dado que el biocentrismo ofrece básicamente una mejora de la interpretación original de Everett, es importante que continuemos explorando esta forma de concebir el cosmos radicalmente distinta. Sobre todo porque, como veremos en este capítulo, es la clave para desentrañar las cuestiones de la vida y la muerte.

Empezaremos por el hecho obvio de que la conciencia no es algo de carácter provisional o intermitente. La conciencia, según el biocentrismo, es fundamental para el cosmos e imposible de separar de él. Nuestra propia experiencia cognitiva es la prueba más clara de esto: la conciencia nunca desaparece. Quizá te estés preguntando: «Ya, ¿y cuando morimos?». Pero experimentar «estar muerto» es lógicamente una paradoja: no se puede simultáneamente «ser» y «no ser». Una de las propiedades de la conciencia es que nunca es subjetivamente discontinua. No se puede experimentar «nada»; incluso las palabras *experiencia* y *nada* son mutuamente excluyentes.

Un modelo de cómo funciona esto en el contexto de la interpretación de los muchos mundos es el llamado «suicidio cuántico»: un supuesto en el que alguien que juega a la ruleta rusa cuántica siente siempre que sobrevive.

El teórico Max Tegmark describe muy bien el experimento; vamos a visualizarlo. Un profesor, que cree con firmeza en la interpretación de los muchos mundos de la mecánica cuántica, entrega a su colaboradora una pistola especial, una pistola cuántica, y la invita a que le dispare repetidamente. Apretar el gatillo acabará al instante con la existencia del profesor o hará que el arma simplemente emita un fuerte clic. Si, en lugar de disparar una bala, el arma solo emite un clic, la colaboradora debe disparar de nuevo, y así sucesivamente hasta que el arma se descargue del todo.

En este experimento, hay dos perspectivas. Desde el punto de vista de la colaboradora, después de apretar varias veces seguidas el gatillo se queda de repente horrorizada, porque acaba de matar al profesor. Pero desde el punto de vista del profesor, la pistola nunca dispara una bala; lo único que ocurre una vez tras otra es un clic. Esto es así porque, a diferencia del juego real de la ruleta rusa, en el que se utiliza un revólver común con una sola bala, la ruleta rusa cuántica utiliza una pistola que funciona basándose en el principio de superposición cuántica. Antes de que la asistente apriete el gatillo, la pistola está todas las veces en un estado de superposición: de «clic» y de «fuego». Como el profesor está íntimamente conectado con todo esto, sabe que el estado inicial está compuesto por (a) la pistola en su estado de superposición y (b) él mismo en su estado definido de estar vivo. Tras el primer disparo, el estado inicial evoluciona hacia otro estado de superposición para ambos componentes: (a) un estado de «clic» con «el profesor vivo» y (b) un estado de «fuego» con «el profesor muerto». Vamos a ilustrarlo con símbolos:

$$(|clic\rangle + |fuego\rangle)|vivo\rangle \rightarrow |clic\rangle|vivo\rangle + |fuego\rangle|muerto\rangle$$

Estos dos estados —uno en el que la pistola emite un clic y el profesor sigue vivo, y otro en el que la pistola dispara y el profesor está muerto— son cada uno de ellos una rama de la función de onda superpuesta, y constituyen por tanto dos mundos del árbol de Everett. Por definición, la conciencia del profesor no puede entrar en un mundo en el que está muerto, así que salta en cada disparo a la rama o mundo en que su cerebro sigue intacto, es decir, en que la pistola no ha disparado una bala. Hasta el propio Everett sintió una enorme curiosidad por lo que proponía este experimento. Sin embargo, no lo puso en práctica, alegando que, aunque desde su perspectiva siguiera vivo, habría muchos mundos en los que sus familiares se quedarían muy tristes al enterarse de su muerte.

En cierto modo, cada uno de nosotros jugamos a diario una versión de la ruleta cuántica en cada momento de nuestra vida. Es decir, la función de onda contiene muchos resultados posibles (enfoque de Copenhague) o ramas (enfoque de los muchos mundos). Desde nuestra perspectiva en primera persona, cada vez que elegimos entre una diversidad de posibles resultados y la función de onda se colapsa y revela uno solo, siempre nos encontramos en un mundo en el que la conciencia tiene cabida. Porque nuestra percepción consciente es continua. No hay un solo instante en que se interrumpa y el olvido aproveche para hacer su aparición. Incluso la memoria, cuando le pedimos que reproduzca sus recuerdos más preciados, nos muestra «vídeos caseros» de etapas de nuestra vida más y más tempranas, aunque normalmente a medida que retrocede en el tiempo se pierdan un poco los detalles. Al llegar a cierto momento del pasado, ya no podemos visualizar nada, pero esto no significa que en ese momento hubiera «nada», sino que el cerebro de las criaturas muy pequeñas carece de la capacidad para retener recuerdos definidos. Así que los recuerdos no son marcadores fiables de la experiencia consciente; vale la pena hacer referencia a esas veces en que los demás nos dicen que hemos estado inconscientes durante el tiempo que sea, porque nos hemos desmayado o algo similar. Pero durante esas experiencias, para ti no ha pasado el tiempo: en cierto momento te sentiste mareado, y lo siguiente que sabes es que estás «volviendo en ti». Nunca hemos experimentado una interrupción de la conciencia. Y si esto ha sido así incluso durante el coma profundo, ¿por qué tenemos miedo de que la muerte traiga la nada consigo?

La literatura científica ha puesto de relieve que, si es válida la teoría de los muchos mundos, entonces cualquier individuo, desde su perspectiva personal, seguirá vivo mientras haya una rama o mundo disponible en que la estructura de su cuerpo pueda servir de soporte a la conciencia. Ahora bien, durante el desarrollo de la vida tal como subjetivamente la percibimos, va disminuyendo el número de posibles ramas o mundos adicionales a los que puede acceder una configuración cerebral que va envejeciendo mientras recorre el curso de una rama particular de la vida. Si tienes ciento cuarenta años, por ejemplo, no habrá ningún mundo de Everett en el que entrar para sentir que sigues envejeciendo. Cuando no queda ya ninguna rama «viva», entonces la función de onda, junto con la conciencia a la que está asociada, ya no puede localizarse o centrarse en tu particular configuración cerebral, pero tampoco es posible que deje de existir. Como todos los demás fundamentos de la naturaleza, la función de onda no puede desaparecer.

Según la interpretación de Everett y su teoría de los muchos mundos, hay, y siempre habrá, muchas *otras* configuraciones posibles que acojan tu conciencia, incluido un mundo en el que tengas dos años de edad y vivas una vida ligeramente distinta, es decir, una historia alternativa.[*]

En la mecánica cuántica, una función de onda localizada, si nadie la observa, se extiende por el universo entero. De hecho, según la interpretación de los muchos mundos, se extiende por el multiverso, ya que contiene todas las posiciones posibles de la partícula, y cada posición pertenece a un mundo de Everett distinto. Sin embargo, la teoría cuántica nos dice que, si inmediatamente después de observar una partícula se vuelve a observar su posición, la partícula permanece localizada en esa posición o en un punto cercano. Esto significa que si el «paquete de ondas» se observa constantemente, permanece concentrado en una posición. Lo mismo debe ocurrir con un «paquete de ondas grande», o, más concretamente, un paquete que se corresponda con el macromundo de tu conciencia humana. Esa función de onda contiene muchos grados de libertad que abarcan numerosas partículas, átomos, moléculas, proteínas, órganos...,[**] todos ellos conectados a grados de libertad «externos» como los que componen el entorno. Estas funciones de onda son sistemas entrelazados que realizan continuas automediciones o autoobservaciones.

No obstante, cuando toda esta majestuosa estructura asociada a tu conciencia actual se rompe por una circunstancia que hace imposible que haya un mundo de Everett compatible con tu conciencia en el que seguir funcionando dentro de esa configuración particular de cuerpo y cerebro, entonces ya no son posibles las mediciones, observaciones y autorreflexiones a lo largo de tu actual curso de vida, y la función de onda se extiende prácticamente del mismo modo que si se tratara del paquete de ondas de una sola partícula no observada. Así,

---

[*] N. de los A.: Si quieres ver una representación ficcional de esto, puedes volver a la fascinante película alemana de 1998 *Corre, Lola, corre*, de la que hablamos en este mismo contexto en el libro *Biocentrismo*.

[**] N. de la T.: El número de grados de libertad de un sistema físico es el número mínimo de coordenadas independientes (escalares) necesarias para determinar simultáneamente la posición de cada partícula en un sistema dinámico. El concepto aparece en mecánica clásica, termodinámica, mecánica relativista y mecánica cuántica.

al igual que un solitario paquete de ondas se colapsa en una posición definida cuando lo reobservamos, nuestro paquete de ondas cuántico asociado al cerebro se colapsa y da lugar a otro mundo de experiencia definida. Podrías ser tú a otra edad, o podría ser un mundo diferente en el que tomaras distintas decisiones.

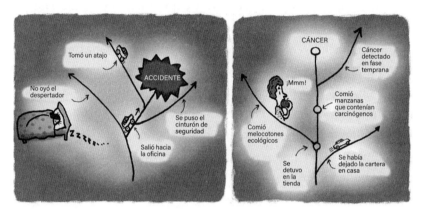

Figura 10.1 *Ejemplos de posibles historias personales. En una rama se produce un suceso trági-co (izquierda: accidente de coche; derecha: muerte por cáncer), mientras que en otras ramas, la persona sobrevive. En cada punto de cruce, la conciencia «se cuelga» de una de las ramas en las que es posible la vida. Por ejemplo, la hermana de uno de los autores murió en un accidente de coche, pero según la interpretación de los muchos mundos, ese no fue el final de su conciencia: continúa existiendo en una de las otras ramas.*

La enigmática cuestión de la muerte debe entenderse, por tanto, de acuerdo con la tesis de que la función de onda, relativa a un observador y que representa sus experiencias del mundo en el que vive, jamás puede dejar de existir y de que, desde la perspectiva personal del observador, no hay muerte. El observador siempre es consciente de algo.

En la cosmovisión que adoptamos aquí, hay una conciencia: puede estar localizada y centrada en una configuración cerebral concreta y, por consiguiente, experimentar el mundo desde ese punto de vista particular. O puede estar localizada y centrada en una configuración cerebral diferente y experimentar el mundo desde esa otra perspectiva. La localización de la conciencia en un cerebro concreto es el resultado del colapso de la función de onda provocado por la presencia del observador. Al igual que tu conciencia se encuentra en una de las posibles ramas del árbol de Everett (pero podría haberse encontrado en alguna otra rama compatible con la conciencia), también se encuentra en un cerebro concreto (pero igualmente podría haberse encontrado en otro cerebro y experimentar el mundo desde ese otro punto de vista).

La conciencia colapsada y localizada en otra persona experimenta un mundo diferente al de la conciencia colapsada en mí, porque tiene pensamientos diferentes, una experiencia diferente de los movimientos corporales, percepciones diferentes del entorno, etcétera. Pero la diferencia entre el mundo que experimentas tú y el que experimenta otra persona es similar a la diferencia que habría entre los mundos que experimentarían diferentes versiones de ti en el árbol de Everett. El mundo que experimenta mi yo actual es, en muchos aspectos, prácticamente el mismo que el mundo que experimentaría una versión de mí diferente: la misma Tierra, el mismo sol, los mismos continentes, las mismas ciudades, las mismas relaciones... Dependiendo de las similitudes del entorno y demás, lo mismo podría decirse de los mundos de otros observadores. En otras palabras, los mundos asociados a diferentes observadores son análogos a los mundos de Everett.

Bien, si adoptamos la perspectiva de que los mundos alternativos de Everett son reales (signifique esto lo que signifique), de ello se deduce que los mundos en los que la función de onda se ha concretado en distintos cerebros (incluidos los de los animales) son también reales. De este modo evitamos el solipsismo. Es cierto que la realidad la crea el observador, pero hay de hecho muchas realidades, dependiente cada una de un observador en particular. Si en cambio pensamos que nuestros mundos alternativos son solo posibilidades, y que el único mundo real es el que experimentamos actualmente, está implícito en esto que las ramas de la función de onda universal localizadas y centradas en otros cerebros tampoco son reales, sino meras posibilidades. Por lo tanto, negar la realidad de los muchos mundos de Everett es aceptar el solipsismo, mientras que aceptar la realidad de los muchos mundos de Everett es justo lo contrario.

Aquí se nos presenta un último detalle, un detalle importante. Quizá parezca que estemos diciendo que la conciencia puede «saltar» de un cerebro a otro. Pero saltar, en el sentido habitual del término, significa que el tiempo y el espacio son entidades absolutas y externas. La verdad es que, excepto lo que estás experimentando en este instante, todo lo demás existe para ti en superposición. El «tiempo» o el «espacio» solo pueden experimentarse en relación con un observador individual. Salvo en relación de dependencia con la conciencia del observador, el espacio y el tiempo son inexistentes, lo que significa que no existen conexiones lineales fuera de la conciencia. Todas las ramas son superposiciones dentro de la conciencia, y al colapsarse la función de onda, la conciencia se encuentra en una de las ramas.

Además de ofrecernos una nueva forma de contemplar el desarrollo de nuestra vida, las ideas que hemos comentado en este capítulo relacionadas con la función de onda, los muchos mundos y la conciencia pueden usarse también para contemplar la evolución del universo en general, y de la vida en la Tierra en particular, desde un ángulo muy singular, que explica por qué tú y yo estamos aquí a pesar de las muchísimas probabilidades de que no lo estuviéramos. Como veremos, un argumento similar al del suicidio cuántico resulta mucho más clarificador que el modelo estándar del «universo fortuito» con el que la ciencia ha querido convencernos de que un cosmos igual de insensible que un trozo de arcilla sedimentaria se pobló de personas y colibríes por azar.

Además de los casi doscientos parámetros físicos que deben ser exactamente como son para que, al nivel físico y químico más elementales, las condiciones ambientales sean favorables para la vida, está en primer lugar toda la cuestión de la creación de la vida en sí, con su larga lista de requisitos. Un planeta que no sea ni demasiado caliente ni demasiado frío, por ejemplo. O que no esté repleto de radiación. Incluso aquí, en la Tierra, la vida sería prácticamente imposible si nuestra inmensa luna no estuviera próxima: sin ella, nuestro planeta se bambolearía, su eje axial variaría drásticamente a cada momento y a veces apuntaría directamente al sol, lo que produciría temperaturas insoportables. Si la Tierra consigue evitar ese caos, es gracias a la luna. ¿Y cómo nos llegó esta luna? Fue el resultado de la colisión perfectamente sincronizada de nuestro planeta y un cuerpo del tamaño de Marte que provenía de una dirección muy específica y a la velocidad exacta, un cuerpo ni tan veloz ni tan masivo como para destruirnos, ni tan pequeño como para no tener efecto. La cuestión de la dirección es muy importante porque, a diferencia de las demás grandes lunas del sistema solar, la nuestra no orbita el ecuador de su planeta. Si orbitara «normalmente», su movimiento no mantendría la inclinación fija que estabiliza el eje de rotación terrestre. Un oportuno accidente más.

La interpretación materialista convencional sostiene que nuestro universo nació en el *big bang* y ahí se quedó durante miles de millones de años hasta que, por azar, en el planeta al que llamamos Tierra empezó a desarrollarse la vida, y los acontecimientos se fueron sucediendo de tal manera que, al final, condujeron al fenómeno del ser humano consciente de ese universo. Si esto fuera así, entonces el hecho de que yo esté vivo y sea consciente (sin entrar en el «problema difícil» de cómo nace de la materia la conciencia) es la consecuencia de una larga cadena de acontecimientos extraordinariamente bien sintonizados. Con que esa cadena hubiera sido un poco distinta en un solo eslabón, ni mi conciencia ni yo existiríamos. No solo hay muchas cosas que a escala cosmológica tuvieron que suceder tal y como lo hicieron, sino que, una vez que en la Tierra hubo vida, también esta tuvo que evolucionar precisamente como lo hizo, y todos mis antepasados, no solo humanos, sino también animales, tuvieron que sobrevivir a todas las luchas, enfermedades, accidentes, desastres naturales, incendios y terremotos; tuvieron que ser los vencedores en todas las batallas, los supervivientes en todas las guerras y en todas las ocasiones, y encontrar la oportunidad de transferir sus genes a sus descendientes hasta que la cadena dio a luz a este cuerpo. Si mis padres no se hubieran conocido, yo no existiría. Si hubieran vivido de forma ligeramente distinta, no habría nacido yo, sino tal vez un hermano o una hermana. El varón típico produce más de medio billón de espermatozoides a lo largo de su vida, mientras que la mujer típica produce cientos de miles de óvulos. Solo una, de los billones de combinaciones posibles, podía dar lugar a mi nacimiento. Sin embargo, tuve la incalculable suerte de ganar esta lotería biológica. De acuerdo con esta perspectiva, estoy aquí siendo consciente porque esa larga cadena de acontecimientos se desarrolló justo así; si se hubiera desarrollado de otra manera, mi cuerpo no existiría y, por tanto, tampoco mi conciencia. Existiría un mundo externo poblado de otras personas, pero yo no sería consciente de él. Y si la evolución cosmológica hubiera sido solo un poco diferente, no habría Tierra habitable, ni tal vez ningún otro lugar habitable en el universo. Habría un universo, pero nadie sería consciente de él.

Hemos visto que el universo no funciona según el modelo materialista convencional que hemos descrito a grandes rasgos hace un momento. De hecho, funciona justo al revés. La materia y el universo surgen de un colapso de la gran función de onda que se concreta en un mundo definido de experiencias conscientes. Es en esto donde el razonamiento en que se basan el experimento del suicidio cuántico y la interpretación de los muchos mundos nos da un poco de claridad: el universo es el hábitat idóneo para tu conciencia porque tiene que serlo. La cadena de acontecimientos asombrosamente afortunados que ha hecho posible que experimentes el universo es una de las ramas de la función de onda que se hallaba en estado de superposición hasta que, en relación contigo, el observador, se produjo el colapso. Al igual que en el experimento del suicidio cuántico el profesor no puede encontrarse en una rama donde la pistola dispare una bala, tú no puedes encontrarte en una rama que carezca de una cadena de acontecimientos que en última instancia favorezca que tu conciencia exista.

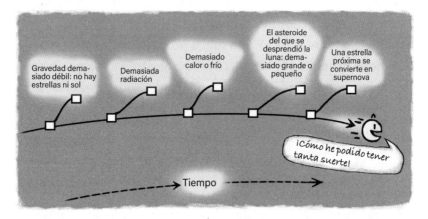

Figura 10.2 *Evolución del universo percibido por un observador consciente. La cadena de «coincidencias afortunadas» que ha hecho que el observador experimente el universo es una de las ramas superpuestas en la función de onda hasta que, al colapsarse esta, se ha concretado en relación con ese observador.*

En otras palabras, el universo que experimenta un observador es su conciencia. Lo que un observador percibe como «el mundo exterior» es lo que en física describe la función de onda; la función de onda representa la percepción consciente que un observador tiene del universo, no el universo en sí, que de hecho no existe si no está presente la conciencia. Paseas por un campo mirando las flores silvestres, de color amarillo brillante, rojo y púrpura iridiscente. Ese mundo rebosante de color constituye tu realidad. Claro está que, para un ratón o un perro, ese mundo de rojos, verdes y azules no existe más de lo que existe para ti el mundo ultravioleta e infrarrojo que experimentan las abejas y las serpientes. Como hemos visto a lo largo del libro, la realidad no es una especie de escenario inerte, sino un proceso activo que necesita de nuestra conciencia. El espacio y el tiempo son simples herramientas que nuestra mente utiliza para tejer la información y darle forma de experiencia coherente: el tiempo y el espacio son el lenguaje de la conciencia. Independientemente de las peculiares formas de percibir de cada especie (algunas de las cuales ya hemos comentado en el capítulo anterior), todas las criaturas que tenemos un genoma compartimos la capacidad biológica de procesamiento de información que nos permite organizar las percepciones en una realidad espaciotemporal.* «Lo más notable seguirá siendo —dijo el premio nobel de Física Eugene Wigner refiriéndose a toda una larga lista de experimentos científicos— que el propio estudio del mundo exterior nos haya llevado a la conclusión científica de que el contenido de la conciencia es una realidad última».

La función de onda, el multiverso, las posibilidades de ramificación que hacen avanzar eternamente al cosmos vivo y, muy en especial, el ingrediente último que es la conciencia del observador nos llevan ineludiblemente a la conclusión de que la experiencia consciente nunca cesa. Cuando morimos, lo hacemos dentro de una matriz de vida ineludible. La vida trasciende nuestra forma de pensar lineal, por mucho que nosotros estemos limitados a poder percibir solo nuestro «mundo» actual, esa sola rama.

¿Qué pasa, entonces, cuando morimos? En un artículo, Lanza utilizaba una metáfora como cierre de un capítulo de vida, y aquí la utilizaremos para cerrar este capítulo del libro:

A lo largo de nuestra vida, todos nos encariñamos con las personas a las que conocemos y amamos, y no podemos imaginar vivir sin ellas. Estoy suscrito a Netflix, y hace unos años vi de un tirón las nueve temporadas de la serie de televisión Smallville. Veía dos o tres episodios cada noche, un día tras otro, durante meses. Vi a Clark Kent pasar por todo el sufrimiento propio de la adolescencia, el amor juvenil y los dramas familiares. Clark y su madre adoptiva, Martha, y todos los demás personajes de la serie empezaron a formar parte de mi vida. Noche tras noche, veía a Clark utilizar sus incipientes superpoderes para luchar contra el crimen a medida que iba

---

* N. de la T.: Es decir, todos los seres vivos salvo las bacterias y las arqueas, un tipo de arquebacteria, el más antiguo de los microorganismos conocidos.

haciéndose mayor, en la época del instituto y luego en la universidad. Lo vi enamorarse de Lana Lang y enemistarse con su antiguo amigo Lex Luthor. Al acabar de ver el último episodio, fue como si toda aquella gente hubiera muerto: la historia de su mundo había terminado.

A pesar de la tristeza y el vacío de la separación, probé sin demasiado entusiasmo a ver algunas otras series, y al final aterricé en Anatomía de Grey. *El ciclo volvió a empezar, con personas completamente distintas. Cuando terminé las siete temporadas, Meredith Grey y los demás médicos del* Seattle Grace Hospital *habían sustituido a Clark Kent y sus acompañantes y eran ahora el centro de mi mundo. Me quedé atrapado por completo en el torbellino de sus pasiones personales y profesionales.*

En un sentido muy real, la muerte dentro del multiverso que describe el biocentrismo se parece mucho a terminar de ver una buena serie de televisión, ya sea Anatomía de Grey, Smallville *o* Dallas, *salvo que el multiverso tiene una colección de películas mucho mayor que la de Netflix. Al morir, cambias de punto de referencia. Sigues siendo tú, pero experimentas diferentes vidas, relaciones con diferentes amigos e incluso mundos diferentes. Hasta tendrás ocasión de ver algunos* remakes: *quizá en uno de ellos te pongas el vestido de novia con el que siempre habías soñado o haya un médico capaz de curar la enfermedad que, en la versión actual, acortó el tiempo de vida de tu pareja en la Tierra.*

La muerte interrumpe el flujo lineal de la conciencia y se produce por tanto una ruptura en la conexión lineal de tiempos y lugares, pero el biocentrismo nos dice que la conciencia es múltiple y abarca muchas de esas ramas de posibilidad. La muerte no existe realmente en ninguna de ellas; todas las ramas existen simultáneamente y siguen existiendo ocurra lo que ocurra en cualquiera de ellas. El sentimiento de «yo» es energía que opera en el cerebro. Pero la energía nunca muere; es imposible destruirla.

La historia continúa y continúa incluso después de que JR reciba un disparo. Nuestra percepción lineal del tiempo no significa nada para la naturaleza.

En cuanto a mí, mientras la función de onda de mi vida esté colapsada, sé que puedo alimentar la esperanza de sentarme a disfrutar con la octava temporada de Anatomía de Grey.

LA FLECHA DEL TIEMPO

El tiempo lo haces tú;
su reloj hace tictac en tu cabeza.

–ANGELUS SILESIUS

T odo relato –incluidas las narraciones épicas de nuestra propia vida– necesita una estructura, un esqueleto. Y todo relato *apasionante* necesita la presencia de un villano. El tiempo cumple ambos requisitos. Porque, indudablemente, a algo hay que culpar de la tragedia que transforma la belleza y vitalidad de nuestra juventud en arrugas y crujir de articulaciones a medida que envejecemos.

Durante mucho tiempo, se consideró que el autor de este crimen incalificable era una entidad real. Incluso genios como Newton pensaron que el tiempo era un sólido elemento de la realidad, una dimensión real por la que pasa todo lo demás. Esa noción de que el tiempo es una *magnitud* absoluta, que transcurre fuera de nosotros, no ha acabado de desaparecer de la mente pública. En la exitosa película de ciencia ficción *Lucy*, de 2014 –en la que el personaje que le da título, interpretado por Scarlett Johansson, es capaz de trascender muchas limitaciones físicas y mentales cuando se le administra una dosis de cierta droga–, el eminente científico, interpretado por

Morgan Freeman, nos informa con grandilocuencia en el momento culminante de la película de que «solo el tiempo es real».

Pero el guionista no pudo haber basado esa declaración en nada que se diga en un texto de física moderna. De hecho, que el tiempo carece de realidad es, en cierto sentido, una noticia ya antigua, que se remonta al menos a las revelaciones de la relatividad.

Según la teoría de la relatividad de Einstein, existe un continuo tetradimensional, que consta de tres dimensiones espaciales y una dimensión adicional, llamada «tiempo». Esa conexión entre las dimensiones espaciales y el componente temporal desconcertó a la mayoría de la gente, debido a que, en la vida cotidiana, el tiempo parece totalmente distinto de los tres ámbitos espaciales. Recordemos rápidamente estos tres ámbitos espaciales utilizando la geometría básica: las líneas son unidimensionales; las formas planas, como los cuadrados y los triángulos, tienen dos dimensiones, y una forma sólida, como una esfera o un cubo, tiene tres. Sin embargo, un objeto real —una esfera como, por ejemplo, una naranja— requiere una dimensión adicional porque perdura y quizá incluso cambia. Esto significa que «algo» forma parte de su existencia además de las coordenadas espaciales, y lo llamamos «tiempo». Este continuo espaciotemporal de cuatro dimensiones suele denominarse «universo de bloque» y contiene todos los puntos que son posibles en el espacio y en el tiempo, lo que significa que todo lo que hay en él existe simultáneamente: en el caso de nuestra naranja tetradimensional, los distintos momentos de su existencia, desde que está madura hasta que se pudre, son todos ellos puntos simultáneos en el espaciotiempo. No hay nada semejante a la experiencia subjetiva del «devenir» o a la sensación de que los acontecimientos se desarrollan en un orden temporal.

Einstein, lo mismo que muchos otros científicos y filósofos, consideraba que la conciencia era un ingrediente adicional, que no tenía cabida en la física tradicional ni en el mundo que esta describe y que por tanto no formaba parte del espaciotiempo sino que se movía a través de él. En el universo de bloque, la conciencia de un observador se desenvuelve a lo largo de una línea, denominada «línea de universo» o «línea de mundo», que se extiende desde el nacimiento del observador hasta su muerte.

Así que, aunque la mayor parte del público no tenga noticia de esto, la palabra *tiempo* tiene un doble significado. El tiempo de la relatividad de Einstein, como acabamos de explicar, es el «tiempo de coordenadas» o «tiempo coordenado», una de las dimensiones del espaciotiempo. Cuando hablamos del año en que Colón descubrió América, o de una reunión que tuvimos con nuestro jefe hace una semana, o de cualquier acontecimiento pasado o que previsiblemente ocurrirá en el futuro, lo situamos mentalmente en el espaciotiempo. El acontecimiento o punto abarca la hora y el lugar de la reunión con el jefe, o la hora y la esquina de la calle en la que montamos en el autobús. El tiempo de coordenadas no se mueve; cada momento es un punto que existe en el espaciotiempo.

Sin embargo, en nuestra experiencia cotidiana el «tiempo» es cualquier cosa menos estático: es un flujo imparable. Cuando la mayoría de la gente habla de tiempo, se refiere a este tiempo: una secuencia de acontecimientos que cambia de un momento a otro en nuestra conciencia. Esta «evolución temporal» es el tiempo como lo experimenta la conciencia, el «ahora» continuamente cambiante.

En opinión de Einstein, ese tiempo es imaginario. Cuando en 1955 se enteró de la muerte de su amigo de toda la vida Michele Besso, escribió a la familia: «Ahora ha partido de este extraño mundo un poco antes que yo. Pero eso no significa nada. La gente como nosotros, que cree en la física, sabe que la distinción entre pasado, presente y futuro es solo una tenaz ilusión».

Einstein ilustró la naturaleza relativa de la percepción del tiempo mediante uno de sus famosos experimentos mentales. Imagina que estás sentado en el vagón central de un tren mientras tu amigo está parado en lo alto de un terraplén mirándolo pasar precedido de un gran estruendo. Si cae un rayo a cada extremo del tren justo cuando pasa por delante de donde está tu amigo, él verá los dos rayos caer al mismo tiempo, porque ambos rayos están a la misma distancia de él, el observador. Si se le preguntara, diría que los rayos cayeron simultáneamente, una afirmación precisa de su percepción del tiempo. Sin embargo, desde tu perspectiva, sentado en el vagón central mientras el tren avanza, verás primero el rayo que cae en la parte delantera del tren porque la luz del rayo de la parte trasera tiene que recorrer una distancia ligeramente mayor para llegar hasta ti. En consecuencia, si te preguntaran, dirías que los relámpagos no han sido simultáneos, sino que el de la parte delantera cayó primero, lo cual es una afirmación precisa de *tu* percepción del tiempo. Con este y otros experimentos mentales, Einstein demostró que el tiempo se mueve de forma diferente para alguien que está en movimiento que para alguien que está en reposo, y que por tanto solo existe en relación con cada observador. En el caso del tren y el rayo, ni tu observación ni la de tu amigo son «la correcta»: no hay un punto de vista objetivo, solo dos percepciones diferentes.

El biocentrismo va un paso más allá, y propone que el observador no solo percibe el tiempo, sino que literalmente lo crea. La mayoría de la gente está convencida de que la realidad es un hecho, que nada tiene que ver con nuestra mente. Entendemos que los sueños son una construcción mental, pero en lo referente a la vida que vivimos, asumimos que nuestra percepción del tiempo y el espacio es absolutamente real. El hecho, sin embargo, como hemos visto a lo largo del libro, es que el espacio y el tiempo no son objetos. El tiempo es simplemente la construcción ordenada de lo que observamos en el espacio —como los fotogramas de una película— que ocurre dentro de la mente.

Según el biocentrismo, estas construcciones mentales se basan en algoritmos, o complejas relaciones matemáticas, cuya lógica física está contenida en los circuitos neuronales. Los algoritmos concretos que utiliza el cerebro para traducir el cúmulo de percepciones que inundan los sentidos en una experiencia coherente son la clave de la conciencia, y explican también por qué el tiempo y el espacio –de hecho, las propiedades de la materia en sí– son relativos al observador.

En definitiva, la vida es movimiento y cambio, y ambos son posibles solo mediante la representación del tiempo. En cada momento nos encontramos al borde de una paradoja conocida como «la flecha», que describió hace dos mil quinientos años Zenón de Elea. Dado que nada puede estar en dos lugares a la vez, Zenón razonó que una flecha, en cualquier instante de su vuelo, se encuentra en un solo lugar. Y si en cada momento de su trayectoria la flecha está presente en un sitio específico, de esto se deduce que debe de estar momentáneamente en reposo. Lógicamente por tanto, cuando la flecha vuela del arco a la diana, lo que ocurre no es en sí un movimiento, sino una serie de eventos estáticos separados. El movimiento de avance, encarnado por el movimiento de una flecha, no es una característica del mundo externo sino una proyección de algo que desde dentro de nosotros une las cosas que estamos observando.

En 2016, uno de los autores (Lanza) publicó un artículo científico con el físico teórico Dmitriy Podolskiy, que trabajaba entonces en la Universidad de Harvard. El artículo apareció como tema de portada en *Annalen der Physik*, casualmente la misma revista que publicó las teorías de la relatividad especial y general de Einstein. En él se explica cómo la flecha del tiempo, y el tiempo en sí, emergen directamente del observador, es decir, de nosotros. El tiempo, dice el artículo, no existe «ahí fuera» transcurriendo al ritmo de un tictac del pasado al futuro, sino que es una propiedad emergente que depende de la capacidad que tenga un observador de conservar información sobre los sucesos que experimenta.

El tiempo es, sin duda, un concepto relacional: sitúa un acontecimiento en relación con otro. Tal y como nosotros lo experimentamos, el tiempo no tiene sentido si no es por asociación de un punto con otro punto. Esto exige que haya un observador dotado de memoria; sin ella, no es posible concebir la relación que es el núcleo de cualquier «flecha del tiempo».

Figura 11.1 *El artículo de Podolskiy y Lanza sobre la flecha del tiempo fue la portada de* Annalen der Physik, *que había publicado las teorías de la relatividad especial y general de Einstein. En sus artículos sobre la relatividad, Einstein demostró que el tiempo era relativo al observador. Este nuevo artículo (reproducido íntegramente al final del libro) va un paso más allá, y sostiene que es el observador quien lo crea. La flecha del tiempo depende de las propiedades del observador y, en particular, del modo en que procesamos y recordamos la información.* *

* Podolskiy, D., y Lanza, R. *Annalen der Physik* 528 (9-10), 663-676, 2016. Copyright Wiley-VCH Verlag GmbH & Co. KGaA. Reproducido con permiso.

La metáfora del tiempo como flecha tiene miles de años de antigüedad. La imagen de la «flecha del tiempo» responde a que, en nuestra experiencia, el tiempo manifiesta una direccionalidad, tiene la capacidad de cambiar en una dirección, pero no en la contraria. La chapa de un coche puede arrugarse y doblarse en un accidente, pero un vehículo dañado de esta manera no puede retroceder; el metal no puede autoplancharse para que el vehículo quede nuevamente intacto. A los primeros iconógrafos les pareció que ningún objeto representaba tan bien esta característica y limitación del tiempo —su condición inviolable de calle de sentido único— como una flecha en vuelo. Hubieran podido elegir la imagen de un caballo o de un pez mirando en determinada dirección, ya que es raro ver a cualquiera de los dos impulsarse hacia atrás, siguiendo la dirección que marca la cola. Pero raro no es imposible. Y otros fenómenos naturales resultaban todavía más problemáticos: un rayo puede pasar de la nube al suelo o viceversa, y de todos modos, ¿cómo distinguir visualmente su parte delantera del furgón de cola? En cambio, las flechas apuntan infaliblemente en una dirección; su punta siempre va a la cabeza. Incluso si se dispara una flecha al cielo y luego empieza a retroceder, rápidamente se da media vuelta.

Pero el tiempo, el tiempo como evolución, el tiempo que experimentamos como si fuera una flecha, ¿es una idea o es real?

Parece indispensable que el tiempo sea una realidad para todo aquello que experimenta cambios, como la estalactita de una cueva, aunque el proceso en este caso sea tan lento que hagan falta quinientos años para que crezca un solo centímetro. Sin embargo, a lo que más han apelado una generación tras otra de científicos para demostrar la realidad del tiempo ha sido a la segunda ley de la termodinámica, que describe la entropía, el proceso de ir de mayor a menor estructura y orden, como lo que le ocurre al cajón de la ropa interior en el transcurso de una semana.

Pensemos en un vaso de agua carbonatada con hielo. En un primer momento, cualquiera puede ver que hay una estructura definida. Los cubitos de hielo flotan en la superficie y se mantienen un poco separados del líquido. Las burbujas vienen y van. El hielo y el agua tienen temperaturas diferentes. Pero si vuelves al cabo de una hora, verás que ya no hay burbujas, el hielo se ha derretido y el contenido del vaso se ha convertido en una uniformidad sin estructura. Al no haber diferencias de temperatura, a nivel atómico las transferencias de energía se han detenido prácticamente. Parece que la fiesta se ha terminado, porque *se ha terminado*. Salvo una posible evaporación, a esa agua no va a ocurrirle nada más.

Esta evolución, el paso de la estructura, el orden y la actividad a la unicidad, la aleatoriedad y la inercia, se conoce como aumento de la entropía. Es uno de los conceptos más básicos e importantes de la física, un proceso del que participa el universo entero y que, a la larga, puede incluso llevar la voz cantante desde el punto de vista cosmológico. En la actualidad vemos puntos calientes individuales, como nuestro sol, que irradian iones y calor a su entorno gélido, pero esta organización de las cosas lentamente se está disolviendo.

La pérdida global de estructura es un proceso unidireccional. Tal y como establece la segunda ley de la termodinámica, el aumento de la entropía —por ejemplo, la deformación de un coche en un accidente— es un mecanismo irreversible. Así que no tiene sentido sin la direccionalidad del tiempo. De hecho, *define* la flecha del tiempo. Sin entropía, no hace falta que el tiempo exista.

Un dato muy curioso es que, a pesar de que durante años los físicos han apuntado a la entropía como prueba de la existencia del tiempo, el propio Ludwig Boltzmann, que fue quien descubrió y desarrolló las tres leyes de la termodinámica, discrepaba de esta idea.

Utilizando la escrupulosa lógica que caracteriza al campo de la mecánica estadística en el que trabajaba, Boltzmann sostenía que el aumento de la entropía (y nunca su disminución) es sencillamente lo que puede esperarse de un mundo en el que los estados de desorden son los más probables. Un estado dinámicamente ordenado, en el que las moléculas se muevan «todas a la misma velocidad y en la misma dirección», concluyó Boltzmann, es «lo más improbable que se pueda concebir [...] Es una configuración de energía infinitamente improbable». Imagina que te da una baraja de cartas en la que todos los números están en orden secuencial y cada palo está separado de los demás, como recién sacada de su estuche por primera vez. ¿Podría alguien convencerte de que ese mazo de cartas se ha barajado, de que la baraja se ha dispuesto por casualidad en ese orden concreto y no en cualquiera de las restantes configuraciones posibles? Como hay tantísimas probabilidades más de desorden que de orden, será un estado de máximo desorden el que más probablemente aparecerá. De hecho, es tan excepcional que haya orden en cualquier parte del cosmos que, cuando ocurre, hay que descubrir un mecanismo o proceso que lo explique, mientras que la aleatoriedad no requiere explicación: es simplemente la manera en que se comporta el mundo. Cuando permitimos que las partículas actúen a su antojo, ya se trate del contenido de un vaso de agua carbonatada con hielo o de los innumerables átomos que componen el aire de una habitación, chocan entre sí e intercambian su energía hasta la total aleatorización de sus posiciones y velocidades.

Por lo tanto, no es necesario que exista una «flecha». La entropía no es más que una consecuencia del comportamiento aleatorio del mundo. La segunda ley de la termodinámica, que establece que la entropía nunca disminuye, es una consecuencia automática de la probabilidad estadística. No requiere ninguna entidad externa que dicte su dirección.

Del mismo modo, los eminentes científicos que desarrollaron las explicaciones más fundamentales de cómo funciona nuestro mundo natural —las leyes del movimiento de Newton, la relatividad especial y general de Einstein y la teoría cuántica— descubrieron que sus ecuaciones funcionan independientemente de la noción del paso del tiempo. Son «simétricas en el tiempo», es decir, funcionan tanto hacia delante como hacia atrás. La flecha del tiempo no tiene cabida en ellas.*

También los metafísicos, siguiendo vías totalmente diferentes, han cuestionado la realidad del tiempo. El pasado, dicen, es solo una idea que existe en la mente de una persona; no es más que una colección de pensamientos, cada uno de los cuales ocurre en el momento presente. El futuro tampoco es más que una construcción mental, una anticipación. Y si el pensar ocurre exclusivamente en el «ahora», ¿dónde está el fluir del tiempo?

---

* N. de los A.: En esas ecuaciones, el «tiempo» no es el de la evolución, sino el tiempo de coordenadas. En la relatividad general, incluso el tiempo coordenado pierde su relevancia, lo cual lleva al famoso «problema del tiempo» en la gravedad cuántica, del que hablaremos en el capítulo catorce.

Dejando a un lado las estadísticas, las ecuaciones y la metafísica, no debería sorprendernos demasiado que el tiempo no exista como entidad independiente, externa a nosotros, los observadores. Porque ¿quiénes, salvo los observadores, experimentamos cualquier cambio? Para empezar, como hemos visto, sin observadores la realidad no existe, pero, además, está claro que no podría existir como una serie de acontecimientos enhebrados uno detrás de otro a lo largo de un hilo.

Sin embargo, nosotros, criaturas de la conciencia, experimentamos el tiempo como una imparable marcha hacia delante. Tanto nos fascina esta marcha a los seres humanos que, desde hace mucho, ha cautivado nuestra imaginación la extraordinaria idea de saltarse las reglas e invertir su sentido. Porque es de suponer que cualquier proceso unidireccional tendrá consecuencias muy extrañas si se le impone una contradirección. Lo mismo ocurre con la gravedad; es un fenómeno unidireccional, ya que tira pero nunca empuja. Tan arraigada está en la experiencia humana la inflexible direccionalidad de su fuerza que la ciencia ficción puede crear extrañeza en el espectador con solo mostrarle una imagen del agua que brota de un desagüe y asciende en espiral, y, a finales de los años cincuenta, la NASA estaba convencida de que violar o neutralizar la fuerza de atracción de la gravedad podría tener consecuencias graves o incluso letales para el ser humano, por lo que, antes de atreverse a enviar astronautas al espacio, lanzó a chimpancés en vuelos de prueba. Los potenciales efectos de invertir la flecha del tiempo han sido fuente de muchos debates científicos; por ejemplo, sobre si el efecto podría preceder a la causa y lo que eso podría significar.

Comentábamos al principio del capítulo que a la flecha del tiempo se la considera a menudo la villana de la vida, culpable del crimen de robarnos la juventud. La idea de derrotarla es el tema de la película de 2008 *El curioso caso de Benjamin Button*, basada en un cuento de 1922 del mismo nombre,[*] protagonizada por Brad Pitt, en la que

---

[*] N. de la T.: De F. Scott Fitzgerald.

el personaje principal nace siendo un hombre mayor y va rejuveneciendo a medida que cumple años. La película fue un auténtico éxito e hizo a mucha gente pensar en la flecha del tiempo y sus implicaciones.

Ya hemos visto que, para gran desconcierto de los científicos, las leyes fundamentales de la física no tienen preferencia por una dirección temporal y permiten igualmente que un acontecimiento vaya hacia delante que hacia atrás. Sin embargo, en el mundo real, el café se enfría y los coches se estropean. Por muchas veces que te mires al espejo, nunca te verás rejuvenecer. Así que nos encontramos con una gran contradicción entre lo que experimentamos a diario y cómo dice la ciencia que deben ser las cosas. Si el tiempo es una ilusión, ¿por qué envejecemos? Si las leyes de la física admiten que un proceso se desarrolle en una dirección o en la otra, ¿por qué solo experimentamos la de un progresivo deterioro?

La respuesta, una vez más, está en nosotros, los observadores, concretamente en cómo funciona nuestra memoria. Si desde Newton hasta la mecánica cuántica moderna el tiempo es realmente simétrico en todas las ecuaciones, parece que la ciencia nos esté diciendo que deberíamos poder «recordar» el futuro al igual que recordamos el pasado. Pero las trayectorias de la mecánica cuántica «del futuro al pasado» llevarían consigo el borrado de los recuerdos, ya que una disminución de la entropía se traduciría en la disminución del entrelazamiento entre nuestra memoria y los acontecimientos observados. Por lo tanto, no se puede retroceder en el tiempo sin que se borre la información del cerebro; si experimentamos el futuro, no podremos almacenar memorias sobre esas experiencias para «recordarlas» en nuestro presente. En cambio, cuando «experimentamos» el futuro viajando por la carretera habitual de sentido único —«pasado → presente → futuro»—, el proceso aleatorio de la entropía continúa, y tú continúas acumulando solo recuerdos.

Así que tampoco el envejecimiento es la prueba de que la flecha del tiempo existe como fuerza real externa. Todo parece indicar que en verdad el tiempo no existe fuera de la conciencia, y que es la propia conciencia, con la ayuda de mecanismos como la memoria que permiten establecer comparaciones, la responsable de la aparición del tiempo y de que creamos en él con la misma seguridad que creemos que el amanecer disipa la noche.

En el mundo del biocentrismo, un observador «descerebrado», es decir, incapaz de almacenar el recuerdo de los acontecimientos que observa, no experimenta un mundo en el que envejecemos. Pero la noticia va aún más lejos y tiene aún mayor trascendencia: no es solo que un observador privado de cerebro *no experimente* el tiempo, sino que el tiempo no existe para ese observador en ningún sentido. Sin un observador consciente, la flecha del tiempo —de hecho, el tiempo en sí— sencillamente no existe.

En otras palabras, el envejecimiento está realmente solo en tu cabeza.

VIAJAR EN UN UNIVERSO ATEMPORAL

12

El tiempo y el espacio no son sino colores fisiológicos que compone el ojo. *

–RALPH WALDO EMERSON

S omos viajeros del tiempo: desde que nos levantamos por la mañana hasta que nos acostamos por la noche; desde que llegamos
al trabajo a las nueve hasta que terminamos a las cinco; desde
que nos vamos de vacaciones a finales de agosto hasta que volvemos
a casa dos semanas después y encontramos en el aire los primeros
indicios del otoño. Viajamos en el tiempo desde que nacemos hasta
que morimos.

En el estupendo clásico televisivo de ciencia ficción *Doctor Who*,
toda una serie de culto, el Doctor, un «Señor del Tiempo» de dos
mil años de edad originario del planeta Gallifrey, atraviesa el tiempo
y el espacio en una nave llamada TARDIS. A pesar de que el aspecto externo de la TARDIS (acrónimo de *Time and Relative Dimension in
Space*, 'el tiempo y su dimensión relativa en el espacio') es el de una
cabina telefónica de la policía británica, común aunque anticuada, su

---

* N. de la T.: Todas las citas de Ralph Waldo Emerson están tomadas de sus *Ensayos*.

espacioso interior es una maravilla tecnológica que ha reorganizado las leyes de la física para poder viajar a lugares tan remotos en el tiempo como el Londres de 1814, el periodo jurásico e incluso ciudades futuras en planetas muy lejanos.

Pero ¿habrá un día en que *nosotros* podamos viajar en el tiempo como el Doctor en *Doctor Who*? ¿Podremos construir un carruaje capaz de transportarnos por el universo no solo en tres, sino en cuatro dimensiones? Cuando hablamos de «viajar en el tiempo» de esta manera, nos referimos por supuesto a viajar en la línea del tiempo *de coordenadas*, algo muy diferente del habitual viaje diario de la conciencia desde la mañana hasta la noche con el que avanzamos continuamente por el camino de nuestra vida. A este viaje de la conciencia solemos llamarlo «el paso del tiempo», a pesar de que el tiempo no pasa, sino que es nuestra conciencia la que pasa a lo largo de la coordenada temporal.

En la ciencia clásica, los humanos lo situamos todo en el tiempo, es decir, en un continuo lineal: el universo tiene casi catorce mil millones de años, la Tierra unos cuatro o cinco mil millones de años y nosotros tenemos veinte o cuarenta y cinco o noventa años. En la concepción común de un universo mecanicista externo, el tiempo es un reloj que funciona con independencia de nosotros. El biocentrismo dice que no es así. Como señaló el físico Stephen Hawking: «No hay manera de eliminar al observador —a nosotros— de nuestras percepciones del mundo». El mundo que percibimos lo creamos nosotros. Y Hawking sostenía que no era solo nuestra realidad actual la que creamos, sino que el universo tiene, de forma similar, muchas historias y futuros posibles. Recuerda: «En la física clásica —decía—, se entiende que el pasado existe como una serie definida de acontecimientos, pero, según la física cuántica, el pasado, lo mismo que el futuro, es indefinido y existe solo como un espectro de posibilidades».

Nos han enseñado que nuestra conciencia —y todo lo demás que hay en el mundo— fluye como una flecha en una única dirección desde el nacimiento hasta la muerte. Pero en el capítulo anterior veíamos que esa flecha no es algo externo a nuestra conciencia; es la conciencia la que la crea. Y una asombrosa serie de experimentos indica que el pasado, el presente y el futuro están entrelazados, y que las decisiones que tomas ahora pueden influir en los acontecimientos del pasado.

Nos referimos, claro está, a los experimentos de «elección retardada», como los que explicábamos en el capítulo siete. Tal vez recuerdes que la idea original fue de nuestro amigo Wheeler y que en 2007 se llevó a cabo finalmente un experimento de este tipo que se publicó en la revista *Science*. Puedes volver al capítulo siete para ver la ilustración y los detalles del montaje, pero, en síntesis, los científicos dispararon fotones a un aparato y demostraron que podían alterar retroactivamente el que los fotones se comportaran como partículas o como ondas. Al llegar a una bifurcación dentro del aparato, los fotones tenían que «decidir» qué hacer, pero avanzado ya su viaje, cuando habían recorrido casi cincuenta metros después de pasada la bifurcación, accionando un interruptor el experimentador podía determinar cómo se había comportado el fotón al llegar a la bifurcación en el pasado.

Los resultados de este experimento y otros similares fueron una revelación muy impactante, y a la mayoría puede costarnos un poco asimilar de verdad que el pasado no es inviolable; que, al igual que el futuro, está determinado por los acontecimientos actuales.

Es más, siguiendo esta lógica llegamos a otra conclusión: que lo que ocurrió en el pasado puede depender no solo de las decisiones que tomamos ahora, sino incluso de acciones que aún no hemos realizado.

Según Wheeler: «El principio cuántico muestra que existe un sentido en el que lo que un observador hará en el futuro define lo que ocurre en el pasado». La física cuántica nos dice que los objetos existen en estado de suspensión hasta que se observan y esa observación provoca el colapso que los concreta en una realidad definida. Wheeler sostenía que, al observar la luz «doblada» alrededor de una galaxia desde un cuásar lejano, hemos efectuado de hecho una observación cuántica a una escala colosal. En otras palabras, dijo, las mediciones realizadas sobre la luz entrante determinan ahora el camino que esa luz siguió hace miles de millones de años. Esto refleja los resultados del experimento descrito en el capítulo siete, en el que una observación actual determina lo que hizo el gemelo de una partícula en el pasado.

En 2002, la revista *Discover* envió a un periodista a Maine para hablar con Wheeler en persona. Wheeler dijo que tenía la convicción de que el universo estaba lleno de «enormes nubes de incertidumbre» que todavía no han interactuado con nada. En todos esos lugares, afirmó, el cosmos es «un inmenso escenario que contiene ámbitos en los que el pasado no es aún el pasado».

Sigue habiendo una fluidez —cierto grado de incertidumbre— en cualquier cosa que no se observe de hecho. Cuando observamos el mundo que nos rodea en el presente y las ondas de probabilidad se colapsan, una parte del pasado sigue encerrada bajo llave; sigue habiendo cierta incertidumbre, por ejemplo, en cuanto a qué hay bajo nuestros pies. Antes de que lo observemos, las partículas que componen lo que hay debajo de nuestros pies tienen un rango de estados posibles, y hasta que lo observamos, no adquieren propiedades reales. Así que hasta que se determina el presente, ¿cómo puede haber un pasado? Si excavas un agujero, hay cierta probabilidad de que encuentres una roca. Si es así, los movimientos glaciares del pasado que explican que esa roca esté exactamente ahí se consolidarán en una realidad cierta. El pasado es simplemente la lógica espaciotemporal del presente, e incluye la historia geológica correspondiente a la rama de realidad que tu conciencia ha fijado al provocar el colapso de la función de onda.

En definitiva: la realidad empieza y termina en el observador, tanto si se habla de la realidad de ahora como de la de hace millones de años. «Somos participantes —dijo Wheeler— en la creación de algo del universo en el pasado remoto».

Y al igual que la roca enterrada en el jardín y que la luz del cuásar de Wheeler, hay acontecimientos históricos, como quién mató a John

F. Kennedy, que podrían depender también de hechos que todavía no han ocurrido. Solo tenemos fragmentos de información sobre el suceso; hay suficiente incertidumbre sobre que fuera una persona en un determinado conjunto de circunstancias u otra persona en otro conjunto de circunstancias distinto. La historia es un fenómeno *biológico*. Es la lógica de lo que tú, el observador animal, experimentas. Tienes múltiples futuros posibles, cada uno con una historia diferente. A medida que vives, observando y adquiriendo información, vas colapsando y fijando más y más realidad. Quizá las decisiones que tomes hoy influyan en acontecimientos muy anteriores a tu nacimiento y reordenen la realidad de una serie de sucesos de la época en que nació Cristo o del tiempo en que se construyeron las grandes pirámides.

Es evidente que Aristóteles no fue capaz de predecir la mecánica cuántica cuando dijo: «Solo esto se le niega a Dios: el poder de deshacer el pasado».

Pero alterar el pasado es una cosa, y otra es si podemos tener la esperanza de un día viajar a él.

Vivimos y morimos en el mundo del aquí y ahora. Pero esto podría cambiar una vez que la ciencia comprenda plenamente los algoritmos que empleamos para construir la realidad del tiempo y el espacio. Aunque el tiempo no existe en sí mismo, es posible viajar a universos pasados y futuros si somos capaces de generar una realidad basada en la conciencia. Si entonces cambiamos los algoritmos –para que el tiempo no sea lineal, sino tridimensional, como el espacio–, la conciencia podría moverse por el multiverso. (Encontramos una vívida ilustración de cómo podría ser ese viaje a través del multiverso en la fascinante novela de ciencia ficción *Al otro lado del tiempo*, de Keith Laumer).

En la literatura científica se han considerado varias teorías que incluyen dimensiones de tiempo adicionales. Sin embargo, la mayoría de los científicos coinciden en que el tiempo multidimensional es imposible ya que, al estar implícita en él la posibilidad de movimiento hacia el pasado, da lugar a paradojas causales, y se entiende que una teoría que conduzca a paradojas causales no es físicamente viable y, por tanto, debe ser rechazada. Ese fue el destino que tuvo la teoría de los taquiones (partículas que se mueven más rápido que la luz). La relatividad especial puede extenderse y abarcar velocidades superlumínicas, pero, curiosamente, la formulación de la resultante relatividad expandida funciona solo si se postula que, al igual que el espacio, el tiempo es tridimensional.

Por lo tanto, aunque el tiempo tridimensional permitiría viajar al pasado, se considera en general insostenible precisamente por esta razón, ya que el viaje en sí daría lugar a contradicciones como la clásica «paradoja del abuelo». En este famoso ejemplo, un individuo viaja en el tiempo y mata a su abuelo antes de que fuera concebida la persona que hoy es su madre o su padre. Esto significa que el viajero en cuestión no habría nacido, y habría sido imposible por consiguiente que viajara al pasado para matar a su abuelo.

Hay muchas otras paradojas e incoherencias equivalentes que podrían surgir si se cambiara el pasado, como la (im)posibilidad de retroceder en el tiempo y matarse a sí mismo siendo un bebé, o la famosa «paradoja de Hitler», en la que matar a Adolf Hitler elimina la razón de que retrocedamos en el tiempo para matarlo. Dejando a un lado la paradoja, matar a Hitler en el pasado tendría consecuencias monumentales para todos los habitantes del mundo actual, en especial para los que nacieron después de la Segunda Guerra Mundial y el Holocausto. Si se hubiera matado retroactivamente a Hitler, ninguna de sus acciones habría tenido efectos a lo largo de los años siguientes, lo cual es bueno por un lado y no tan bueno por otro. Millones de personas que murieron habrían seguido vivas, pero habría además muchísimos otros cambios difíciles de predecir: quienes se conocieron y tuvieron hijos podrían no haberse conocido nunca, naciones enteras podrían existir de forma diferente o no existir, y no solo la bomba atómica, sino todos los demás tipos de tecnología podrían no haberse inventado. El curso de la historia habría sido en su totalidad irreconociblemente distinto.

En un episodio de *Doctor Who*, titulado muy adecuadamente «Matemos a Hitler», se trata este problema. La nave TARDIS se estrella en la Alemania nazi justo cuando un robot humanoide está a punto de matar a Hitler, y el Doctor y su compañero corren a salvar a Hitler en el pasado para salvar también sus propios futuros. Dilemas similares se plantean en la trama de las películas *Terminator* y *Regreso al futuro*, en las que entrar en el pasado supone una amenaza constante de reorganizar el futuro del que provienen los viajeros.

A pesar de las ingeniosas tentativas de sortear estos inconvenientes, las incoherencias que plantea un retroceso en la línea temporal hacen que el «viaje en el tiempo», como clásicamente se ha concebido, resulte de lo más problemático. Ahora bien, todas estas paradojas desaparecen si aplicamos al macromundo las reglas de la mecánica cuántica y no hay un único pasado, sino múltiples futuros posibles. Atendiendo a la interpretación de los muchos mundos, si viajaras al pasado, sencillamente crearías una línea temporal alternativa o un universo paralelo. Ya fuera pulsando un interruptor (como los científicos que hicieron el experimento de elección retardada descrito en el capítulo siete) o girando el dial de una máquina del tiempo, seguirías siendo tú el que está dentro de la experiencia. No puede haber paradojas, ya que cualquier acontecimiento que alteres en el pasado generará un universo alternativo de acuerdo con las leyes conocidas de la mecánica cuántica. Sea cual sea el universo que habites, lo habitas como tú.

Por supuesto, el viaje en el tiempo hacia el *futuro* es un asunto muy diferente, y dado que no provoca las molestas paradojas que hemos descrito unos párrafos atrás, sus mecanismos teóricos son relativamente sencillos incluso en la física clásica. Sabemos, por la teoría de la relatividad especial de Einstein, que el tiempo transcurre a velocidades diferentes según la velocidad a la que se mueven los objetos. Esta «dilatación del tiempo» es enorme a medida que nos acercamos a la velocidad de la luz. Por ejemplo, el reloj de alguien que se desplace a unos novecientos treinta millones de kilómetros por hora irá la mitad de rápido que el de alguien que esté en reposo. Esto quiere decir que para viajar adelantándonos en el tiempo —y no envejecer excesivamente por el camino— bastaría con que lo hiciéramos a una velocidad cercana a la de la luz durante un rato y luego diéramos la vuelta y «retrocediéramos hasta el futuro» al que queríamos llegar.

Sin embargo, aunque (contando con el equipamiento adecuado) viajar al futuro de esta manera es teóricamente posible, hay algunos inconvenientes «menores». Por ejemplo, Einstein demostró que nada que tenga peso, por mínimo que sea, puede alcanzar la velocidad de la luz, ya que su masa crecería hasta tal punto que, a una velocidad muy próxima a la de la luz, incluso una pluma pesaría más que toda una galaxia. La cantidad de fuerza que haría falta para acelerar esa masa tan colosal y hacerla alcanzar plenamente la velocidad de la luz sería imposible de obtener: superaría toda la energía del universo. De hecho, justo por debajo de la velocidad de la luz, una semilla de mostaza en movimiento pesaría más que el cosmos entero.

Teóricamente, sería también posible viajar hacia delante en el tiempo aprovechando las propiedades de la gravedad. La teoría de la relatividad general de Einstein nos dice que no es solo el movimiento lo que afecta a la velocidad del tiempo; los relojes funcionan también más despacio en campos gravitatorios más fuertes. En la Tierra, un reloj como el del Centro de Control de Misión de la NASA va un poco más lento de lo que iría un reloj en la luna, pero hay lugares en el universo en los que pasa un solo segundo de tiempo mientras aquí, en la Tierra, ocurre simultáneamente el equivalente a un millón de años de acontecimientos. Por desgracia, viajar en el tiempo a una distancia apreciable aprovechando la dilatación gravitacional del tiempo exigiría acciones extremas (y probablemente mortales), como orbitar de cerca un agujero negro a tremenda velocidad o viajar a una estrella de neutrones. Por supuesto, para hacer esto último, necesitarías una máquina envuelta en una carcasa esférica que pesara un millón de veces más que la Tierra. Pero aun suponiendo que se pudiera construir una nave estelar que te llevara hasta allí, poner el pie en una estrella de neutrones te aplastaría como si fueras el Coyote bajo el peso de una de las enormes rocas que le caen encima mientras persigue al Correcaminos.

Algunas de las posibilidades teóricas de viaje en el tiempo más conocidas son aquellas que utilizan extrañas configuraciones del espaciotiempo, como los «agujeros de gusano», rarezas que contienen «bucles de tiempo cerrados» que permitirían a una partícula viajar hacia atrás en el tiempo y encontrarse consigo misma. Sin embargo, aunque las ecuaciones de la relatividad general lo permiten, para construir un agujero de gusano son imprescindibles ciertos exóticos materiales teóricos que no se han encontrado en la naturaleza, al menos hasta hoy. Y, por supuesto, en la mayoría de estas teorías, no hay forma de que un viajero pueda retroceder a un tiempo anterior al de la construcción de la propia «máquina del tiempo».

En resumen, construir una máquina para viajar en el tiempo como la de *Doctor Who* valiéndonos de la física clásica es imposible, ya sea por las paradojas causales o por cuestiones prácticas. La teoría cuántica consigue resolver algunos de estos problemas; sus descubrimientos han revelado, por una parte, curiosas soluciones y, por otra, que el pasado y el futuro no son en sí las realidades definidas y separadas que aparentan ser. Pero es al incorporar plenamente los principios del biocentrismo, y contemplar el mundo desde la perspectiva que nace de añadir la vida a la ecuación, cuando las cosas se ponen de verdad interesantes. Si aceptamos que el espacio y el tiempo son formas del entendimiento animal (es decir, *bio*lógicas) y no objetos físicos externos, quizá nos encontremos ante un panorama completamente nuevo en lo que respecta a los viajes en el tiempo.

Hemos visto que en el multiverso de muchas historias posibles y universos paralelos —una configuración en la que sencillamente no hay lugar para las paradojas causales— tal vez se podría viajar en el tiempo. Sin embargo, la propia palabra *viaje* lleva implícita la idea de movimiento a un lugar distante y separado de nosotros, lo que significa tener que desplazar físicamente la masa (nuestro cuerpo) y la mente (nuestra conciencia) a una nueva posición espaciotemporal. Pero ¿y si resulta que viajar en el tiempo no consiste en desplazarse a algún punto que está «allá a lo lejos» sino en experimentar otro aspecto del «aquí mismo»?

Según el biocentrismo, el espacio y el tiempo son relativos al observador individual: los llevamos a cuestas como llevan las tortugas su caparazón. Si admitimos que ni el espacio ni el tiempo tienen existencia independiente, sino que ambos son funciones inseparables de los algoritmos que componen nuestra conciencia, debería ser obvio que «viajar» en cualquiera de las dos dimensiones no tiene por qué requerir un viaje físico de ninguna clase.

Cuando la tecnología vaya incorporando el nuevo paradigma biocéntrico, es posible que viajar en el tiempo resulte mucho más fácil de lo que imaginas.

LAS FUERZAS DE LA NATURALEZA

13

*El universo es la exteriorización del alma. Allí donde hay
vida, aparece al instante en torno a ella.*

–RALPH WALDO EMERSON

sombrosas «coincidencias» se nos presentan en el momento en
que reflexionamos sobre el universo. Pero dejan de ser rarezas
inexplicables y se convierten en profundas revelaciones una vez
que comprendemos de verdad la conexión íntima que hay entre el
cosmos, aparentemente inmenso y distante, y nuestra propia mente.

Decíamos que el universo es un sistema de información que,
de hecho, no es ni más ni menos que la *lógica* espaciotemporal del
observador, es decir, del yo. Solo esto explica por qué las leyes y
fuerzas de la naturaleza —que podrían haber tenido casi cualquier
valor— están todas exquisitamente equilibradas para favorecer nuestra existencia. Explica, por ejemplo, que el valor de la fuerza nuclear
fuerte se encuentre dentro del estrecho margen que permite que los
núcleos atómicos de nuestro cuerpo se mantengan unidos pero no
así los protones, lo cual tendría consecuencias desastrosas. Explica
por qué la fuerza gravitatoria es exactamente la que debe ser para
que el sol arda y se produzca la fusión nuclear que genera las fuerzas

necesarias para crear los átomos de carbono que son la columna vertebral de la vida.

Cuando Emerson preguntaba: «¿No predice la luz el ojo del embrión humano?», estaba percibiendo esta íntima relación. Por eso, tratar de entender cómo funciona el universo es, en cierto modo, como tratar de entender los algoritmos de una calculadora, salvo que, en este caso, queremos entender la lógica interna de nuestra propia mente, para comprender cómo logran sus mecanismos invisibles construir con tal naturalidad los diversos bloques de la realidad espaciotemporal.

En capítulos anteriores hemos examinado cómo funciona la conciencia, empezando por la dinámica de los iones en los circuitos neuronales entendida desde una perspectiva cuántica, y cómo ese proceso de conciencia colapsa la función de onda y fija el mundo físico que observamos. De modo que si la realidad depende del observador, es posible extrapolar los mecanismos espaciotemporales por los que la conciencia se manifiesta como la vida real, con sus acontecimientos y sus objetos tridimensionales: en sentido espacial, hasta los confines del universo y, en sentido temporal, hasta que las huellas de nuestros antepasados desaparezcan en el mar.

Por supuesto, los cosmólogos han retomado la historia de la Tierra desde que era una masa ígnea y han seguido los pasos de su evolución hacia atrás en el tiempo hasta el pasado inanimado: desde los minerales gradualmente hasta las formas más básicas de la materia —los núcleos atómicos y el estado de plasma de quarks-gluones inmediatamente anterior al enfriamiento— y por último hasta el *big bang*. De hecho, si pudiéramos viajar hacia atrás en el tiempo, probablemente observaríamos la mayoría de los acontecimientos, si no todos, predichos por los cosmólogos. Pero, como hemos visto, la realidad física empieza y termina en el observador. Lo que se observa es real; todos los demás tiempos y lugares, todos los demás objetos y acontecimientos son producto de la imaginación y solo sirven para unir el conocimiento en un todo lógico. Piensa en el universo como en el clásico globo terráqueo: es una mera representación de todo lo que teóricamente es posible experimentar (suponiendo, claro está, que fuéramos capaces de llegar a él y sobrevivir el tiempo suficiente para observarlo).

Uno de los objetivos de este capítulo es desentrañar la lógica que utiliza la mente para generar esa experiencia espaciotemporal. Durante la experiencia consciente, la mente emplea un algoritmo, una regla matemática que proporciona la lógica relacional precisa para definir y animar la construcción. Podríamos empezar por la lógica de la onda electromagnética, que define la interrelación del espacio y el tiempo de forma matemática precisa. Allá vamos.

En su célebre y fundamental artículo «Sobre la electrodinámica de los cuerpos en movimiento» (1905), Einstein resolvió la discrepancia entre el movimiento de los cuerpos materiales y las ondas electromagnéticas. Presentó en él por primera vez su teoría de la relatividad especial, que unificaba por un lado el espacio y el tiempo, y por otro la materia y la energía. Los hallazgos de Einstein se condensan en la famosa fórmula $E = mc^2$, que se traduce en que, sean cuales sean las unidades de medida que se empleen (por ejemplo, ergios para la energía, gramos para la masa y c expresa la velocidad de la luz en centímetros por segundo), la energía de un objeto es exactamente igual a su masa multiplicada por el cuadrado de la velocidad de la luz. La demostración vívida de que esta fórmula matemática era no solo elegante, sino también absolutamente correcta, fue la bola de fuego provocada por la explosión de las dos primeras bombas atómicas durante la Segunda Guerra Mundial. Por pura coincidencia, tanto en el artefacto de la prueba Trinity (en Los Álamos, Nuevo México) como en el de Nagasaki, solo uno de los 6.350,29 gramos de plutonio contenidos en cada bomba se convirtió en energía y se desvaneció. Y sin embargo, ese único gramo fue suficiente para crear una explosión titánica que redujo a la insignificancia cualquier cosa que el mundo hubiera visto hasta entonces. Fue también una impactante demostración física: si en la ecuación $E = mc^2$ sustituimos la m por el número «1», el resultado nos dice que un solo gramo de plutonio se convierte en la energía equivalente a 21.000 toneladas de TNT (trinitrotolueno), exactamente la energía liberada por la bomba de Nagasaki.

Para unificar las ecuaciones que describen el electromagnetismo (las llamadas ecuaciones de Maxwell) y el movimiento de la materia, Einstein tuvo que introducir un continuo tetradimensional, combinando el espacio y el tiempo.

Hermann Minkowski llevó los postulados de Einstein a su rigurosa conclusión matemática e introdujo el concepto de *espaciotiempo*, un espacio tetradimensional cuyos puntos necesitan cuatro números para poder especificarse plenamente: tres coordenadas espaciales y una temporal. Formulada dentro de este marco tetradimensional, la teoría conjunta de la luz y la materia se sostenía plenamente.

Así, cada acontecimiento que ocurre en el espaciotiempo se describe mediante tres coordenadas que denotan su posición espacial más la coordenada adicional llamada «tiempo». Por eso, cuando te citas con alguien, especificas no solo dónde será la cita, sino también a qué hora.

Por desgracia, cuando Einstein y Minkowski llamaron «tiempo» a esta cuarta coordenada, utilizaron un concepto que tradicionalmente está vinculado a nuestra sensación subjetiva de «devenir», es decir, a nuestra experiencia de los acontecimientos como si ocurrieran uno detrás de otro, en orden secuencial. Pero, como explicábamos en el capítulo once, nuestro «tiempo» subjetivo no es el mismo tiempo que el de la cuarta coordenada del continuo espaciotemporal, y esto es una eterna fuente de confusión para el público no especializado que trata de entender a Einstein.

Recordarás que en el «universo de bloque» del continuo espaciotemporal, todo existe simultáneamente; no hay dinámica, ni hay experiencia subjetiva de «devenir», ni eventos que acontezcan en orden temporal. Por lo tanto, el universo de bloque de la relatividad especial no es coherente con lo que los seres humanos observamos: nosotros no observamos el pasado, el presente y el futuro a la vez, sino que observamos el tiempo como si se desarrollara en nuestra conciencia progresivamente, acontecimiento a acontecimiento. Ese desarrollo progresivo del tiempo, los físicos lo consideran una «ilusión», algo que solo ocurre en la conciencia, que a su entender no forma parte de la física. Pero de lo que no parecen darse cuenta es de que esta formulación da de lleno en el hecho más básico de la existencia.

Para aclarar las cosas un poco, la palabra *ilusión*, que aparece con frecuencia en este capítulo, denota que la acción de la conciencia está íntimamente entrelazada con el funcionamiento del universo y que el universo de bloque tetradimensional no es suficiente explicación. Para que la ciencia funcione, hace falta un ingrediente más, y ese elemento aparentemente fantasmagórico, que no estaba establecido como parte de la física, es la conciencia.

Los físicos de principios del siglo XX eran vagamente conscientes de esto, aun cuando todo apuntara a ello cada vez más desde el advenimiento de la mecánica cuántica, que resulta bastante disparatada a menos que la conciencia esté en escena. Aceptar este hecho sigue suscitando reticencia entre los científicos incluso hoy en día, un siglo después. Al parecer, nuestra cultura científica es tan reacia a un cambio radical de sus paradigmas como lo fueron los contemporáneos de Copérnico y Galileo.

Según la mecánica cuántica, no solo el desarrollo del tiempo, sino la existencia de acontecimientos externos, y por tanto el universo en conjunto, es en cierto sentido una ilusión del observador. Como subraya el biocentrismo, el resultado de cualquier experimento u observación es lo que la mente del observador percibe. En sentido real, la palabra *externo* es un término vacío, ya que nada es externo a la conciencia, a la mente de la persona que observa.

Así que hay, por así decirlo, distintos niveles de ilusión. El «tiempo» utilizado por la relatividad especial como cuarta coordenada del continuo espaciotemporal es también ilusorio en cierto modo, ya que, como hemos visto, no es verdaderamente tiempo; lo es solo en el sentido en que la posición de las manecillas de un reloj representa el tiempo. Y un indicador móvil en la esfera de un reloj puede tener cualquier posición, pero todas esas configuraciones existen simultáneamente en el espaciotiempo; es la conciencia lo que determina qué posición adoptan las manecillas del reloj en este momento. Muchos físicos han sido conscientes de esta deficiencia y de la necesidad de modificar la relatividad especial para poder introducir un parámetro adicional que dé cuenta de nuestra experiencia subjetiva del «devenir». Tras serias investigaciones, Ernst Stueckelberg fue el primero en hacer una propuesta al respecto, y Lawrence Horwitz hizo la diferenciación que explicábamos en el capítulo once entre el *tiempo de coordenadas*, que constituye la cuarta dimensión del espaciotiempo, y el *tiempo de evolución*, asociado a un parámetro adicional.

Como decíamos, los puntos del espaciotiempo están relacionados con eventos. Pero ¿qué son eventos exactamente? Puede ser un evento el lugar y el momento en que una partícula choca con otra. Por ejemplo, un fotón se dispersa de un átomo y llega al ojo del observador, y le aporta información sobre la posición del átomo. Pero según la teoría cuántica, la posición del átomo es «borrosa» ya que es una superposición de muchas posiciones posibles. Será la conciencia lo que determine cuál de esas posiciones posibles va a ser la posición real en la percepción consciente del observador. Mediante el acto de observar, la mente del observador crea la percepción consciente de que, en una determinada posición y en un determinado *tiempo coordenado*, el fotón se dispersó del átomo. Puede llegar otro fotón, seguido de otro. La cascada de acontecimientos en el espaciotiempo corresponde a una cascada de experiencias en la conciencia del observador, pero si en la mente no hubiera un mecanismo que organizara esos eventos en orden sucesivo, para que los experimentemos uno a uno, todas esas experiencias existirían simultáneamente: pasadas, presentes y futuras.

Un estado coherente de numerosos fotones se manifiesta a escala macroscópica como un campo electromagnético, que puede adoptar forma de ondas electromagnéticas, como las ondas de radio, la luz infrarroja, etcétera. Las ondas electromagnéticas cuyas crestas están separadas entre 400 y 700 nanómetros constituyen la luz visible, y son el principal medio que utilizamos para investigar nuestro entorno. Así que pasamos revista a las posiciones de los objetos que nos rodean y, gradualmente, esto nos permite visualizar el universo entero como si existiera en el espaciotiempo.

En cierto sentido, las ondas de energía electromagnética son las fibras de lógica que la mente utiliza para tejer un tapiz tetradimensional. Es una relación matemática que no solo define las cuatro dimensiones del espaciotiempo, sino que define también cómo se infunde el *tiempo de evolución* en esa construcción espacial: es la lógica que genera la experiencia a la que llamamos «movimiento». Mediante la incorporación de recuerdos, la mente utiliza esta lógica para generar el complejo sistema de información que experimentamos como conciencia o realidad. La simple conciencia cotidiana es un hecho que entraña mecanismos subyacentes de una complejidad y meticulosidad asombrosas. Es un acto que roza la magia, teniendo en cuenta las innumerables «alteraciones» que teóricamente podrían producirse en cada punto del espacio tridimensional.

Y al igual que podemos magnificar nuestros sentidos con radiotelescopios para ver a través de las opacas nubes de polvo de la Vía Láctea, disponemos de instrumentos científicos que nos permiten analizar lo que ocurre en el corazón invisible de todos los acontecimientos físicos. De acuerdo con las ecuaciones de Maxwell, resulta que los componentes eléctricos y magnéticos de una onda electromagnética se unen en relaciones de tiempo, en las que cada uno depende del ritmo de cambio del otro. El campo eléctrico mutante genera en un punto del espacio un campo magnético en ángulo recto con respecto a sí mismo, que genera a su vez un campo eléctrico de seguimiento, y así sucesivamente, haciendo que el proceso se propague a distancias ilimitadas a la velocidad de la luz: invariablemente de 299.792,4 kilómetros por segundo (como se ve en la figura 13.1).

Cuando estamos frente a un objeto, vemos que la luz resplandece en todas sus superficies como si se tratara de un objeto independiente, situado fuera y separado de nosotros. Pero aunque ningún microscopio podría detectar el cordón umbilical que lo conecta con la mente de su observador, lo cierto es que la forma, el sonido, el movimiento y la resistencia de ese objeto no son más que energía que se imprime en nuestros órganos sensoriales. Sin embargo, a pesar de los esfuerzos por definir o explicar esa energía, en el análisis final de todos nuestros experimentos siempre queda pendiente ese último componente que nadie ha conseguido resolver. Es un enigma cuyo origen está oculto. Cuando David Ben-Gurion le preguntó a Einstein si creía en Dios, él respondió que «algo debe de haber detrás de la energía».

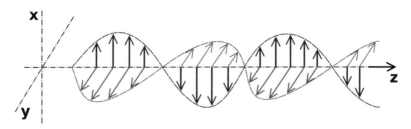

Figura 13.1 *Una onda electromagnética que se propaga en la dirección +z a través del vacío. El campo eléctrico (flechas en negrita) oscila en la dirección ±x y el campo magnético (flechas grises) oscila en fase con el campo eléctrico, pero en la dirección ±y.*

Ahora bien, no necesariamente debe buscarse ese algo en el mundo material. La energía no es más que una representación de la mente, una regla de su entendimiento. En la mente, si fuéramos capaces de abrirla, veríamos la lógica interna del universo. Es aquí donde las sensaciones adquieren apariencia y los componentes de las ondas electromagnéticas generan las relaciones espaciotemporales necesarias para que podamos comprender y experimentar el contenido empírico del mundo físico. Solo mediante tal comprensión podemos aprehender una continuidad en la conexión de tiempos y espacios.

Así que la respuesta no está en ninguna definición de una «naturaleza» externa, separada de nosotros, sino en nosotros mismos. La mente hace el cuerpo, como dijo el poeta Spenser:

Así cada espíritu, por ser lo más puro
y tener en él la mayor luz celestial,
el cuerpo más bello procura
para habitar en él, hermosamente engalanado,
con gozosa elegancia y ameno a la vista,
porque, del alma, el cuerpo toma la forma,
porque el alma es la forma, y hace el cuerpo.

En otras palabras, esta vez, las de Emerson: «El universo es la exteriorización del alma. Allí donde hay vida, se revela en todo su esplendor en torno a ella». No debemos buscar las leyes y fuerzas originales de la física en la naturaleza, sino que debemos buscarlas en nuestra propia mente, en la forma en que el cerebro, operando a través de los sistemas del cuerpo, genera el conocimiento del entorno sensorial.

El mundo material y espacial no está menos enraizado en la mente que los poemas de Esquilo o de Ovidio. Cuando analizamos los objetos que nos rodean, al final no encontramos más que energía: energía impresa en nuestros órganos de los sentidos o energía que opone resistencia a nuestros órganos de acción. No hay nada que no pueda reducirse a este componente último. Somos, por tanto, más que meros espectadores de lo que sucede. Como han demostrado de forma inequívoca los experimentos de la física cuántica, el observador interactúa con el sistema hasta tal punto que no se puede considerar que el sistema tenga una existencia independiente de él.

Si nos cuesta aprehender esto es porque todo parece indicar que la conciencia que tenemos de nuestra existencia está inextricablemente ligada a los objetos que nos rodean. Llegas a la esquina de la calle y, con solo echar un vistazo al periódico de la mañana, puedes determinar tu ubicación en el tiempo; tus ojos están inundados de luces y formas, y tus oídos, del estrépito de los coches y las voces entrecortadas de los peatones; en un instante puedes establecer dónde estás. A la vez, esto no confiere a nada de eso una cualidad sustancial, autosuficiente ni permanente. Y, sin embargo, alguna regla debe de haber en la mente por la cual un estado determina el otro y determina también, en sentido inverso, la posición de un evento en el tiempo y el espacio. Puedes leer sobre cómo se transforma la energía en materia, puedes entrar en el laboratorio y observar cómo crean los científicos pares de partícula-antipartícula a partir de la energía electromagnética, puedes pasar por delante de las cámaras de niebla y contemplar cómo la materia recién creada deja tras de sí finas líneas blancas de vapor transitorio. Al final, siempre, el invisible cordón umbilical entre la mente y la materia permanece.

Emerson estaba en lo cierto: «El ser humano es un haz de relaciones, un nudo de raíces, cuya flor y fruto es el mundo». Es impactante y difícil de asimilar que no solo son los objetos mera apariencia, sino que incluso sus formas son simples configuraciones creadas en la mente. Es difícil porque esos objetos que percibimos a nuestro alrededor tienen una cualidad muy distinta a la de nuestros pensamientos y sentimientos, el amor y la ansiedad, la alegría y la tristeza. Ni nuestros pensamientos y deseos ni las texturas de nuestra experiencia se hallan jamás entre los átomos y objetos del «mundo exterior». Y sin embargo, también ellos están interconectados por las relaciones temporales de la energía electromagnética, lo cual la convierte en la entidad que unifica la mente con la materia y el mundo.

Mente, materia: la realidad es un proceso muy curioso, un proceso que se coordina sin cesar en la cabeza. No pasa un solo instante sin que la mente pegue el pasado y el presente. Oyes sonar el teléfono o el timbre de la puerta, pero en realidad no oyes ese sonido hasta que está en el pasado, hasta que la mente lo ha comparado con el silencio de uno o dos instantes antes. Incluso ahora, no puedes leer esta frase hasta que tu mente compara el blanco de aquí con el negro de allá, ahora una letra, ahora una palabra, y va poniéndolo todo en una especie de orden de contrastes.

El hecho es que tanto la realidad temporal de los acontecimientos que se desarrollan (en el sentido del tiempo de evolución) como la realidad espacial del mundo que percibimos a nuestro alrededor existen por un meticuloso ejercicio de la mente, que las hace funcionar al unísono como un solo reloj.

¡Qué destreza demuestra la mente al fabricar de esta manera su propia red! Imagínala unirse a la energía con la misma naturalidad que flotan en el suave aire del otoño unos hilos de gasa casi imperceptibles utilizando los componentes eléctricos y magnéticos que interactúan a intervalos y definen el espacio por el que pasan. Y luego maravíllate de este andamiaje, de que no haya debajo de él ninguna estructura de soporte que conozcamos; es sencillamente una red de información que flota sobre el vacío del no ser.

Pero el electromagnetismo es solo una de las relaciones básicas —denominadas comúnmente «fuerzas» o «interacciones»— que la mente utiliza para estructurar la realidad a partir de todas las posibilidades denotadas por la mecánica cuántica. Las otras tres relaciones fundamentales son la interacción fuerte, la interacción débil y la gravitación. No entraremos en detalles sobre cada una de ellas; baste decir que también estas relaciones tienen sus raíces en la lógica de cómo interactúan entre sí los distintos componentes del sistema de información para crear la experiencia tridimensional a la que llamamos conciencia o realidad. Cada fuerza describe cómo interactúan las unidades de energía a diferentes niveles, empezando por el más elemental: las fuerzas fuertes y débiles gobiernan la forma en que las partículas se mantienen unidas o se separan en el núcleo de los átomos, mientras que la acción del electromagnetismo y la gravedad es infinitamente diversa, aunque sea esta última la que domina las interacciones a escalas astronómicas, como el comportamiento de los sistemas solares y las galaxias.

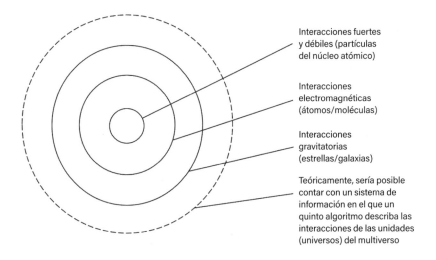

Interacciones fuertes
y débiles (partículas
del núcleo atómico)

Interacciones
electromagnéticas
(átomos/moléculas)

Interacciones
gravitatorias
(estrellas/galaxias)

Teóricamente, sería posible
contar con un sistema de
información en el que un
quinto algoritmo describa las
interacciones de las unidades
(universos) del multiverso

Figura 13.2 *Existen varias relaciones básicas, llamadas comúnmente «fuerzas» o «interacciones», que la mente utiliza para construir la realidad. Cada fuerza describe cómo interactúan las unidades de energía en diferentes niveles, empezando por el nivel más básico de las fuerzas fuertes y débiles y ascendiendo hasta el electromagnetismo y la gravedad. En teoría, cabría la posibilidad de añadir otro elemento a los algoritmos, un componente que gobierne las interacciones de las unidades (universos) en el multiverso.*

Estos son los algoritmos que definen nuestro universo, y en teoría se considera posible añadir un algoritmo más que gobierne las interacciones de las unidades (universos) en el multiverso (como se ve en la figura 13.2). En tal caso estaríamos hablando del escenario inflacionario,[*] en el que nuestro universo es solo uno de los «universos burbuja», cada uno de ellos con una historia ligeramente diferente a la nuestra. Esto significa que, por ejemplo, tal vez sería posible entrar en una habitación donde nuestro gato muerto siguiera vivo o donde el 11-S nunca hubiera ocurrido. O tal vez sería posible cambiar los algoritmos de la mente para que el tiempo, en lugar de ser lineal,

---

[*] N. de los A.: El concepto de multiverso inflacionario proviene de la idea de que, justo después del *big bang,* el universo empezó a inflarse exponencialmente como si fuera un globo; su velocidad de expansión fue diferente en unos lugares y otros, y se crearon así otros «globos», nuevos universos.

fuera tridimensional, como el espacio. La conciencia podría entonces moverse por el multiverso inflacionario.

Pero ¿y qué hay del multiverso de Everett, un concepto distinto del multiverso inflacionario? Como decíamos en un capítulo anterior, la conciencia puede desplazarse por el multiverso de Everett cuando morimos. La tecnología futura podría permitirnos desarrollar las herramientas para controlar esta clase de viajes. De ser así, podríamos caminar por el tiempo igual que caminamos por el espacio.

En cualquier caso, después de que nos hubiéramos arrastrado a lo largo de miles de millones de años, la vida escaparía finalmente de su jaula corpórea.

Y así podemos añadir un noveno principio del biocentrismo:

PRINCIPIOS DEL BIOCENTRISMO

Primer principio del biocentrismo: lo que percibimos como realidad es un proceso en el que necesariamente participa la conciencia. Una realidad externa, si existiese, tendría que existir por definición en el marco del espacio y el tiempo. Pero el espacio y el tiempo no son realidades independientes, sino herramientas de la mente humana y animal.

Segundo principio del biocentrismo: nuestras percepciones externas e internas están inextricablemente entrelazadas; son las dos caras de una misma moneda que no se pueden separar.

Tercer principio del biocentrismo: el comportamiento de las partículas subatómicas, y en definitiva de todas las partículas y objetos, está inextricablemente ligado a la presencia de un observador. Sin la presencia de un observador consciente, existen como mucho en un estado indeterminado de ondas de probabilidad.

Cuarto principio del biocentrismo: sin conciencia, la «materia» reside en un estado de probabilidad indeterminado. Cualquier universo que pudiera haber precedido a la conciencia habría existido solo en un estado de probabilidad.

Quinto principio del biocentrismo: solo el biocentrismo puede explicar la estructura del universo porque el universo está hecho con precisión absoluta para la vida, lo cual tiene mucho sentido, ya que la vida crea el universo, y no al contrario. El «universo» es sencillamente la lógica espaciotemporal completa del sí-mismo.

Sexto principio del biocentrismo: el tiempo no tiene existencia real fuera de la percepción sensorial animal. Es el proceso mediante el cual percibimos los cambios del universo.

Séptimo principio del biocentrismo: el tiempo no es un objeto o una cosa, y el espacio tampoco lo es. El espacio es otra manifestación de nuestro entendimiento animal y carece de realidad independiente. Llevamos el espacio y el tiempo con nosotros allá adonde vayamos como llevan las tortugas consigo su caparazón. Así pues, no hay una matriz absoluta con existencia propia e independiente en la que ocurran los acontecimientos físicos.

Octavo principio del biocentrismo: solo el biocentrismo es capaz de explicar la unidad de la mente con la materia y el mundo, al mostrar cómo la modulación de la dinámica de los iones en el cerebro a nivel cuántico permite que todas las partes del sistema de información que asociamos con la conciencia estén simultáneamente interconectadas.

Noveno principio del biocentrismo: existen varias relaciones básicas, denominadas «fuerzas», que la mente utiliza para construir la realidad. Tienen sus raíces en la lógica de cómo interactúan entre sí los diversos componentes del sistema de información para crear la experiencia tridimensional a la que llamamos conciencia o realidad. Cada fuerza describe cómo interactúan las unidades de energía a diferentes niveles, empezando por las fuerzas fuertes y débiles (que gobiernan la forma en que las partículas se mantienen unidas o se separan en el núcleo de los átomos) y ascendiendo hasta el electromagnetismo y la gravedad (que domina las interacciones a escala astronómica, como el comportamiento de los sistemas solares y las galaxias).

EL OBSERVADOR DEFINE LA REALIDAD

14

No somos solo observadores. Somos participantes.

–JOHN WHEELER

L a física está cambiando. De hecho, puede que el mayor cambio que haya experimentado este campo de la ciencia en la historia de la humanidad esté ocurriendo en estos momentos.

En los capítulos anteriores, la exploración que hemos hecho del biocentrismo y de las pruebas que lo apoyan ha girado principalmente en torno a la mecánica cuántica y sus interpretaciones de la realidad, en las que parece ser que la conciencia es el factor decisivo. En este capítulo, la ciencia en que se sustenta el biocentrismo da un salto: de relacionar entre sí resultados experimentales diversos a presentar una serie de pruebas irrefutables recién descubiertas dentro de la corriente dominante o consensuada de la física. Y lo hace al dar respuesta a la cuestión que más ha inquietado al campo de la física desde hace mucho, que es cómo conciliar la mecánica cuántica y la relatividad general. Para ponerte en antecedentes, la mecánica cuántica funciona exquisitamente en lo referente a describir el comportamiento de la naturaleza en el nivel subatómico, mientras que la relatividad general tiene una capacidad inigualable para revelar el comportamiento cósmico en la escala que está más allá del alcance cuántico. Por desgracia, una y otra son fundamentalmente incompatibles.

El problema va mucho más lejos de que una herramienta funcione solo a pequeña escala mientras que la otra opera a gran escala. Al fin y al cabo, no habría nada de malo en que la caja de herramientas de la ciencia estuviera equipada con toda una serie de artilugios útiles. No, la cuestión no es que necesitemos herramientas matemáticas diferentes para explicar los sistemas cuánticos y los macroscópicos, sino que, a pesar de que estos dos sistemas estén ostensiblemente conectados como parte del gran sistema que es nuestro cosmos, parece ser que operan bajo dos conjuntos de reglas completamente distintas y no pueden comunicarse entre sí.

Por ejemplo, para saber dónde estará la luna mañana a mediodía es necesario conocer las leyes de la gravedad, la forma de la órbita lunar y la masa de la luna, y tener información sobre en qué posición se la ha observado en ocasiones anteriores. El comportamiento de nuestro satélite atiende a las mismas leyes y la misma lógica que rigen el movimiento de los objetos en nuestra vida diaria, como cuando un amigo nos lanza las llaves del coche desde el otro lado de la sala.

Pero supongamos que nos gustaría saber dónde estará un determinado electrón al mediodía. Vemos que la ciencia clásica no nos sirve. Peor aún, vemos que la lógica a la que atiende el comportamiento del electrón no es la misma que rige el comportamiento de los objetos visibles, la luna incluida, sino que, por el contrario, no se sabe cómo, el electrón ocupa numerosos lugares al mismo tiempo, pese a ser una partícula fundamental que en ningún caso puede dividirse. Las ecuaciones que utilizamos para responder a nuestra pregunta solo nos revelan las probabilidades de que aparezca aquí, allí y allá, pero no determinan una futura posición definida y cierta. Y la frustración no acaba en esto, sino que, incluso una vez llegado el mediodía, qué sucederá y dónde aparecerá el electrón dependen de cómo planee mirarlo el observador. En el caso de la luna, su ubicación puede precisarse mediante un avistamiento directo o un reflejo de radar, o hasta midiendo cómo afecta su gravedad a las naves espaciales que pasen por allí. En cambio, en el caso de nuestro electrón, la forma en que lo midamos alterará la posición que ocupe.

Cuando los científicos empezaron a estudiar las partículas y las unidades elementales de energía que conforman las macroestructuras que nos rodean, fue toda una revelación que hiciera falta utilizar recursos científicos y matemáticos fundamentalmente distintos —denominados ahora ciencia clásica y mecánica cuántica— dependiendo del tipo de objeto que hubiera en el punto de mira.

Aparentemente, la realidad tenía una naturaleza dual inconciliable. La relatividad general parecía ser la descripción cuantitativa correcta del mundo no solo a gran escala, sino incluso a las inmensas escalas necesarias para medir el espacio entre las estrellas y las galaxias, mientras que la mecánica cuántica describía la realidad a escala de moléculas individuales y dentro de la propia estructura atómica. Al principio, los científicos se encogieron de hombros; la mecánica cuántica era nueva y supusieron que, con el tiempo, se resolvería todo. El caso es que, en la actualidad, estos dos pilares de la física moderna, que han llegado a la avanzada edad de casi cien años, se comprenden cada día con más detalle y son innumerables los experimentos que han confirmado sus predicciones teóricas. Ambas teorías tienen un sinfín de aplicaciones prácticas en la vida cotidiana, por ejemplo el GPS en el caso de la relatividad especial de Einstein y los transistores y microprocesadores en el caso de la mecánica cuántica.

Pero incluso después de un siglo de continua experimentación y estudio, no hemos sido capaces de descubrir dónde se establece la compatibilidad entre la mecánica cuántica y la relatividad general, es decir, cómo se «comunican» exactamente la física a gran y a pequeña escala.

Una de las muchas ventajas que tendría desentrañarlo es que aclararía la más enigmática de las cuatro fuerzas fundamentales: la gravedad. La mecánica cuántica es capaz de explicar tres de ellas, pero la gravedad no. Solo es posible describirla aplicando la física clásica de la relatividad general, e incluso en este caso la descripción es imperfecta. Conciliar la teoría cuántica y la relatividad podría decirnos si hay alguna manera de que la gravedad, esta fuerza de alcance infinito, la fuerza que más directamente nos afecta a diario en nuestra vida —ya sea pegándonos al mundo que habitamos o, de tanto en tanto, haciéndonos caer y lesionándonos, a los torpes y desafortunados—, encaje en las reglas de la mecánica cuántica que parecen operar en todo lo demás.

En agosto de 2019, mientras se escribía este capítulo, un nuevo estudio publicado en la prestigiosa revista *Science* manifestaba que la teoría de la gravedad de Einstein había demostrado ser correcta (¡una vez más!). En este caso, los científicos habían utilizado el agujero negro supermasivo del centro de la Vía Láctea para poner a prueba la teoría de la relatividad general, que fue uno de los mayores logros del siglo XX y es la descripción de la gravedad que sigue aceptándose actualmente en la física moderna.

«Einstein está en lo cierto, al menos por ahora —decía Andrea Ghez, uno de los principales autores del artículo—. Nuestras observaciones son coherentes con la teoría de la relatividad general de Einstein. Aun con todo, la teoría ha demostrado una indudable vulnerabilidad, ya que no puede explicar satisfactoriamente la gravedad dentro de un agujero negro. De modo que en algún momento tendremos que reemplazar la teoría de Einstein por una teoría de la gravedad más completa».

Existe todo un campo de la física dedicado a intentar explicar la gravedad mediante la mecánica cuántica, lo que se conoce como *gravedad cuántica*. Esencialmente, la incompatibilidad entre la teoría cuántica y la relatividad, los dos pilares de la física teórica moderna, se debe a la «no renormalizabilidad» de la gravedad cuántica. Y, en un inesperado giro de los acontecimientos, resulta que, para resolver esta cuestión, es necesario incorporar algo que los físicos teóricos modernos dedicados a esta área de estudio han ignorado en gran medida hasta ahora.

Lo has adivinado, ¿verdad? Efectivamente, los observadores.

La *no renormalizabilidad*, una expresión que se emplea en la física de vanguardia, es un concepto complejo, pero se reduce básicamente a que la física y las matemáticas que funcionan a una escala no funcionan de ninguna de las maneras a una escala distinta. Una teoría no renormalizable es aquella en la que el fenómeno o grupo de fenómenos que describe siguen estando matemáticamente controlados a una escala espacial concreta (por ejemplo, pequeña), pero a una escala diferente (por ejemplo, mayor) ese control puede perderse por completo, lo que significa que las matemáticas y la física ya no funcionan. Una teoría no renormalizable es parecida a una lupa. Imagina a un naturalista que está utilizando una lupa para estudiar un objeto: a la distancia adecuada, ese instrumento magnificador le permite ver el objeto con gran claridad. Sin embargo, en cuanto aleja la lupa del objeto, la imagen se distorsiona ligeramente. Si aleja la lupa todavía más, la imagen se vuelve irreconocible. Lo mismo ocurre en nuestro caso; no sabemos cuál es realmente la estructura correcta de la realidad cuando la describe una teoría no renormalizable: de acuerdo con ella, la estructura de la realidad cambia drásticamente si, después de haberla estudiado a una escala, la examinamos a otra escala distinta. Entonces el lenguaje —es decir, la física y las matemáticas— que necesitamos para explicar lo que vemos se complica hasta tal punto que acaba siendo *infinita e incontrolablemente complicado* cuando se trata de una escala de cierta magnitud.

La teoría de la relatividad explica de maravilla el comportamiento de la fuerza gravitatoria, pero el continuo liso y fluido del espaciotiempo einsteiniano y el accidentado y enrevesado mundo cuántico no se llevan bien. Cuando intentamos utilizar el lenguaje de la mecánica cuántica para describir la gravedad, todo lo que podemos medir como observadores (por ejemplo, la curvatura del espaciotiempo o la energía almacenada en el volumen de una unidad de materia) estalla infinita e incontrolablemente, y al instante nos perdemos en infinitudes matemáticas sin posibilidad de hacer predicciones significativas o definir cantidades medibles.

Quizá podamos comprender la frustración que debieron de sentir los físicos del pasado siglo cada vez que se encontraban en esta situación irresoluble si imaginamos cómo sería que los objetos cotidianos se comportasen de la misma manera. Cuando el genio escocés John Dunlop inventó los neumáticos para bicicletas a finales del siglo XIX, conocía bien las propiedades del caucho. Pero imagina que sus neumáticos hubieran funcionado tal y como estaba previsto únicamente mientras la bicicleta viajara a menos de ocho kilómetros por hora. ¿Cuál no habría sido su desconcierto si, en cuanto el ciclista superaba esa velocidad, el caucho hubiera perdido la flexibilidad y se hubiera vuelto rígido y tan pegajoso de repente que la rueda se quedaba pegada a la carretera? Y no solo eso, sino que además ninguna investigación científica supiera explicar ese cambio drástico que, por la alteración de condiciones en apariencia irrelevantes, convertía instantáneamente algo funcional en algo inservible. ¡Imagina el estupor del pobre John! Pues bien, el que las teorías de la gravedad cuántica se transformen en modelos inservibles cuando se aplican a determinadas escalas ha dejado perplejos en la misma medida a los más eminentes físicos teóricos.

Sin embargo, una nueva investigación realizada por el físico teórico Dmitriy Podolskiy, en colaboración con uno de los autores (Lanza), y Andrei Barvinsky (uno de los principales teóricos del mundo en materia de gravedad y cosmología cuánticas) ha revelado algo muy notable,[*] y es que esa exasperante incompatibilidad entre la mecánica cuántica y la relatividad general desaparece si se tienen en cuenta las propiedades de los observadores, es decir, de ti y de mí.

La física clásica entiende que podemos medir el estado físico de un objeto de investigación sin perturbarlo en ningún sentido. Parece razonable pensar esto si nos basamos en nuestra experiencia cotidiana. Cuando miramos un avión para determinar su posición con respecto al suelo y saber si ha despegado ya, o si está aterrizando, no

---

[*] N. de los A.: El apéndice 3 reproduce íntegramente una preimpresión del artículo en arXiv:2004.09708v2, 7 de junio del 2020.

influimos lo más mínimo en su estado a menos que seamos los pilotos que van a bordo o los controladores de vuelo. Y si el estado de los objetos físicos no se altera porque los midamos, entonces basta investigarlos o estudiar cómo responden a las influencias externas para poder crear una teoría física que los describa con precisión.

Pero, como hemos visto a lo largo del libro, en el reino de la cuántica las cosas son considerablemente más complicadas: las propiedades son una cuestión de probabilidad, y nuestras mediciones no solo perturban la realidad que observamos, sino que la crean. Y la gravedad cuántica no es una excepción. Nuestro amigo Wheeler denominó *espuma cuántica* (a veces se utiliza la expresión *espuma del espaciotiempo*) a lo que podría ser, en el nivel cuántico, un espaciotiempo lleno de diminutas fluctuaciones, en lugar de la aparente lisura que observamos a mayores escalas. Esas fluctuaciones provocan pequeñas alteraciones en las trayectorias de las partículas y, si los científicos son capaces de detectarlas, pueden medir ese espaciotiempo gravitacional cuántico. Ahora bien, si son muchos los observadores que miden continuamente el estado de esa espuma del espaciotiempo gravitacional cuántico (en particular, para determinar cuánto se curva el espaciotiempo) y luego intercambian información sobre los resultados de sus mediciones, resulta que la presencia de los propios observadores perturba significativamente la estructura de los estados físicos de la materia y del propio espaciotiempo. En otras palabras, simplificando mucho: para esas leyes de la realidad, es muy importante cuántos estamos aquí estudiándola o sondeándola y qué nos comunicamos unos a otros sobre los resultados de nuestras mediciones.

La naturaleza de este inusual fenómeno se remonta a un importante descubrimiento realizado a finales de los años setenta del siglo pasado por el físico italiano Giorgio Parisi y su colaborador griego Nicolas Sourlas. A grandes rasgos, la explicación técnica que dan los autores es que un sistema físico que existe en $(D + 2)$ dimensiones del espaciotiempo en presencia de un desorden que influye en sus estados físicos es en gran medida equivalente a un sistema similar que exista en D dimensiones espaciotemporales sin ningún desorden. Dicho de otro modo, cuando se incorporan componentes de desorden o aleatoriedad a un sistema físico, la complejidad de este aumenta.[*] Pero ¿qué significa esto realmente y qué nos dice?

En primer lugar, conviene aclarar lo que entendemos por «desorden». Cuando Parisi y Sourlas hablan de la presencia de un desorden, se refieren a la aplicación de una fuerza aleatoria externa al sistema físico de interés en diferentes puntos del espaciotiempo. Se produce un caso de «desorden» cuando varios observadores miden el estado de un mismo sistema físico (por ejemplo, la cantidad de movimiento o la densidad de la energía, o, si el sistema que se estudia es el propio espaciotiempo, la curvatura de este) en puntos aleatorios.

En segundo lugar, recordemos que la dimensionalidad de un objeto o de un espacio es el número de direcciones completamente independientes en las que nos podemos mover a lo largo del objeto o en el espacio. Por ejemplo, un cable muy fino es básicamente un objeto unidimensional, ya que ofrece una sola dirección en la que desplazarse, que es en sentido longitudinal. Una hoja de papel es bidimensional (tiene longitud y anchura), mientras que un cubo o un cilindro son tridimensionales (se caracterizan por su longitud, anchura y altura). Como nos enseñó Einstein, el espaciotiempo en el que vivimos es tetradimensional, y el papel de esa cuarta dimensión lo desempeña el tiempo.

Ahora podemos formular con más claridad la conclusión a la que llegaron Parisi y Sourlas: en general, la presencia de observadores distribuidos por el espaciotiempo y que miden aleatoriamente el estado de la realidad provoca un *aumento efectivo de la dimensionalidad* del espaciotiempo en el que reside el sistema físico que se está investigando.

---

[*] N. de los A.: Por sorprendente que resulte, las investigaciones demuestran repetidamente que los sistemas de baja dimensionalidad son casi en todos los casos más complicados que los de alta dimensionalidad y tienen sobre todo una dinámica mucho más compleja.

De acuerdo, pero ¿qué tiene esto que ver con la «no renormalizabilidad» de la gravedad y los esfuerzos por unificar los dos pilares de la física?

Pues bien, resulta que la «no renormalizabilidad» y la «dimensionalidad del espaciotiempo» están íntimamente relacionadas. Por lo común, cuanto más se apoya una teoría en la dimensionalidad del espaciotiempo, más probable es que esa teoría sea no renormalizable.

Consideremos por ejemplo la «electrodinámica cuántica», que investiga la dinámica cuántica de los campos electromagnéticos y su interacción con las cargas eléctricas. La teoría de la electrodinámica cuántica, desarrollada por Richard Feynman y otros físicos en la década de 1950, y que es extensible al noventa y cinco por ciento de los fenómenos físicos que vemos a nuestro alrededor, ha demostrado mantenerse absolutamente bajo control en todas las escalas espaciales (lo que quiere decir que es renormalizable) siempre que las dimensiones del espaciotiempo sean dos, tres o cuatro, pero deja de comportarse debidamente (es decir, se convierte en no renormalizable) si el número de dimensiones del espaciotiempo es de cinco o más.* De forma similar, el modelo estándar de la física de altas energías —que incluye las interacciones débil, fuerte y electromagnética que nos rodean en la vida cotidiana— deja de funcionar cada vez que el número de dimensiones es superior a cuatro.

Los físicos inventaron una denominación para este umbral: lo llamaron *dimensión crítica superior*. Una teoría se convierte en no renormalizable (es decir, se trastorna, las matemáticas dejan de funcionar) si la dimensionalidad del espaciotiempo en el que se define

---

* N. de los A.: Una nota al margen. ¿Cómo puede la dimensionalidad del espaciotiempo ser mayor de cuatro? Vas a tener que apelar al pensamiento abstracto para imaginarlo. Piensa de nuevo en una hoja de papel plana (un objeto bidimensional), que está colocada en algún lugar de un espacio tridimensional (sobre tu mesa). Una hormiga que se desplazara por el papel no sabría que el mundo real que la rodea es tridimensional (en realidad tetradimensional, si tenemos en cuenta el tiempo). La misma lógica puede aplicarse a nosotros: nuestro mundo tetradimensional probablemente podría estar encajado en uno pentadimensional y no notaríamos la diferencia.

es superior a esa dimensión crítica superior. En el caso de la mayor parte de las interacciones físicas (débil, fuerte y electromagnética), la dimensión crítica superior resulta ser cuatro, ¡lo cual coincide exactamente con la dimensionalidad del espaciotiempo en el que vivimos! De hecho, esta es la razón por la que la física teórica ha sido capaz de describir con tal precisión numerosos fenómenos físicos que ocurren en el mundo cuántico de la física de altas energías.

Pero se nos acaba la suerte cuando llegamos a la gravedad cuántica. El número crítico de dimensiones del espaciotiempo por encima del cual las teorías de la gravedad cuántica empiezan a descontrolarse es de dos, una dimensión para el tiempo y otra para el espacio. Y dado que las dimensiones del espaciotiempo en el que vivimos son cuatro, esto significa que la gravedad cuántica está *a dos dimensiones espaciotemporales* de poder ser una teoría controlable.

Bien, si nos atenemos a la lógica de Parisi y Sourlas que hemos descrito brevemente —según la cual un sistema situado en el espaciotiempo con dimensionalidad D + 2 *en presencia* de desorden equivale aproximadamente a un sistema situado en el espaciotiempo con dimensionalidad D *sin* desorden—, vemos que la gravedad cuántica en cuatro dimensiones espaciotemporales en presencia de un gran número de observadores (desorden) es, de hecho, igual a la gravedad cuántica en un espaciotiempo de dos dimensiones menos, es decir, bidimensional. Como tenemos perfecto control sobre dicha teoría y sabemos muy bien cómo funciona a todas las escalas, esto resuelve la antigua paradoja de la incompatibilidad entre la relatividad general y la mecánica cuántica.

Examinemos ahora las fascinantes consecuencias de esta revelación para ver la prueba científica irrefutable en la que se fundamenta que la presencia de observadores no solo influya en la realidad física sino que además la *defina*.

En primer lugar, si creemos que la realidad descrita por una combinación de la teoría de la relatividad general de Einstein (que funciona a grandes escalas espaciotemporales) y la mecánica cuántica (que funciona a pequeñas escalas) existe y hace que la naturaleza opere exquisitamente como un todo, entonces dicha realidad debe contener también observadores de una forma u otra. Sin una red de observadores que midan continuamente las propiedades del espaciotiempo, la combinación de la relatividad general y la mecánica cuántica deja de funcionar. Así que es inherente a la estructura de la realidad que los observadores que viven en un universo gravitacional cuántico compartan información sobre los resultados de sus mediciones y creen un modelo cognitivo globalmente acordado.

Recuerda que, una vez que mides algo (por ejemplo, la ubicación de un electrón en un experimento de física de partículas, la longitud de una onda electromagnética o la curvatura del espaciotiempo que define la atracción gravitatoria entre dos cuerpos), se colapsa la función de onda, y queda así «localizada» la probabilidad de obtener el mismo valor al volver a medir esa cantidad física (como se muestra en la figura 14.1). Esto significa que si seguimos midiendo la misma cantidad una y otra vez mientras tenemos en mente el resultado de la primera medición, el resultado que aparecerá será en todos los casos bastante similar al primero. Una ilustración muy simplificada de esto es el famoso experimento de la doble rendija, de Richard Feynman. Imagina una pared con dos rendijas y dos detectores de electrones (por ejemplo, unas placas fotográficas) detrás de ellas. Si lanzamos continuamente electrones hacia la pared, ambas placas acaban mostrando señales causadas por el impacto de los electrones. Una vez que un electrón golpea la placa, la señal queda fijada en ella, y seguiremos viendo esa misma huella la segunda vez que miremos la placa fotográfica y todas las veces sucesivas. Los físicos dicen que la función de onda de la partícula elemental que es el electrón se «colapsa» en el momento en que este choca con la placa fotográfica o, en otras palabras, que el proceso de «decoherencia» se produce en ese instante. Aunque este resultado parece bastante determinista, en comparación con la forma probabilística en que sabemos que opera la mecánica cuántica, su naturaleza cuántica se reflejará en el patrón de interferencia ondulado que mostrarán las placas después de que múltiples electrones hayan chocado contra ellas uno tras otro.

Si no se realiza ninguna medición, las ondas de probabilidad de que varias cantidades observables (como la curvatura del espacio-tiempo) posean determinados valores fijos se difuminan, colisionan unas con otras y se dispersan, de modo que la realidad física sigue siendo un desorden voluble, indeterminado: la espuma cuántica subyacente. La medición o una secuencia de mediciones colapsa estas ondas de probabilidad y las destila de la espuma cuántica.

Si alguien te cuenta qué resultados ha obtenido en sus mediciones de una cantidad física, conocer esos resultados también influirá en los que tú obtengas de tus propias mediciones; fijará la realidad en un punto de consenso entre tus mediciones y las de otros observadores. En este sentido, un consenso de opiniones diferentes sobre la estructura de la realidad define su propia forma.

Recuerda que el tiempo, así como la dirección de la flecha del tiempo, se define por el colapso de la función de onda (o decoherencia). Una vez que se produce ese colapso temporal, podemos empezar a hacernos preguntas sobre la *dinámica* del proceso de decoherencia referente a otras cantidades físicas que, como observadores, podemos medir. Esta dinámica —a qué velocidad se produce el colapso de la imprecisión cuántica y se concreta un determinado valor de las cantidades medibles, cuánto tiempo permanece colapsada, la estructura detallada de las ondas de probabilidad que definen la realidad que observamos— depende en gran medida de cómo estén distribuidas en el espaciotiempo las mediciones u observaciones de los distintos observadores. Si hay muchos observadores y es muy grande el número de observaciones que se realizan, las ondas de probabilidad de la medición de una cantidad macroscópica permanecen en gran medida «localizadas», sin extenderse demasiado, y la realidad es principalmente fija; solo de tanto en tanto se desvía un poco del consenso. (A grandes rasgos, un criterio cuantitativo aplicable a esto es que la escala espaciotemporal característica del objeto o proceso que se esté investigando debe ser mayor que el intervalo característico entre las sucesivas mediciones; por ejemplo, si queremos medir la atracción gravitatoria de nuestro planeta, deberíamos hacer mediciones a intervalos más cortos que el tiempo necesario para atravesar el diámetro de la Tierra a la velocidad de la luz, que es también la velocidad de la gravedad). Dentro del espaciotiempo de fondo, tanto la velocidad a la que la estructura probabilística del universo se colapsa hacia el consenso como la posibilidad de que se produzcan desviaciones de ese consenso varían ligeramente de un lugar a otro, en función de la densidad de las observaciones, del número de observadores presentes, de la rapidez con la que se transmiten información sobre sus mediciones unos a otros y de la intensidad con la que interactúan con las distintas partes de la realidad objetiva que intentan medir (figura 14.1). Esa variación se puede verificar, lo mismo mediante experimentos reales que mediante simulaciones numéricas de una diversidad de sistemas mecánico-cuánticos. Numéricamente ya se ha comprobado, y se comprobará experimentalmente en el futuro próximo.

Las simulaciones numéricas con que se evaluó la validez física de estos fenómenos fueron los llamados «métodos de Montecarlo», que suelen utilizarse en problemas físicos y matemáticos sobre todo cuando es difícil o imposible emplear otros procedimientos experimentales. Este método de simulación se ideó durante el Proyecto Manhattan, para el desarrollo de armas nucleares, y demostró por primera vez su eficacia como medio de investigar, por ejemplo, cómo atraviesan los neutrones el blindaje contra la radiación. En el caso de los problemas actuales relacionados con la física de altas energías, los métodos de Montecarlo nos permiten simular sistemas con muchos grados de libertad emparejados, como los fluidos, los materiales desordenados, los sólidos fuertemente acoplados y las estructuras celulares, con el único inconveniente de la enorme cantidad de potencia informática que requieren. Las simulaciones utilizadas en el nuevo estudio de Podolskiy-Barvinsky-Lanza se realizaron utilizando el enorme aglomerado de ordenadores del MIT (Instituto Tecnológico de Massachusetts).

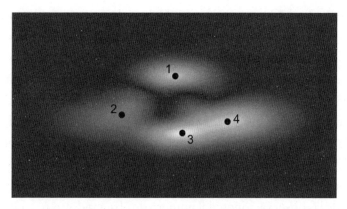

Figura 14.1 *El consenso define la realidad: valor probable de la curvatura del espaciotiempo que obtendrán al medirlo cuatro observadores situados cerca unos de otros. Los observadores 1 y 2 no se conocen entre sí y posiblemente los separe una gran distancia; como consecuencia, los resultados de sus mediciones son ligeramente distintos. Los observadores 3 y 4 intercambian información sobre sus mediciones (¡quizá esos dos puntos describen incluso al mismo observador!) y el valor que obtenga al medir la curvatura del espaciotiempo uno de ellos será probablemente el mismo que obtenga el otro.*

Tal vez te preguntes qué pasaría si solo hubiera un observador presente en todo el universo. ¿Cómo cambiaría la imagen que acabas de ver? ¿Se colapsarían en ese caso las ondas probabilísticas que describen la realidad física de nuestro universo? ¿Sería entonces la gravedad cuántica una teoría válida? La respuesta depende de si el observador es consciente, de si recuerda los resultados que ha obtenido al examinar la estructura de la realidad objetiva y de si construye o no un modelo cognitivo de esa realidad.

En el caso de un solo observador consciente, la secuencia de mediciones que realiza se asemeja a una red aleatoria de eventos de medición que se van transmitiendo uno a otro, entre una medición y la siguiente, información detallada sobre los resultados obtenidos: la línea de mundo de un solo observador no es más que una secuencia de puntos o eventos muy próximos unos a otros en el espaciotiempo. En otras palabras, un único observador consciente puede definir completamente esta estructura. Su observación provoca un colapso de las ondas de probabilidad, lo cual pone fin a la imprecisión cuántica y fija una determinada estructura real, que estará muy próxima al modelo cognitivo que el observador construya mentalmente a lo largo de su vida. A medida que los resultados experimentales confirmen todo esto, tendremos que reconfigurar de una vez nuestra manera de entender la realidad. Ya es hora de que nos demos cuenta de lo íntimamente conectados que estamos con las estructuras del universo en todos los niveles.

Con este nuevo estudio de Podolskiy-Barvinsky-Lanza, parece que por fin tenemos pruebas indiscutibles de que *los observadores definen en última instancia la estructura de la propia realidad física*.

Algo muy importante es que este estudio se basa en las teorías científicas de vanguardia que casi todos los físicos aceptan. La única diferencia es que esas teorías físicas del universo que cuentan con la aceptación de la comunidad científica, y que abarcan todo lo que se ha propuesto desde Einstein hasta Hawking, pasando por la teoría de cuerdas, se basan en algo que existe fuera y más allá de nosotros, ya se trate de campos, espuma cuántica, velocísimos fotones o lo que sea.

La conclusión a la que nos lleva inexorablemente no solo este libro, sino la propia historia de la física, es que el mundo está definido por el observador, independientemente de si creemos en universos múltiples o en el simple colapso de la función de onda, de si aceptamos la interpretación de Copenhague, de si nos atrae o nos repele la teoría de cuerdas y de todo lo demás. No se puede obviar el hecho de que el cosmos es biocéntrico.

Estamos viviendo un profundo cambio en la manera de concebir el mundo: la idea de que el mundo físico es una entidad totalmente formada que existe en el exterior, independiente de nosotros, al fin está dando paso a una concepción en la que el mundo nos pertenece al observador y observadora vivos. A nosotros.

Y podemos añadir por tanto los principios décimo y undécimo del biocentrismo:

PRINCIPIOS DEL BIOCENTRISMO

Primer principio del biocentrismo: lo que percibimos como realidad es un proceso en el que necesariamente participa la conciencia. Una realidad externa, si existiese, tendría que existir por definición en el marco del espacio y el tiempo. Pero el espacio y el tiempo no son realidades independientes, sino herramientas de la mente humana y animal.

Segundo principio del biocentrismo: nuestras percepciones externas e internas están inextricablemente entrelazadas; son las dos caras de una misma moneda que no se pueden separar.

Tercer principio del biocentrismo: el comportamiento de las partículas subatómicas, y en definitiva de todas las partículas y objetos, está inextricablemente ligado a la presencia de un observador. Sin la presencia de un observador consciente, existen como mucho en un estado indeterminado de ondas de probabilidad.

Cuarto principio del biocentrismo: sin conciencia, la «materia» reside en un estado de probabilidad indeterminado. Cualquier universo que pudiera haber precedido a la conciencia habría existido solo en un estado de probabilidad.

Quinto principio del biocentrismo: solo el biocentrismo puede explicar la estructura del universo porque el universo está hecho con precisión absoluta para la vida, lo cual tiene mucho sentido, ya que la vida crea el universo, y no al contrario. El «universo» es sencillamente la lógica espaciotemporal completa del sí-mismo.

Sexto principio del biocentrismo: el tiempo no tiene existencia real fuera de la percepción sensorial animal. Es el proceso mediante el cual percibimos los cambios del universo.

Séptimo principio del biocentrismo: el tiempo no es un objeto o una cosa, y el espacio tampoco lo es. El espacio es otra manifestación de nuestro entendimiento animal y carece de realidad independiente. Llevamos el espacio y el tiempo con nosotros allá adonde vayamos como llevan las tortugas consigo su caparazón. Así pues, no hay una matriz absoluta con existencia propia e independiente en la que ocurran los acontecimientos físicos.

Octavo principio del biocentrismo: solo el biocentrismo es capaz de explicar la unidad de la mente con la materia y el mundo, al mostrar cómo la modulación de la dinámica de los iones en el cerebro a nivel cuántico permite que todas las partes del sistema de información que asociamos con la conciencia estén simultáneamente interconectadas.

Noveno principio del biocentrismo: existen varias relaciones básicas, denominadas «fuerzas», que la mente utiliza para construir la realidad. Tienen sus raíces en la lógica de cómo interactúan entre sí los diversos componentes del sistema de información para crear la experiencia tridimensional a la que llamamos conciencia o realidad. Cada fuerza describe cómo interactúan las unidades de energía a diferentes niveles, empezando por las fuerzas fuertes y débiles (que gobiernan la forma en que las partículas se mantienen unidas o se separan en el núcleo de los átomos) y ascendiendo hasta el electromagnetismo y la gravedad (que domina las interacciones a escala astronómica, como el comportamiento de los sistemas solares y las galaxias).

Décimo principio del biocentrismo: los dos pilares de la física —la mecánica cuántica y la relatividad general— pueden conciliarse solo si se nos tiene en cuenta a los observadores.

Undécimo principio del biocentrismo: los observadores definimos, en última instancia, la estructura de la realidad física —los estados de la materia y el espaciotiempo— incluso aunque exista «un mundo real» fuera y más allá de nosotros, ya sea un mundo de campos, de espuma cuántica o de cualquier otra entidad.

LOS SUEÑOS Y LA REALIDAD MULTIDIMENSIONAL

15

Era solo un sueño, pero tan real que la vida podía aprender de él.

–MATEJ BOR

Ahora que estamos llegando al final de nuestro recorrido, y que hemos visto pruebas irrefutables del biocentrismo, vamos a dejar a un lado conceptos como «renormalizabilidad», que en cualquier reunión social pararían en seco la conversación, y a mirar qué significa todo eso en relación con un fenómeno que a todos nos es familiar pero que, a pesar de formar parte de nuestra vida diaria (o nocturna), tiene enigmáticas implicaciones para este estudio de la conciencia; nos referimos a los sueños.

Los secretos que los sueños pueden ayudarnos a desvelar se derivan, en última instancia, del hecho básico y obvio subrayado por el biocentrismo: que la realidad es siempre un proceso en el que interviene nuestra conciencia.

Estamos convencidos de que el mundo en el que se desarrolla nuestra vida cotidiana es más real y más independiente de nosotros que el mundo de nuestros sueños, de que cumplimos una función menos relevante en cómo se manifiestan. Sin embargo, los experimentos muestran que la realidad cotidiana es tan dependiente del observador como lo son los sueños.

Hemos repetido una y otra vez a lo largo del libro que todo lo que experimentamos es un simple torbellino de información que ocurre en nuestra cabeza. Y cuando decimos «todo», queremos decir literal y absolutamente todo.

Esto significa que no hay lugar para marcos externos. De hecho, como hemos visto, el biocentrismo nos dice que el espacio y el tiempo no son entidades reales, sino términos que designan los instrumentos que nuestra mente utiliza para conectar y ajustar la información. El tiempo y el espacio son una de las claves de la conciencia y explican por qué, en los experimentos realizados con partículas, las propiedades de la materia son siempre relativas al observador, en lugar de independientes, objetivas y absolutas.

Mientras nos ocupamos de los asuntos de nuestra vida, no nos damos cuenta de que es la mente la que organiza y ensambla en todo momento las piezas porque es un proceso automático. Ocurre sin nuestra intervención consciente. Están integrados en nosotros los mecanismos ocultos que lo ponen en marcha. Pero no sabemos si alguna vez se te ha ocurrido pensar que ese mismo proceso de creación de una realidad tridimensional aparentemente externa está en la base de los sueños. Debido a que el reino de los sueños y el de la percepción despierta se clasifican generalmente por separado, y solo uno de ellos se considera «real», rara vez forman parte del mismo debate. Sin embargo, uno y otro tienen interesantes puntos en común que nos dan pistas sobre el funcionamiento de la conciencia. Ya estemos despiertos o soñando, el proceso que experimentamos es el mismo, aunque produzca realidades cualitativamente diferentes. Tanto en los sueños como en las horas de vigilia, nuestra mente colapsa las ondas de probabilidad para generar una realidad física que se nos da completa, con un cuerpo plenamente funcional. Y el resultado de esta magnífica orquestación es una interminable capacidad de experimentar sensaciones en un mundo tetradimensional.

La génesis del reino de los sueños está en el simple hecho de que todos los organismos duermen. No podemos vivir las horas de vigilia si no dormimos en algún momento; los experimentos demuestran que un organismo privado de sueño morirá. En cada ciclo de sueño nocturno, hay una fase en la que soñamos, llamada REM,* y una fase sin sueños, o no REM. Al despertar, a menudo recordamos lo que hemos soñado, pero no tenemos ningún recuerdo de lo que ha sucedido durante la fase de sueño no REM. Esto se debe a que, durante una fase no REM, el paquete de ondas se expande hasta tal punto que la mayoría de sus ramas están desacopladas unas de otras y no hay interacciones ni entrelazamiento entre ellas. Luego, cuando despertamos, volvemos a encontrarnos en una de esas ramas y experimentamos el mundo que nos es familiar. Sin embargo, durante la fase de sueño REM, es decir, mientras soñamos, aunque las ramas de la función de onda estén expandidas, no son totalmente independientes ni están desacopladas unas de otras; y una vez que estamos de vuelta en la realidad consensuada, la memoria tiene acceso a esas otras ramas o mundos.

Quién no ha tenido la experiencia de despertarse de un sueño que parecía tan real como la vida cotidiana, aunque lo que veía y experimentaba fuera totalmente desconocido para su ser despierto. «Recuerdo —contaba uno de los autores (Lanza) en un artículo del *Huffington Post*— estar mirando desde arriba un puerto abarrotado de gente en primer plano. Más allá, varios barcos libraban una batalla. Y aún más lejos, un acorazado con una antena de radar daba vueltas a su alrededor. Mi mente había creado esta experiencia espaciotemporal a partir de información electroquímica. Sentía incluso los guijarros bajo los pies, y eso fusionaba aquel mundo tridimensional con mis sensaciones "internas". La vida, tal como la conocemos, está definida por esa lógica espaciotemporal que nos atrapa en el universo con el que estamos familiarizados. Y, sin embargo, los resultados

---

* N. de los A.: REM (por sus siglas en inglés, *rapid eye movement*) significa 'movimientos oculares rápidos'.

experimentales de la teoría cuántica confirman que, como en aquel sueño, en el mundo "real" las propiedades de las partículas están determinadas por el observador».

No damos importancia a los sueños, porque terminan cuando nos despertamos y también por lo enigmáticos que suelen ser. Los investigadores que llevan décadas estudiando el sueño en los laboratorios siguen sin poder explicar por qué los sueños de primeras horas de la noche giran en torno a los últimos acontecimientos del día mientras que los sueños posteriores tienen un contenido mucho más surrealista. Los especialistas aún no comprenden del todo por qué solo soñamos durante aproximadamente dos horas en total, ni por qué es tan frecuente que experimentemos durante el sueño emociones abrumadoramente negativas, ni por qué los típicos sueños de cinco minutos de las once de la noche dan paso, justo antes del amanecer, a prolongadas ensoñaciones que duran diez veces más.

Pero la transitoriedad de la experiencia no es razón suficiente para restarle importancia. Indudablemente, no pensamos que nuestra experiencia de la vida cotidiana sea menos real porque termine cuando nos dormimos o cuando morimos. Es cierto que no recordamos lo que ocurre en los sueños con la misma precisión que los acontecimientos de las horas de vigilia, pero el que los enfermos de alzhéimer tengan poco recuerdo de los acontecimientos no nos hace pensar que su experiencia sea menos real ni pensamos que quienes toman drogas psicodélicas no experimentan la realidad física durante sus «viajes», incluso aunque su experiencia espaciotemporal esté distorsionada o no recuerden todo lo que han experimentado, una vez que el efecto de las drogas desaparece.

También es posible que los sueños nos parezcan irrelevantes e irreales porque, según han descubierto los investigadores del sueño, están estrechamente asociados a determinados patrones de actividad cerebral. Pero ¿son irreales nuestras horas de vigilia porque estén igualmente vinculadas a la actividad de nuestras neuronas? Y de esto no hay duda, la lógica biofísica de la conciencia, tanto durante un sueño como en las horas de vigilia, tiene siempre un origen, es decir, proviene de algo existente en el espaciotiempo, ya sean las neuronas o el *big bang*.

Los sueños tienen que ser mucho más que el simple resultado de una serie de descargas neuronales producidas al azar, que es la explicación que dan algunos. Y tienen que ser también mucho más que una activación aleatoria de recuerdos contenidos en los circuitos del cerebro. Es cierto que los sueños suelen contener una mezcla de emociones y episodios que hemos experimentado en el estado de vigilia, pero con frecuencia aparecen además personas, rostros e interacciones que nunca hemos experimentado antes. Un sueño es una narración instantánea e ininterrumpida que a menudo parece igual de real que la propia vida. ¿Cómo se puede pensar que ese tapiz de interacciones y situaciones tan enormemente complejas sea nada más que el resultado de descargas eléctricas aleatorias? Porque, en los sueños, no nos limitamos a observar un «mundo exterior» y a grabar en pasividad una serie de recuerdos en los circuitos neuronales. ¿Cómo es posible que el cerebro haga esto, cómo se fabrican desde cero todos los componentes de la experiencia? Mientras soñamos, no estamos observando acontecimientos ni percibiendo estímulos. Estamos en la cama, durmiendo, y sin embargo nuestra mente es capaz de crear con la mayor precisión personas y situaciones nuevas y hacer que todo ello interactúe con la mayor naturalidad en cuatro dimensiones. Estamos en presencia de un hecho asombroso: la capacidad de la mente para convertir pura información en una realidad dinámica multidimensional. En realidad, estás creando espacio y tiempo, no solo operando dentro de ellos como si fueras un personaje de un videojuego.

Aunque es más fácil apreciar lo asombroso que es este proceso aplicado a los sueños, es el mismo proceso que, como te hemos contado a lo largo del libro, da lugar a nuestra vida no soñada. Según el biocentrismo, *siempre* hacemos más que observar la realidad: la creamos.

Y en los sueños, como en la vida «real», el colapso de las ondas de probabilidad es el factor clave de las realidades multidimensionales que la mente crea.

En los sueños colapsamos las ondas de probabilidad igual que cuando estamos despiertos. Sin embargo, durante el sueño, el cerebro tiene menos limitaciones, ya que no necesita obedecer a los estímulos sensoriales, que a su vez están limitados por las leyes físicas, y la mente puede así crear experiencias de cualidad muy distinta a las del mundo consensuado del que somos conscientes durante el día.

En el capítulo catorce decíamos que la presencia de redes de observadores expandidas define la estructura de la propia realidad física. En los sueños, salimos del universo consensuado y podemos experimentar un modelo cognitivo de la realidad alternativo, muy, muy diferente del que compartimos con otros observadores mientras estamos despiertos. En los sueños, la estructura precisa de la función de onda del universo que nos rodea está deslocalizada y, por tanto, es muy inestable. Esto explica por qué a menudo tenemos más libertad de acción mientras soñamos; los valores de los observables que representan la base de la realidad son más fluidos. Como explicábamos igualmente en el capítulo catorce, la presencia o ausencia de una red de observadores influye en la propia dimensionalidad del universo. En los sueños, el número de dimensiones puede cambiar también, dependiendo de la información específica que la mente incluya en el mundo que construye.

No es raro que los sueños sean muy vívidos, pero Lanza recuerda uno en concreto que destaca entre todos los demás. Las imágenes de este sueño tenían una resolución a la que nada que hubiera experimentado antes podía compararse: era como haber estado viendo una película antigua de textura granulada y estar de repente ante una de ultraalta definición. En el sueño, experimentó una nueva dimensión espacial que le permitía ver (con claridad cristalina) tanto el interior como el exterior de los objetos que observaba desde todos los lados o direcciones *al mismo tiempo*. Durante dos o tres minutos después de despertarse, antes de que el sueño se desvaneciera de su mente por completo, fue capaz de ir y venir entre la construcción tetradimensional (una dimensión temporal + tres dimensiones espaciales) de su realidad de vigilia y la construcción pentadimensional (una dimensión temporal + cuatro dimensiones espaciales) de su sueño. Aunque todavía tiene recuerdos de este periodo de transición, ese mundo de cinco dimensiones no se puede experimentar en la realidad tetradimensional de consenso de la que tú, yo y todos los que estáis leyendo este libro formamos parte como colectivo.

El biocentrismo dice que el espacio y el tiempo son herramientas de la mente, y los sueños parecen ser una prueba más de que es así. Porque si el espacio y el tiempo tuvieran realmente existencia física externa, como en general se cree, ¿qué posibilidad tendríamos de crear algo de idéntica cualidad dentro de los confines de nuestro cerebro soñador?

Figura 15.1 *¿En qué consiste experimentar una realidad pentadimensional? Los sueños demuestran que la mente tiene capacidad para estructurar realidades multidimensionales, tanto en 4D (una dimensión temporal + tres espaciales) como, en algunos casos, incluso en 5D (una dimensión temporal + cuatro espaciales). Una manifestación de esta última es la capacidad de ver el interior y el exterior de un objeto desde todas las perspectivas espaciales simultáneamente en cada instante del tiempo.*

En capítulos anteriores hemos explicado que lo que percibimos como realidad es el resultado del colapso de la función de onda. La función de onda es una descripción matemática de la experiencia consciente asociada a las mediciones y observaciones físicas del mundo. Colapsamos la función de onda durante la observación, utilizando los sentidos de la vista, el oído, el tacto...; y en estado de vigilia hacemos observaciones casi constantes, lo que significa que a cada momento provocamos el colapso de la función de onda que de otro modo (es decir, en ausencia de observaciones) se extendería en el abstracto «espacio de Hilbert» de posibilidades sin fin.* Un modelo sencillo de esto es el ejemplo básico que describíamos en el capítulo diez de cómo se propaga un paquete de ondas. Cuando nos dormimos, las observaciones y mediciones cesan, y la función de onda empieza así a extenderse y a incorporar muchos «mundos» o experiencias posibles. Entonces tenemos el potencial de «crear» cualquiera de esos mundos posibles con solo colapsar la función de onda correspondiente. Mientras dormimos, vagamos por el espacio de Hilbert y experimentamos el colapso de la función de onda de numerosas y diversas maneras. En determinado momento, la función de onda de nuestras experiencias se colapsa de tal modo que nos despertamos en la misma cama y la misma habitación en la que recordamos habernos acostado la noche anterior. Recordamos quiénes somos y cómo nos llamamos y tenemos memoria de acontecimientos de la vida anteriores. Pensamos que la experiencia nocturna ha sido solo un sueño y que no era real. Pero, como decíamos, la naturaleza de los sueños y de lo que percibimos como realidad es fundamentalmente la misma. Y esta idea cuenta con el respaldo de la mecánica cuántica.

Así, me despierto por la mañana siendo esta persona, que vive en esta casa, ciudad y país. Pero ese despertar ha sido simplemente uno

* N. de los A.: En matemáticas y física, el concepto de «espacio» puede tener un significado abstracto que va mucho más allá de nuestra noción habitual de espacio. La mecánica cuántica opera con el concepto de «espacio de Hilbert», que es el espacio de todas las funciones de onda posibles, incluidas las que se han colapsado y corresponden a experiencias definidas.

de los posibles colapsos de la gran función de onda que fijan mi experiencia en un mundo definido, como explicábamos en el capítulo siete. Hay muchas otras formas en que puede colapsarse la gran función de onda. Puede colapsarse de forma que describa las experiencias de la persona A, o de forma que describa las experiencias de la persona B, o de cualquier otra persona, o animal, ave, pez o criatura viva.

Esto no significa de ningún modo que haya múltiples conciencias distintas habitando el mismo mundo. En cada caso de colapso de la función de onda, hay un mundo diferente con una única conciencia. Como decíamos igualmente en el capítulo siete, en uno de esos mundos la conciencia experimenta la vida de la persona A y percibe a todas las demás personas como entidades «externas» a A. En otro mundo, la misma conciencia experimenta la vida de la persona B y percibe a todas las demás personas y animales, lo mismo que los árboles, las casas y demás cosas inanimadas, como «externas» a B.

«¿Cómo es ser un murciélago?» es el título de un artículo del filósofo Thomas Nagel publicado en 1974 en la revista *Philosophical Review*. Nagel escribió: «El hecho de que un organismo *tenga* experiencias conscientes significa, básicamente, que existe algo que es *cómo es ser ese organismo* [...] Fundamentalmente, un organismo tiene estados mentales conscientes si, y solo si, existe algo que es *cómo es ser ese organismo*, algo que es *cómo es, para ese organismo, ser*».[*]

Todo a lo largo del libro hemos adoptado la tesis de que ese «algo» es la función de onda, entendida como descripción matemática de la conciencia. La función de onda colapsada que describe las experiencias de la persona A se corresponde con el «algo que es *ser* [la persona A]» de Nagel.

En estado de vigilia, experimentas tu realidad consensuada. Luego te vas a la cama, te duermes y empiezas a soñar. Y cuando te despiertas, vuelves a existir como persona en una realidad consensuada. En sueños, entras en mundos alternativos y pasas de una realidad

---

[*] N. de la T.: Incluido en Thomas Nagel. Ensayos *sobre la vida humana*. México: Fondo de Cultura Económica, 2000. Trad., Héctor Islas.

consensuada a otra, de experimentar la vida de un organismo a experimentar la de otro. Una vez que despiertas, puedes encontrarte siendo cualquier persona, en cualquier época de la vida, sin tener recuerdos de haber sido otra persona o animal. Puedes encontrarte incluso siendo un recién nacido, sin la menor idea sobre la realidad que vives. Si es así, poco a poco vas descubriendo tu realidad, tu mundo. Cada vez que lo observas, colapsas ondas de probabilidad, y así vas creando sin esfuerzo un mundo cada vez más detallado que incluye recuerdos completos que lo reafirman. En las observaciones está incluido también lo que otros te cuentan sobre el mundo y su historia, y de este modo construyes tu realidad consensuada.

Es alucinante lo lejos que hemos llegado con solo seguir el hilo de los descubrimientos de la mecánica cuántica con imparcialidad. Adoptar la idea de que la función de onda es una descripción matemática de la experiencia nos ha traído a la unificación de la realidad cotidiana y los sueños. Y los sueños son a su vez una vívida confirmación de todo lo que hemos explicado sobre el colapso continuo de la onda de probabilidad y su manifestación como experiencia consciente sin fin. Todas las incógnitas que han planteado la mecánica cuántica, los muchos mundos y el colapso de la función de onda, y los grandes enigmas de la conciencia, la realidad y nuestra propia vida y muerte, se desvanecen.

DERROTA DE LA CONCEPCIÓN FISIOCÉNTRICA DEL MUNDO

16

Todo arte falso, toda sabiduría vana, dura su tiempo
pero finalmente se destruye a sí mismo.

–IMMANUEL KANT

Ha sido todo un viaje, tanto para ti como para el resto de la humanidad que ha bregado a lo largo de los siglos por intentar comprender el universo.

En un principio los humanos respondimos con superstición al hecho de que la existencia parecía ser valiosa pero frágil y a que los placeres cotidianos podían sernos arrebatados bruscamente por una inundación o una enfermedad repentina.

Así que, naturalmente, suplicamos primero a los dioses, y más tarde a un solo Dios, que tuvieran misericordia de nosotros y nos perdonaran la vida, y esta política de quejas, lloriqueos y negociaciones con los invisibles superpoderes gobernantes que presumiblemente nos rodeaban constituía en gran medida nuestra concepción colectiva del mundo. Pasaron miles de años y, con el tiempo, los griegos de la Antigüedad y luego los genios del Renacimiento empezaron a darse cuenta de que era más que un capricho sobrenatural lo que regía el mundo; la naturaleza se comportaba de un modo racional, de acuerdo con leyes que nuestra mente podía descifrar.

Esto lo cambió todo, y nuestro conocimiento se expandió a partir de aquí a una velocidad tremenda y tuvo consecuencias asombrosas. Cuando Johannes Kepler demostró que la Tierra, la luna y los restantes planetas se movían en órbitas elípticas y que no solo era posible imaginar cuáles serían sus posiciones futuras, sino que se podían pronosticar con tan alto grado de precisión que era posible prever cuándo un eclipse oscurecería la Tierra, se comprendió que un gran orden gobernaba la naturaleza, y eso era maravilloso.

Pero la concepción del mundo seguía marcada por una fuerte dicotomía. En un principio se había establecido la división entre los cielos y nosotros, mortales terrestres; ahora, la división era entre nosotros y la naturaleza. En el siglo XVII, René Descartes postuló que la mente y la materia eran fundamentalmente distintas una de otra, lo que significaba que la conciencia o percepción estaba separada del resto de la naturaleza. Tanto los hombres de ciencia como el clero dieron su beneplácito a esta separación que nos situaba aparte del grueso del universo: el mundo de la ciencia pensó que, para poder estudiar el cosmos, tenía sentido excluir del proceso nuestras falibles percepciones humanas, y la religión, por supuesto, aprobó la idea de que los humanos éramos más que mera materia.

A medida que el universo crecía a los ojos de la ciencia, nuestro lugar en él se iba reduciendo en sentido inversamente proporcional.

Si por un lado los científicos hacían un denodado esfuerzo por apartar de la religión y la superstición a las masas, no tuvieron problema en promulgar una concepción del mundo en la que la ciencia tenía el poder de dar respuestas y era posible la objetividad pura; en otras palabras, una concepción en la que los observadores sencillamente no importábamos demasiado. Y cuando Edwin Hubble mostró en 1930 que el universo está formado por miles de millones de galaxias, cada una de las cuales contiene miles de millones de estrellas como el sol, y que los planetas son tan incalculablemente numerosos como los copos de nieve en una ventisca, la percepción colectiva de la humanidad cambió. Nos dijimos: «¡Qué pequeños somos! ¡Qué insignificantes!».

De modo que el siglo XX siguió avanzando, y ser «tan poca cosa» resultó tener su atractivo. La insignificancia se había puesto de moda. Los observadores individuales nos considerábamos ahora absolutamente innecesarios. Podíamos desaparecer todos y el cosmos continuaría exactamente igual.

Pero ¿no sigue siendo esto lo que piensa la mayoría de la gente que conoces?

De ahí que los extraños resultados que observaron en sus experimentos los creadores de la teoría cuántica fueran tan tremendamente inquietantes. Porque, una y otra vez, mostraban que parámetros físicos como la posición y el movimiento de un objeto *dependían del observador*.

Por supuesto que durante siglos había habido señales de que tal vez los observadores tenían algún papel en la realidad. De hecho, en su obra *Opticks*, Isaac Newton afirmaba que el brillo y el matiz no son propiedades inherentes al objeto, sino que cada observador crea en su mente todos los colores del espectro visible. «Para hablar con propiedad, los rayos no tienen color», escribió. Seguidamente otros científicos mostraron que Newton estaba en lo cierto y, para principios del siglo XX, los físicos habían establecido que la luz consiste en una alternancia de pulsos de los campos magnéticos y eléctricos. Dado que ni el magnetismo ni la electricidad son visibles para los seres humanos, un exuberante dosel forestal debería ser a nuestros ojos un espacio en blanco. El que lo veamos de color verde esmeralda significa que en algún lugar de la mágica red de circuitos neuronales surge la sensación de «verde», y al instante, por alguna ocurrencia mental igual de prodigiosa, nos «ponemos» esa sensación delante de las narices, en lo que consideramos el «mundo externo».

De modo que eran cada vez más los científicos que se daban cuenta de que la diferenciación entre lo interno y lo externo era artificial y de que todo lo que se percibe —ya sea un semáforo o un picor— tiene lugar en la mente. La mente, o percepción, o conciencia no es ni interna ni externa, sino que lo abarca todo, la experiencia en su totalidad.

Sin embargo, durante la década de 1920, muchos de los creadores de la teoría cuántica se quedaron boquiabiertos al descubrir que el papel del observador superaba con creces al de mero perceptor. Había cada vez más pruebas de que no solo el cosmos *visual* dependía del observador, sino que todo parecía demostrar que el propio acto de la observación era lo que hacía que los objetos físicos de tamaño muy reducido se comportaran como lo hacían, e incluso que existieran como tales. Inesperadamente, los físicos empezaron a valorar de una manera nueva el papel de la conciencia en el funcionamiento de la naturaleza a las escalas más pequeñas.

Aun con todo, en muchos círculos científicos estas revelaciones no se consideraron aceptables, principalmente porque parecían estar demasiado cerca de la filosofía o la metafísica. No era una comparación injustificada; las nuevas concepciones cuánticas del observador y la conciencia podían de hecho equipararse a muchos ancestrales principios del pensamiento oriental. Algunos teóricos cuánticos, como Erwin Schrödinger, fueron todavía más lejos y se preguntaron dónde acaba la conciencia de una persona y dónde empieza la de otra. Recuerda: «La conciencia es un singular cuyo plural se desconoce». La corriente científica dominante era consciente de que aventurarse por este camino podía desbaratar desastrosamente la concepción del mundo certificada y cuasi oficial, que seguía aferrándose con convicción a la tajante separación cartesiana entre la mente y la materia, la naturaleza y nosotros, observadores conscientes.

Pero la marcha de los acontecimientos pudo frenarse solo hasta un punto. Experimento tras experimento, desde la famosa demostración de la doble rendija hasta el experimento de «elección retardada» y tantos otros, seguían poniendo de manifiesto la importancia del observador. Los resultados eran desconcertantes, pero, tras décadas de repetida corroboración, innegables. Por eso, el eminente físico de la Universidad de Princeton John Wheeler pudo afirmar con tanta seguridad: «Ningún fenómeno es real hasta que es un fenómeno observado».

Y eso nos trae a la era en que vivimos. Como hemos visto a lo largo del libro, no hemos llegado hasta aquí por azar. Los sucesivos capítulos relatan fielmente cómo se fueron desarrollando en el terreno de la ciencia los conocimientos que nos han impulsado a avanzar. Hemos hecho un recorrido por la evolución de la física desde Isaac Newton y sus geniales hallazgos hasta las principales reevaluaciones que se hicieron de ellos en los siglos XVIII y XIX, cuando los científicos empezaron a descubrir inesperadas unidades fundamentales en cada hendidura grande y pequeña del cosmos. Las investigaciones siguieron su curso y, en el siglo XX, todo lo que sabíamos «a ciencia cierta» se puso una y otra vez en tela de juicio, primero por la revelación de las relaciones espacio-tiempo y materia-energía de Albert Einstein y luego por los desbarajustes aún mayores que organizaron los genios de la teoría cuántica.

Y todo esto ha conducido al siguiente paso lógico: el biocentrismo. El biocentrismo identifica la vida y la conciencia como la realidad central de la existencia, no por un deseo mezquino o una necesidad dogmática de elevar nuestro estatus de seres vivos, sino porque siglos de datos experimentales y saber científico ganados a pulso nos dicen que es la única explicación coherente de lo que vemos a nuestro alrededor.

Por desgracia, y en consonancia con la naturaleza humana, la corriente científica dominante se sigue resistiendo a cambiar drásticamente su vetusta concepción del mundo, en la que los observadores gozamos prácticamente del mismo estatus que los ratones de laboratorio, incluso aunque los físicos reconozcan la verdad de la teoría cuántica y vean ejemplos, a cual más extraño, de fenómenos como el entrelazamiento que confirman las predicciones de dicha teoría. A muchos miembros de la comunidad científica, todavía hoy, la sola mención de la palabra *conciencia* los pone en guardia, como si los resultados experimentales relacionados con el papel del observador evocaran lo sobrenatural o los experimentos en sí formaran parte de una ciencia marginal y traidora del tipo de las investigaciones psicodélicas de los años sesenta del pasado siglo.

Al mismo tiempo, una población mundial cada día más instruida recurre a la ciencia, hoy más que nunca, en busca de respuesta a los eternos misterios de la vida. ¿Es real la realidad? ¿Se reduce a nuestro cerebro físico el que seamos seres conscientes? ¿Hay vida después de la muerte? ¿Por qué funciona el universo como lo hace? ¿Qué lugar ocupamos en él? La ciencia convencional no ha sido capaz de abordar satisfactoriamente estas cuestiones. Pero el paradigma biocéntrico sí ofrece respuestas. Lo que se necesitaba para relevar el corpus científico establecido, y cambiar el consenso público de una vez por todas, eran pruebas irrefutables que respaldaran las conclusiones del biocentrismo.

Para apoyar estas conclusiones, los dos primeros libros sobre el biocentrismo se valían de la lógica, los argumentos filosóficos de los grandes pensadores antiguos y modernos y una descripción detallada de los experimentos científicos. El libro que tienes en las manos lo consolida con explicaciones más detalladas de los hechos en que se fundamenta la teoría, así como con dos artículos publicados tras una revisión por pares que apuntan a su veracidad.

Son muchas las pruebas indirectas o secundarias que han apoyado durante mucho tiempo la concepción biocéntrica del cosmos. Por ejemplo, es difícil sustraerse al hecho de que unos doscientos parámetros físicos fundamentales, como la intensidad de la fuerza electromagnética alfa, y que son invariables en todo el universo tienen precisamente los valores necesarios para permitir que la vida exista. Claro, nada asegura que esto *no pueda* ser pura coincidencia. Pero en el terreno de la ciencia, los investigadores son justificadamente aficionados a invocar «la navaja de Ockham», principio según el cual la explicación más sencilla suele ser la correcta. De modo que, aunque quizá *podría* ser por accidente –¡y como «accidente» (o su sinónimo, «ocurrencia aleatoria») sigue explicándolo la ciencia convencional!– que las doscientas constantes físicas estén perfectamente ajustadas para que las estrellas brillen, existan múltiples tipos de átomos y la vida aparezca, aceptar alegremente una coincidencia tan improbable dejaría oscuras zonas de vello sin rasurar en el pulcro mentón de la ciencia. Si se acepta, en cambio, la teoría biocéntrica –es decir, que la vida tiene una importancia central–, se entiende que no habría sido posible que esas constantes físicas tuvieran valores distintos a los que tienen, y se acabó. ¿Podría ser más simple, y más del gusto de Ockham?

Pero ¿cómo puede montar la ciencia un experimento en el que un sistema físico se coloque en presencia de la conciencia, mientras que otro se mantiene aislado de la conciencia de cualquier observador, a fin de realizar la clase de comparación normalizada A/B que es necesaria para ver cómo afecta realmente la observación a las cosas?

Afortunadamente, el experimento de la doble rendija y sus innumerables variaciones, repetidas miles de veces durante décadas, nos han proporcionado precisamente esta comparación. Una y otra vez, los resultados muestran sistemáticamente que la presencia de la persona y el modo en que realiza una medición determinan de forma inequívoca en qué se convierte un objeto físico. Si se mide en un determinado punto, el electrón es una onda. Si entramos en escena un poco antes, y nuestra conciencia interviene en un punto intermedio –la rendija en lugar del punto de detección final, por ejemplo–, el electrón vive su vida como partícula. Caso cerrado.

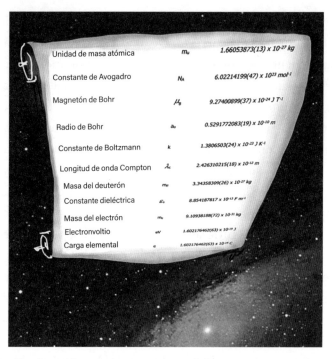

Unidad de masa atómica	m_u	$1.66053873(13) \times 10^{-27}\ kg$
Constante de Avogadro	N_A	$6.02214199(47) \times 10^{23}\ mol^{-1}$
Magnetón de Bohr	μ_b	$9.27400899(37) \times 10^{-24}\ J\ T^{-1}$
Radio de Bohr	a_0	$0.5291772083(19) \times 10^{-10}\ m$
Constante de Boltzmann	k	$1.3806503(24) \times 10^{-23}\ J\ K^{-1}$
Longitud de onda Compton	λ_c	$2.426310215(18) \times 10^{-12}\ m$
Masa del deuterón	m_d	$3.34358309(26) \times 10^{-27}\ kg$
Constante dieléctrica	ε_0	$8.854187817 \times 10^{-12}\ F\ m^{-1}$
Masa del electrón	m_e	$9.10938188(72) \times 10^{-31}\ kg$
Electronvoltio	eV	$1.602176462(63) \times 10^{-19}\ J$
Carga elemental	e	$1.602176462(63) \times 10^{-19}\ C$

Figura 16.1 *El universo tal y como lo conocemos no existiría –y nosotros no estaríamos aquí– si algunas de sus constantes físicas (probablemente todas) no estuvieran ajustadas (en su mayoría con un margen de variación de un uno o dos por ciento) a sus valores actuales. En la imagen se muestran algunas de estas constantes. Encontrarás una lista más completa –y ejemplos de lo que le ocurriría al universo si algunas fueran ligeramente diferentes–* en Biocentrismo, *de R. Lanza y B. Berman (Editorial Sirio, 2012).*

UN CASO ESPECIAL: SI CAMBIARAN c, ℏ, G, Y ε_0

Las constantes c (velocidad de la luz), ℏ (constante reducida de Planck), G (constante gravitacional) y ε_0 (constante dieléctrica) son las *constantes fundamentales* en el sentido de que sus valores pueden elegirse arbitrariamente. En otras palabras, existen sistemas de unidades en los que esas cuatro constantes tienen valores arbitrarios, mientras que otras cantidades físicas y constantes medidas se dan como múltiplos de las unidades y se definen en términos de c, ℏ, G y ε_0. Un ejemplo es el famoso *sistema de unidades de Planck*, en el que $c = ℏ = G = 1$, y su extensión, en la que $c = ℏ = G = 4\pi\varepsilon_0 = 1$.

La unidad de longitud, el metro, se define actualmente en función de la velocidad de la luz, a la que se atribuye o asigna un valor fijo cercano a 3×10^8 m/s. Así, hoy en día el valor numérico de la velocidad de la luz se *define como fijo*. Es decir, ya no se considera una cantidad medible. (Encontrarás información detallada en el artículo de la Wikipedia sobre el «metro»).

La velocidad de la luz entra en la ecuación de la constante alfa, que determina la fuerza de la interacción electromagnética: $\alpha = e^2/(4\pi\varepsilon_0\hbar c)$.

Como se puede ver, cambiar c, dejando fijas las otras tres constantes fundamentales, cambiaría también α, y por consiguiente toda la física atómica, incluidas las condiciones que hacen posible la vida como la conocemos.

Sin embargo, si cambiamos c y cambiamos también ε_0 $\hbar$ y G, α sigue siendo la misma. De este modo no habríamos modificado la física, sino solo las unidades en las que se expresan las magnitudes físicas.

Por supuesto, entre los aproximadamente doscientos parámetros o constantes, puede haber algunos cuyos valores no sean determinantes para que nuestro universo exista como es. Aun así, es muy probable que detrás de esos doscientos parámetros o constantes haya una teoría fundamental, una relación esencial que los explique todos. En ese caso, modificar cualquiera de ellos cambiaría la propia estructura del universo.

Mientras buscamos formas de ofrecer a la ciencia las pruebas irrefutables que ansía, otra estrategia posible es investigar cuándo y cómo empieza a existir el tiempo de evolución. Sí, sabemos que es una idea un poco retorcida, pero si el «tiempo» es nuestra manera de definir el antes y el después en una secuencia de acontecimientos, entonces el desarrollo físico de las consecuencias medibles no puede ocurrir sin tiempo. Y si, como ya se ha comentado en el libro, la mente de los observadores, por su capacidad para recordar el pasado, ofrece el mecanismo esencial para la memoria y, por tanto, para establecer comparaciones, el tiempo ilustra perfectamente la necesidad de una concepción biocéntrica.

Ya hemos oído contar que, hace dos mil quinientos años, Zenón de Elea aseguraba que una flecha ha de estar en un solo lugar durante cualquier instante de su vuelo. Pero, continuaba diciendo, si la flecha se halla en un solo lugar, debe estar, aunque sea brevísimamente, en reposo. En cada momento de su trayectoria, debe estar presente en algún sitio, en alguna localidad específica. Lógicamente, por tanto, lo que ocurre no es en sí movimiento, sino una serie de acontecimientos separados. Del mismo modo, el avance del tiempo —encarnado en el movimiento de la flecha— no es una característica del mundo externo, sino una proyección que aparece dentro de nosotros cuando enlazamos en orden consecutivo los acontecimientos que estamos observando.

El tiempo no tiene sentido sin relación con otro punto. Es un concepto relacional: un acontecimiento es relativo a otro. Así, para que haya una flecha del tiempo, para que exista esa direccionalidad, *tiene que haber* un observador con memoria. Y esto nos lleva una vez más a la ineludible participación del observador consciente.

Y hablando de tiempo, ha llegado el momento de que hagamos una recapitulación de las nociones que se han revelado en estas páginas y, lo que es igual de importante, de que veamos si alteran de algún modo la percepción que tenemos de nuestra vida, nuestro futuro y la propia naturaleza de la realidad cotidiana. Es comprensible que quieras saber con más claridad qué suponen concretamente para tu vida los principios de la teoría cuántica (considerada en general el máximo exponente del esoterismo) y el hecho de que el observador influya en el comportamiento de las partículas subatómicas.

Si es así, y entiendes a grandes rasgos, pero quizá no del todo, lo que es el biocentrismo, el cambio radical de perspectiva en que se traduce y los hechos en que se fundamenta, tienes varias opciones ahora que nos acercamos al final del libro. En primer lugar, presta atención a la visión de conjunto que se presenta en estas últimas páginas. En segundo lugar, si tienes inquietudes científicas e interés por las matemáticas, puedes leer los apéndices, donde se reproducen íntegramente algunas de las pruebas de ciencia pura y «dura». Quizá te sea de ayuda leer también la presentación que hacemos, en el apéndice 1, de algunas de las preguntas que comúnmente plantean los críticos del biocentrismo y de nuestras respuestas y refutaciones, que podrían responder a cualquier pregunta que te quede pendiente.

Pero antes, examinemos una vez más los once principios del biocentrismo. Si tienes particular interés en alguno de ellos, recuerda que el primer libro, *Biocentrismo*, dedica a cada uno de los siete primeros principios un capítulo entero, en el que se dan explicaciones detalladas acompañadas de ilustraciones; los cuatro últimos se derivan del material descrito en el libro que tienes en las manos.

Después de repasar los once, veremos lo que significan estos principios en relación con el cosmos, la vida en general y nuestra vida como individuos.

PRINCIPIOS DEL BIOCENTRISMO

Primer principio del biocentrismo: lo que percibimos como realidad es un proceso en el que necesariamente participa la conciencia. Una realidad externa, si existiese, tendría que existir por definición en el marco del espacio y el tiempo. Pero el espacio y el tiempo no son realidades independientes, sino herramientas de la mente humana y animal.

Segundo principio del biocentrismo: nuestras percepciones externas e internas están inextricablemente entrelazadas; son las dos caras de una misma moneda que no se pueden separar.

Tercer principio del biocentrismo: el comportamiento de las partículas subatómicas, y en definitiva de todas las partículas y objetos, está inextricablemente ligado a la presencia de un observador. Sin la presencia de un observador consciente, existen como mucho en un estado indeterminado de ondas de probabilidad.

Cuarto principio del biocentrismo: sin conciencia, la «materia» reside en un estado de probabilidad indeterminado. Cualquier universo que pudiera haber precedido a la conciencia habría existido solo en un estado de probabilidad.

Quinto principio del biocentrismo: solo el biocentrismo puede explicar la estructura del universo porque el universo está hecho con precisión absoluta para la vida, lo cual tiene mucho sentido, ya que la vida crea el universo, y no al contrario. El «universo» es sencillamente la lógica espaciotemporal completa del sí-mismo.

Sexto principio del biocentrismo: el tiempo no tiene existencia real fuera de la percepción sensorial animal. Es el proceso mediante el cual percibimos los cambios del universo.

Séptimo principio del biocentrismo: el tiempo no es un objeto o una cosa, y el espacio tampoco lo es. El espacio es otra manifestación de nuestro entendimiento animal y carece de realidad independiente. Llevamos el espacio y el tiempo con nosotros allá adonde vayamos como llevan las tortugas consigo su caparazón. Así pues, no hay una matriz absoluta con existencia propia e independiente en la que ocurran los acontecimientos físicos.

Octavo principio del biocentrismo: solo el biocentrismo es capaz de explicar la unidad de la mente con la materia y el mundo, al mostrar cómo la modulación de la dinámica de los iones en el cerebro a nivel cuántico permite que todas las partes del sistema de información que asociamos con la conciencia estén simultáneamente interconectadas.

Noveno principio del biocentrismo: existen varias relaciones básicas, denominadas «fuerzas», que la mente utiliza para construir la realidad. Tienen sus raíces en la lógica de cómo interactúan entre sí los diversos componentes del sistema de información para crear la experiencia tridimensional a la que llamamos conciencia o realidad. Cada fuerza describe cómo interactúan las unidades de energía a diferentes niveles, empezando por las fuerzas fuertes y débiles (que gobiernan la forma en que las partículas se mantienen unidas o se separan en el núcleo de los átomos) y ascendiendo hasta el electromagnetismo y la gravedad (que domina las interacciones a escala astronómica, como el comportamiento de los sistemas solares y las galaxias).

Décimo principio del biocentrismo: los dos pilares de la física –la mecánica cuántica y la relatividad general– pueden conciliarse solo si se nos tiene en cuenta a los observadores.

Undécimo principio del biocentrismo: los observadores definimos, en última instancia, la estructura de la realidad física –los estados de la materia y el espaciotiempo– incluso aunque exista «un mundo real» fuera y más allá de nosotros, ya sea un mundo de campos, de espuma cuántica o de cualquier otra entidad.

***

Al terminar de releer una última vez estos principios, es posible que los entiendas e incluso te entusiasme lo que proponen y, aun así, no consigas ver del todo cómo se entretejen estos hilos en nuestra vida. Así que vale la pena profundizar en sus repercusiones directas.

Vamos a suponer que los hallazgos científicos publicados en los últimos tiempos, que constituyen el tema de este libro y están reproducidos en sus apéndices, son solo el comienzo de investigaciones serias que finalmente hacen del biocentrismo el modelo estándar global de cómo funciona el universo. Digamos que se convierte en la realidad científica aceptada, la concepción del mundo que sirve de base a cómo entiende la gente en general el cosmos y su lugar en él. ¿Qué significaría esto realmente?

En primer lugar, significaría vivir sabiendo que el estado fundamental del universo no es un espacio vacío ni una multitud de fortuitas partículas que colisionan al azar. A esa cosmovisión obsoleta, la sustituiría el conocimiento de que la base del universo es la vida consciente. Y por cierto, aunque hasta ahora no lo hayamos mencionado, eso quiere decir vida infundida de una exquisita inteligencia esencial. En otras palabras, significaría vivir sabiendo que el cosmos no es insensible. Si esto no es una buena noticia, ¡tú dirás!

En segundo lugar, significaría también que el supuesto vacío del cosmos, insulso e infinito, no es real. Imaginamos que te hace igual de feliz que a nosotros saber esto. ¿Quién siente aprecio por la nada?

Esto significa que automáticamente se extingue la imagen cósmica del gran Club de los Corazones Solitarios. Y en cuanto al *big bang*, esa «explicación» que la ciencia clásica ha dado del génesis de todo, se muestra a todas luces como una insustancial ocurrencia que ha sido cualquier cosa menos una aclaración. Es posible que nadie se sorprenda, ya que la idea de que todo surgió misteriosamente de la «nada» nunca pareció una tesis con la que ningún alumno hubiera podido conseguir un aprobado.

El gran naturalista Loren Eiseley dijo en una ocasión que los científicos «no siempre han sabido ver que una vieja teoría, con solo darle un minúsculo giro, puede abrir un panorama totalmente nuevo a la razón humana». La evolución cósmica resulta ser el ejemplo perfecto de esto. Lo sorprendente es que todo cobra sentido si se entiende que el *big bang* es el final de la cadena de causalidad física, no el principio. El observador es la causa primera, la fuerza vital que colapsa no solo el presente, sino la cascada de acontecimientos espaciotemporales a la que llamamos el pasado. Stephen Hawking tenía razón al decir que «el pasado, igual que el futuro, es indefinido y existe solo como un espectro de posibilidades».

Por tanto, la «mente» o «conciencia» es la esencia o matriz del cosmos, lo que significa, una vez más, que la clave de todo es la vida. Buscar los «comienzos» ya no es relevante, puesto que el tiempo nunca ha existido fuera de la conciencia.

Y si la conciencia está en todas partes sin discontinuidad posible, no hay muerte que podamos experimentar. Es cierto, ese perro que yace muerto en la cuneta no va a volver a levantarse y a ponerte encima las patas llenas de barro. Pero desde la perspectiva de la conciencia, nunca has dejado de experimentarla en sus innumerables impresiones sensoriales ni el desfile cesará jamás. Tenlo por seguro. Así que el biocentrismo acaba de entregarte el pase de «no muerte», y es poco probable que quieras intercambiarlo por ningún otro. Si te desalienta pensar que no serán siempre los ojos de tu cuerpo actual los que presencien tus experiencias, ¡así son las cosas!

En compensación, una vez que has comprendido de verdad que todas las experiencias ocurren en la mente, que las flores y el cielo azul que ves no están fuera, físicamente separados de ti, es posible que la consiguiente sensación de unidad te dé profunda paz y serenidad. Y sea o no la «paz mental» una de tus metas en la vida, muchos atestiguan que es un objetivo más que digno.

Por último, cómo no, está la seductora danza de las posibilidades futuras. Una vez que se reconozca firmemente que el tiempo y el espacio son propiedades «internas» de nuestras percepciones, la tecnología biocéntrica bien podría permitirnos un día viajar a través del tiempo, de modos que no serían posibles si esas dimensiones fueran verdaderas barreras externas.

Pero, por encima de todo esto, la aceptación del biocentrismo nos daría no solo una visión del mundo que nos uniría a todos más íntimamente de lo que ningún programa gubernamental podrá jamás conseguir, sino también un modelo científico que, tras incorporar los descubrimientos hechos con grandes sudores durante siglos, por fin tiene sentido.

POST SCRIPTUM: EL HOMBRE AL QUE LAS COSAS LE IMPORTABAN DE VERDAD

A veces un problema —ya sea un asunto personal o una cuestión científica— parece irresoluble debido a la inercia o a que simplemente no estamos dispuestos a evaluar con flexibilidad una circunstancia nueva. En esa situación se encontraba la física antes del comienzo de la Primera Guerra Mundial, un atolladero del que finalmente la sacaron un pequeño grupo de infractores. Para uno de los autores, Robert Lanza, este ejemplo refleja el aprieto en que él mismo estaba hace medio siglo y que, también en este caso, un héroe resolvió.

James Watson, el hombre que descubrió la doble hélice del ADN, comentó una vez: «Hay que estar dispuesto a veces a hacer cosas que todos dicen que no estás capacitado para hacer». Y añadió: «Como sabes que te vas a meter en líos muy gordos, es importante que haya alguien que te salve cuando las cosas estén jodidas. Así que más vale que tengas siempre a alguien que crea en ti».

En mi caso, ese alguien fue Eliot Stellar, rector de la Universidad de Pensilvania y presidente del Comité de Derechos Humanos de la prestigiosa Academia Nacional de Ciencias.

Siendo estudiante acabé metiéndome en líos más de una vez, pero eso nunca me impidió seguir avanzando por el mismo camino que me había llevado de cabeza al peligro, porque sabía que Eliot

Stellar me salvaría. Yo era joven e idealista, y no solo estaba descontento con la ciencia por su forma de describir el mundo, sino también porque no utilizara los descubrimientos y el saber científicos para mejorar la condición humana en extensas zonas del mundo.* Cuando estaba en la facultad de Medicina, decidí compilar un libro con la intención de abordar de frente este último problema, un libro que presentara una imagen poliédrica de la situación en que se encontraban la medicina y la ciencia así como de la dirección en que se proponían avanzar, y que estaría compuesto por textos de científicos destacados de distintas disciplinas en los que expresarían su parecer sobre el estado de la ciencia y harían sugerencias para los cambios que era necesario implementar de cara al futuro.

Elegir entre los numerosos colaboradores posibles no me resultaba fácil, y además no tenía ni idea de cómo reaccionarían a mi petición. Al final, escribí al pionero de los trasplantes de corazón, Christiaan Barnard, y después, entre otros, al cirujano general de Estados Unidos, al director general de la Organización Mundial de la Salud y a algunos premios nobel y premios Lenin de la Paz. La respuesta fue abrumadora y gratificante, y disipó cualquier duda que pudiera tener sobre la necesidad y relevancia de la clase de evaluación y comentarios que deseaba que el libro ofreciera. Pero fue precisamente esta respuesta lo que provocó el conflicto.

La cuestión es que había escrito la dirección de mi buzón de la facultad en el remite de las cartas de invitación, ¿entiendes?, y de repente en el decanato se empezaron a recibir llamadas telefónicas de personas que preguntaban por mí..., personas como, por ejemplo, el cirujano general de Estados Unidos. El decano se indignó; me exigió que volviera a escribir a cada uno de los destinatarios de mi invitación a participar en el libro y les dijera que yo era estudiante de Medicina. En su opinión, existía el riesgo de que el libro fuera un fracaso,

---

* N. del A.: En una referencia laboral, Stellar dijo una vez sobre mí: «Es un poco rebelde, pero también Einstein lo era». No estoy seguro de que la comparación con Einstein fuese merecida, pero la reputación de díscolo o insumiso lo era sin duda.

lo cual podía incomodar a mucha gente importante. Tenía razón, por supuesto.

Sin embargo, me parecía que enviar esas cartas minaría la confianza de mis potenciales colaboradores; y por encima de todo, el libro era un proyecto mío, y lo que pasara con él no era asunto del decano. Así que cuando me llamó a su despacho y me ordenó que enviara las cartas en las que explicara quién era yo, le dije exactamente eso. Ante mi negativa, me amenazó. Dijo que si no hacía lo que me acababa de ordenar, no se me daría el título de médico. Le contesté que no había ido allí a conseguir un trozo de papel, que lo que había ido a buscar a aquella facultad, que era educación médica, ya lo tenía. Se quedó visiblemente turbado.

Entramos en una acalorada discusión y finalmente dijo:

—¡Nunca antes un estudiante me había hablado así!

Me puse de pie, lo apunté con el dedo directamente a los ojos y le dije:

—Le hablo como un ser humano le habla a otro.

Estábamos armando bastante escándalo, y de repente llamaron a la puerta y se oyó una voz:

—Fred, ¿va todo bien? Llegamos tarde a la reunión.

—Voy a retrasarme un poco, no me esperéis —respondió el decano. Como final de la discusión, añadió que más me valía tener un consejero académico que me defendiera.

Por supuesto, fui directamente a ver a Eliot Stellar y le expliqué lo que estaba pasando. Me preguntó: «¿Quién es tu consejero», y le contesté que no tenía consejero. Se recostó en la silla con expresión un poco desconcertada. Luego dijo: «Sí, supongo que eres capaz de defenderte solo».

Al día siguiente se me citó de nuevo en el decanato. Esta vez, el decano me recibió con una cálida sonrisa: «Deberías haberme dicho que Eliot Stellar es tu consejero».

Sin embargo, seguí negándome a cumplir con sus exigencias, así que a continuación me convocó ante el Comité de Normativa

Académica. Allí las cosas fueron más o menos como habían ido en privado con él, es decir, mal. El comité me envió una carta que decía:

Le informamos de que si no se atiene a lo estipulado por el Comité de Normativa Académica, la recomendación al subcomité será de no proponerlo a usted para la licenciatura. Entre las sanciones que podrían imponérsele están la suspensión o la expulsión. A la vista de la gravedad de las cuestiones planteadas por el Comité de Normativa Académica y de que está usted en peligro de ser expulsado de la Facultad de Medicina [...] Le recomiendo que se reúna con su consejero académico, el doctor Eliot Stellar, para que lo informe a usted claramente de las repercusiones de su postura.

Las cosas estaban muy jodidas.

Pero Eliot Stellar me guardó las espaldas. Dijo: «No deberías pasar por esto tú solo».

Seguí aferrado a mi decisión durante los meses siguientes, y aquella desafiante inflexibilidad siguió desagradando al decano y al Comité de Normativa Académica.

«Son burócratas —me explicó el doctor Stellar—. No entienden». Los años sesenta habían terminado hacía ya una década, pero él seguía valorando y defendiendo activamente la individualidad y creatividad que había caracterizado aquella época.

Siempre he estado convencido de que si no hubiera sido por lo que el doctor Stellar debió de hacer entre bastidores, no me habría licenciado en Medicina. No sería médico. Una noche, poco después de una mis cartas al decano, esta vez particularmente provocativa, Eliot Stellar me llamó a casa para intentar calmar la tempestad que mi obstinación había desatado y me pidió que no enviara una carta más sin enseñársela a él primero.

—Has trabajado mucho —me dijo durante la conversación—; te has ganado el título de médico.

—El título no es lo importante —le contesté—. Lo que vine a hacer aquí ya lo he hecho: tengo una educación médica.

Y según acabé de pronunciar estas palabras, oí la voz de su esposa, Betty, de fondo:

—¡Dile que se lo pregunte a su madre!

—¡Shhh! —le dijo Eliot—. Es decisión suya.

Al parecer, Eliot era mi único aliado, e iba a verlo cada vez que las cosas se ponían feas. El día que se zanjó el asunto, estaba con él en su despacho. Mientras hablábamos, sonó el teléfono. Después de verlo escuchar en silencio durante uno o dos minutos a la persona que había llamado, finalmente lo oí decir: «Se ha apagado entonces la luz de alarma». Cuando colgó, le agradecí que se hubiera tomado el asunto tan en serio, que no se hubiera puesto de parte del decano y el comité. «Me gustaría creer —dijo— que he contribuido a hacer que las cosas sean un poco más justas».

***

Unos años más tarde, subí a un tranvía para ir al centro de la ciudad y encontré un asiento libre al lado de una mujer muy bien vestida. Pasados unos minutos, se volvió hacia mí: «Eres Robert Lanza, ¿verdad?». Le contesté que sí, y quise saber por qué lo preguntaba. Me respondió que tiempo atrás había trabajado en el decanato, y se acordaba del día en el que me peleé verbalmente con el decano. Todo el personal de la oficina había estado de pie detrás de la puerta escuchando, me dijo, y todos aplaudieron en silencio cuando le planté cara.

El libro que compilé, *Medical Science and the Advancement of World Health*, se publicó en 1985. La dedicatoria dice: «A Eliot Stellar: por la inspiración que han sido para mí su bondad y su vida guiada por la virtud y la inteligencia, así como por el valor y la perspicacia que lo llevaron a crear el Programa de Becas de la Universidad de Pensilvania, que ha efectuado en el sistema educativo cambios que favorecen la creatividad y el crecimiento personal, cambios que son esenciales para que las generaciones futuras puedan resolver los problemas que amenazan la propia existencia de la humanidad».

Si el tono en que relato el episodio suena distante, es porque este es un homenaje a Eliot Stellar, que me aconsejó una vez: «Deja que los hechos hablen solos». Eliot Stellar, mi mentor, uno de los psicofisiólogos más notables que habrá jamás y posiblemente la persona más humana que he conocido, murió en 1993.

Lo echo de menos.

Muchos años después de terminar la carrera, me encontré con el decano en un pasillo. Me estrechó la mano y me dijo: «De un ser humano a otro» (refiriéndose, por supuesto, al día en que yo le dije lo mismo en su despacho). Luego me felicitó por todo lo que había logrado desde que me licencié. A Eliot Stellar le habría alegrado mucho presenciarlo.

APÉNDICE 1: PREGUNTAS Y CRÍTICAS

Pregunta: Si la conciencia creó la realidad, ¿cómo se originó la conciencia?

En respuesta a la entrevista que se le hizo en 2007 a uno de los autores (Lanza) y que se publicó en la revista *Wired*,[*] el escritor científico Adam Rogers escribió una entrada en su blog en la que decía: «La conclusión de Lanza es que tenemos que entender los misterios de la conciencia para poder explicar cómo es que ciertos grupos de neuronas producen —no se sabe a partir de qué— pequeñas porciones de universo ilusorio. Estamos ante el eterno dilema del huevo y la gallina, creo yo. Puede que esas neuronas no sean la respuesta definitiva a cómo se produce la conciencia (otra pregunta sobre «lo que no sabemos», debo añadir), pero son al menos el principio».

Respuesta

No existe aquí el supuesto «dilema del huevo y la gallina». Rogers mira el nuevo paradigma con los ojos del antiguo. El tiempo no está «ahí fuera» transcurriendo al ritmo de un tictac. «Antes» y «después» no tienen significado absoluto, independiente del observador. Por lo tanto, preguntar qué hubo antes de la conciencia carece de sentido;

---

[*] Aaron Rowe. «¿Solucionará la biología el misterio del universo?». *Wired,* 8 de marzo de 2007.

si uno se hace esa pregunta es porque tiene una comprensión incompleta de la física. El mundo que percibimos lo definimos nosotros (véanse los capítulos once y catorce).

Pregunta: ¿Hay diferencia entre el cerebro físico y la mente?

Una de las críticas al biocentrismo que más se han citado, publicada originariamente en nirmukta.com,* dice así: «¿Cómo puede existir la "criatura biológica, viva", si el universo aún no ha sido creado? Es evidente que Lanza se hace un lío con el significado de la palabra *conciencia*. Por un lado la equipara a la experiencia subjetiva vinculada a un cerebro físico. Por otro, asigna a la conciencia una lógica espaciotemporal que existe fuera de la manifestación física».

Respuesta

El biocentrismo muestra que el mundo externo está en realidad dentro de la mente, no «dentro» del cerebro. El cerebro es un objeto físico real que ocupa un lugar específico. Existe como una construcción espaciotemporal. Otros objetos, como las mesas y las sillas, son también construcciones y se encuentran fuera del cerebro. Sin embargo, tanto los cerebros como las mesas y las sillas existen todos en la «mente». La mente es la que genera desde un principio la construcción espaciotemporal. Por lo tanto, el término *mente* hace referencia a lo preespaciotemporal y el término *cerebro*, a lo posespaciotemporal. Experimentamos la imagen mental que tenemos de nuestro cuerpo, el cerebro incluido, del mismo modo que experimentamos los árboles y las galaxias. La mente está en todas partes; es todo lo que vemos, oímos y percibimos. El cerebro es donde está el cerebro y el árbol es donde está el árbol. Pero la mente no tiene localidad. Está allí donde observas, hueles u oyes cada cosa. Lo es todo.

---

* N. de la T.: Nirmukta es una organización no gubernamental promotora del librepensamiento y la ciencia fundada en la India por Ajita Kamal en 2008.

Pregunta: ¿En qué sentido es el biocentrismo una teoría? ¿Es una hipótesis falsable?

Varios críticos insisten en que, como la teoría de cuerdas, el biocentrismo no es falsable (es decir, que no se puede refutar) y, por tanto, no puede considerarse propiamente una teoría científica.

Respuesta

Esto es claramente falso. El biocentrismo puede comprobarse con toda una diversidad de experimentos, por ejemplo, de superposición de moléculas de gran tamaño. Lo mismo cabe decir de las alteraciones provocadas por la intervención del observador que se describen en el último trabajo de Podolskiy, Barvinsky y Lanza (capítulo catorce y apéndice 3); todas pueden ponerse a prueba con experimentos tanto reales como numéricos en una diversidad de sistemas mecánico-cuánticos. De hecho, los resultados ya se han comprobado numéricamente y se comprobarán experimentalmente en un futuro próximo.

Es más, otra predicción biocéntrica se comprobó experimentalmente mientras se escribía este libro. Massimiliano Proietti y sus colegas de la Universidad Heriot-Watt, de Edimburgo, realizaron un experimento cuántico que demostró que no existe la realidad objetiva («Experimental test of local observer Independence» [Prueba experimental de la independencia del observador local], *Science Advances*, 20 de septiembre de 2019). Los físicos llevaban tiempo sospechando que la mecánica cuántica permite que dos observadores experimenten realidades diferentes e inconciliables. «Si nos adherimos a los supuestos de localidad y libre elección —escribieron los autores —, este resultado nos dice que la teoría cuántica debe interpretarse en dependencia del observador».

Es probable que futuros experimentos de este tipo pongan a prueba otros postulados del biocentrismo. Pero es poco probable que a los partidarios del biocentrismo les sorprendan los resultados. Como el mismo Eugene Wigner dijo una vez: «El propio estudio del mundo externo [lleva] a la conclusión de que el contenido de la conciencia es una realidad última».

Pregunta: El biocentrismo afirma que los colores que vemos existen solo en nuestra cabeza. Pero ¿cómo puede ser eso cierto si en el mundo externo existen partículas de luz que corresponden a los diversos colores?

Nirmukta lo expresa como sigue:

Si se profundiza en lo que dice Lanza, queda claro que utiliza estratégicamente la naturaleza relativista de la realidad para hacerla parecer incongruente con su existencia objetiva. Su razonamiento se basa en una sutil confusión de los conceptos de subjetividad y objetividad. Tomemos, por ejemplo, el argumento que expone en este caso:
«Fíjate en el color y el brillo de todo lo que ves "ahí fuera". Sin embargo, por sí misma, la luz no tiene brillo ni color. La realidad incuestionable es que nada ni remotamente parecido a lo que ves podría estar presente si no fuera por tu conciencia. O por ejemplo las condiciones atmosféricas: salimos a la calle y vemos el azul del cielo, pero bastaría un simple cambio de neuronas para que lo "viéramos" rojo o verde en lugar de azul. Sentimos que hace calor y hay humedad, pero a una rana tropical le parecería que hace un día seco y frío. Entiendes a lo que me refiero. Y esta lógica es extensible prácticamente a todo».
Las afirmaciones de Lanza son ciertas solo en parte. El color es una verdad experiencial, es decir, un fenómeno descriptivo que escapa al ámbito de la realidad objetiva. Ningún físico negaría esto. Sin embargo, las propiedades físicas de la luz a las que se debe el color son características del universo natural. Por consiguiente, la experiencia sensorial del color es subjetiva, pero las propiedades de la luz responsables de esa experiencia sensorial son objetivamente ciertas. La mente no crea el fenómeno natural en sí, sino que crea una experiencia subjetiva o una representación del fenómeno.

Respuesta

El argumento de Nirmukta contiene errores de distinto orden. Las «propiedades» de cualquier fotón o unidad de radiación electromagnética son la longitud de onda y la frecuencia, es decir, las oscilaciones de los campos magnéticos y eléctricos. La luz visible representa solo una porción mínima del espectro electromagnético, que es un gradiente continuo que va de longitudes de onda más cortas a más largas y que incluye los rayos gamma, el radar, la radio y las microondas (ninguno de los cuales percibimos como «color»). Estos campos no son «responsables» de la percepción del color; de hecho, son completamente invisibles. En el mejor de los casos, deberíamos experimentar el espectro visual como un continuo de la escala de grises que fuera de la oscuridad a la luz; debería ser, se mire como se mire, una simple experiencia cuantitativa. Pero no es así, sino que tenemos una singular percepción cualitativa que experimentamos subjetivamente como colores distintos y definidos cuando la luz incide en rangos muy específicos del espectro visual (consulta el capítulo siete).

En realidad, la «responsabilidad» o la causa de los colores reside en cómo reacciona la mente animal a las energías invisibles y crea la experiencia de, por ejemplo, «el rojo» o «el azul». Y, en fin, si entramos en un nivel más fundamental, los fotones en sí se manifiestan solo tras la observación y el colapso de la función de onda; los experimentos muestran claramente que las partículas de luz no existen con propiedades reales hasta que son observadas de hecho.

Nada de esto se presta a controversia. Que los colores no existen como tales en el exterior, con cualidad propia e independiente, es un hecho establecido desde hace siglos, como demuestra la afirmación de Isaac Newton en *Opticks* de que «los rayos [...] no son de colores». Como escribe el físico canadiense Roy Bishop en cada edición anual de su popular *Manual para la observación visual de estrellas variables* [*Observer's Handbook*]: «El ojo no detecta los colores del arcoíris; los crea el cerebro».

Pregunta: ¿Y qué pasa con todas las pruebas que documentan la evolución de la vida y del universo?

Nirmukta pregunta: «¿Puede Lanza negar todas las pruebas de que, aunque los seres humanos aparecimos en escena hace muy poco, nuestra Tierra, el sistema solar y el universo en conjunto han estado presentes desde el principio de los tiempos? ¿Qué pasa con toda la evidencia objetiva de que las formas de vida evolucionaron desde lo más elemental hasta alcanzar una complejidad cada vez mayor, lo cual dio lugar a que aparecieran los seres humanos en una determinada etapa de la historia evolutiva de la Tierra? ¿Qué pasa con toda la evidencia fósil de cómo han ido evolucionando y creciendo en complejidad las formas biológicas y de otro tipo? ¿Cómo pueden los seres humanos arrogarse el poder de crear la realidad objetiva?».

Respuesta

La cuestión es cómo interpretar esas «pruebas» en términos de realidad física, es decir, si debemos seguir aferrándonos al tradicional marco determinista.

Aunque la teoría clásica de la evolución es de suma utilidad para entender el pasado, no ha captado cuál es la fuerza motriz de la evolución. Para ello, necesita introducir en la ecuación al observador.

Muchos creen que, hasta hace relativamente muy poco, el universo era una colección inanimada de partículas flotantes que rebotaban al chocar unas contra otras y que todo esto existía y ocurría sin nosotros. El universo se nos presenta como un reloj que, no se sabe cómo, se ha dado siempre cuerda a sí mismo, y llegará un día en que, de un modo casi predecible, la cuerda se destensará sin remedio y el universo dejará de ser. Pero somos los observadores los que creamos la flecha del tiempo (capítulo once). Como dijo Stephen Hawking: «No hay manera de eliminar al observador —a nosotros— de nuestras percepciones del mundo [...] En la física clásica, se entiende que el pasado existe como una serie definida de acontecimientos, pero, según la física cuántica, el pasado, lo mismo que el futuro, es indefinido y existe solo como un espectro de posibilidades».

Si nosotros, el observador, somos quienes provocamos el colapso que fija esas posibilidades (es decir, el pasado y el futuro), ¿dónde deja esto a la teoría evolutiva que describen los libros de texto? Hasta que se determine el presente, ¿cómo puede haber un pasado? El hecho es que el universo no funciona mecánicamente como un reloj independiente de nosotros ni nunca lo ha hecho. El pasado empieza en el observador, no a la inversa.

Nirmukta pregunta: «¿Qué pasa con todos los restos fósiles?», pero en realidad los fósiles no son diferentes de cualquier otra cosa que exista en la naturaleza. Los átomos de carbono de tu cuerpo, por ejemplo, son «fósiles» creados en la explosión de una supernova. La conclusión es que *toda* la realidad física empieza y termina en el observador. «Somos participantes –dijo Wheeler– en la creación de algo del universo en el pasado remoto». El observador es la causa primera, la fuerza vital que hace colapsarse no solo el presente, sino la cascada de acontecimientos espaciotemporales del pasado a la que llamamos evolución.

Pregunta: ¿Podemos cambiar el mundo que nos rodea con nuestros «poderes mentales»?

En respuesta a un artículo que uno de los autores (Lanza) publicó en la revista *The Humanist*,[*] el físico Victor Stenger escribió: «El mundo que cada uno vivimos sería muy distinto si todo estuviera en nuestras cabezas y, como aseguran los partidarios de las filosofías Nueva Era, realmente pudiéramos crear nuestra propia realidad. El hecho de que el mundo rara vez sea como nos gustaría es la prueba más palpable de que tenemos poco que decir al respecto. El mito de la conciencia cuántica debería ocupar el lugar que le corresponde, al lado de los dioses, los unicornios y los dragones, como un producto más de la

---

[*] Artículo titulado «The Wise Silence» [El silencio sabio], noviembre/diciembre de 1992.

fantasía de aquellos que no están dispuestos a aceptar lo que la ciencia, la razón y sus propios ojos les dicen sobre el mundo».

Respuesta

El biocentrismo no sostiene de ningún modo que podamos sencillamente «hacer nuestra propia realidad» para que se ajuste a nuestros deseos específicos. En la entrevista que publicó la revista *Wired*, a la que ya se ha hecho referencia en este apéndice, el entrevistador preguntó: «¿Cree que habrá quienes lean su artículo y entiendan que sentándose a meditar en la cima de una montaña pueden cambiar con sus poderes mentales el mundo que los rodea?». Lanza respondió: «No podemos decidir que queremos saltar de un tejado y salir ilesos. Por más que lo deseemos, no podemos violar las reglas de la lógica espaciotemporal».

Si vas al supermercado y compras un paquete de copos de maíz o de avena, a la mañana siguiente no encontrarás en el armario un paquete de copos de trigo chocolateados, por mucho que lo quieras.

Pregunta: ¿Interpretación de Copenhague o de los muchos mundos?

Un crítico, haciendo referencia al libro *Biocentrismo*, escribió:

> Dice usted: «Si queremos algún tipo de alternativa a la idea de que la función de onda de un objeto se colapse solo porque alguien la mira, y preferimos evitar esa clase de acción fantasmagórica a distancia, podemos pasarnos a la hipótesis rival de la interpretación de Copenhague, que es la interpretación de los muchos mundos, cuyo fundamento es que todo lo que puede ocurrir, ocurre [...] Según este punto de vista, al que se adhieren teóricos modernos tales como Stephen Hawking, nuestro universo no tiene ningún tipo de superposiciones ni contradicciones». Pero luego añade usted: «Todos los experimentos realizados con partículas entrelazadas en las últimas décadas parecen corroborar una y otra vez la interpretación de Copenhague, que, como hemos dicho, respalda sólidamente el biocentrismo». Bien, ¿cuál de las dos hipótesis le parece que es más convincente? Y ¿cómo afectaría al biocentrismo que una o la otra demostrara ser la correcta?

Respuesta

Desde la perspectiva del biocentrismo, la interpretación de Copenhague es más o menos correcta, pero requiere varias modificaciones sustanciales:

- Los sistemas físicos no tienen propiedades definidas antes de ser medidos y el colapso de la función de onda se produce solo cuando las mediciones las realiza un observador vivo, no un objeto inanimado como una cámara u otro dispositivo de medición que registre información (véase la siguiente pregunta). La información existe en superposición hasta que la conciencia la observa.
- La función de onda que se colapsa no es algo «real», es una mera interpretación estadística.
- La superposición no es algo «real», sino que representa una posibilidad estadística.

La idea general de «los muchos mundos» y de un «multiverso» también es compatible con el biocentrismo. Sin embargo, hay varios aspectos formales muy importantes de esta interpretación que también es necesario modificar:

- La mayoría de las versiones de la interpretación de los muchos mundos incluyen esta idea: que las ecuaciones de la física que modelan la evolución temporal de sistemas en los que no hay observadores integrados sirven también para modelar los sistemas que sí contienen observadores; concretamente, no se contempla un colapso de la función de onda desencadenado por la pura observación del tipo que propone la interpretación de Copenhague. Por supuesto, según el biocentrismo, esto es incorrecto.
- Las «posibles» historias y futuros alternativos son todos reales, y cada uno de ellos representa un mundo/universo real.

Ahora bien, es muy importante subrayar que ningún mundo o universo puede existir con independencia de un observador consciente.

- La «función de onda universal» de partida no tiene realidad objetiva, es simplemente una descripción estadística de las posibilidades.

Pregunta: ¿Es imprescindible el observador consciente para la decoherencia o el colapso de la función de onda?

«La evolución no necesita de un observador –asegura Steven Novella, profesor asistente de Neurología en la Universidad de Yale, más conocido por su participación activa en el movimiento escéptico–. No hay nada en el proceso de la evolución, ni nada en la naturaleza, que requiera la observación de nadie. Bohr habla de un fenómeno cuántico de colapso de la onda de probabilidad. Pero eso no requiere que haya un observador literal, basta la interacción con el medioambiente circundante [...] El universo puede observarse perfectamente a sí mismo sin nosotros».

Respuesta

Algunos científicos sostienen que la función de onda de una partícula se colapsa por el simple encuentro con otra partícula, es decir, que el propio entorno puede hacerlo. Otros, como nosotros, pensamos que hace falta algo mucho más macroscópico –de hecho, un observador vivo– para que se produzca la decoherencia de un estado cuántico probabilístico.

Sabemos que no todas las mediciones ocasionan la pérdida de coherencia cuántica (es decir, el colapso de la función de onda). Las partículas elementales del reino subatómico, por ejemplo, no pierden la coherencia cuántica a pesar de que se examinen mutuamente todo el tiempo. Para que se produzca el colapso de la función de onda, el dispositivo que mide el estado de un objeto cuántico tiene que ser macroscópico. Durante mucho tiempo pareció que esto explicaba por qué la física del mundo microscópico es tan drásticamente distinta de la física de los eventos y objetos que forman parte de nuestra cotidianidad.

¿Por qué se produce el colapso cuando el dispositivo u objeto que realiza la observación es macroscópico? Ser «macroscópico» significa que no se observan todas las partes del objeto a la vez, por lo cual se desconocen sus propiedades. Es bien sabido que este carácter incompleto provoca la decoherencia y el colapso de la función de onda.

Por ejemplo, si dos electrones están entrelazados, medir las propiedades de un solo electrón sin tener información sobre el segundo conducirá a una aparente decoherencia, una ruptura del entrelazamiento de esas dos partículas. En cambio, si se obtiene información sobre los estados de ambas partículas entrelazadas, los experimentos muestran que se restablece el entrelazamiento de esas dos partículas.

Si pudiéramos medir simultáneamente los estados cuánticos de todas las partículas del universo, no experimentaríamos el mundo determinista en el que vivimos, en el que todos estamos o vivos o muertos, sino solo la probabilística indefinición de la mecánica cuántica. Está claro que para nosotros el mundo está definido, pero es sencillamente por cómo funcionan nuestros sentidos y nuestro cerebro. Por ejemplo, nuestros ojos no pueden detectar los rayos cósmicos de ultraalta energía, la radiación cósmica de fondo de microondas ni los movimientos de las diminutas partículas subatómicas. Nuestros sentidos tienen limitaciones, y nuestro cerebro no puede procesar todo lo que ocurre simultáneamente en el universo. Y como no podemos percibir el universo completo, lo experimentamos en su estado de aparente pérdida de coherencia cuántica.

Nuestro artículo «Sobre la decoherencia en la gravedad cuántica» (apéndice 2) muestra claramente que las propiedades intrínsecas de la gravedad cuántica y la materia no pueden explicar por sí solas el emerger tremendamente efectivo del tiempo y la ausencia de entrelazamiento cuántico en nuestro mundo cotidiano. La decoherencia cuántica gravitacional no tiene efectividad suficiente para hacer emerger obligadamente la flecha del tiempo y la transición del comportamiento cuántico al clásico que se produce a escalas macroscópicas. Nuestro artículo sostiene que la aparición de la flecha del tiempo está directamente relacionada con la naturaleza y las propiedades del observador físico; un observador «sin cerebro» no experimenta el tiempo ni la decoherencia con ningún grado de libertad.

Un último debate

En la primavera de 2007, uno de los autores (Lanza) presentó el biocentrismo en un artículo que publicó la revista *American Scholar* titulado «A New Theory of the Universe: Biocentrism Builds on Quantum Physics by Putting Life into the Equation» [Una nueva teoría del universo: el biocentrismo lleva la física cuántica un paso más lejos al introducir la vida en la ecuación]. El astrofísico y escritor científico David Lindley publicó una respuesta en *USA Today*:[*]

> *Discrepo de su perspectiva de la física. Lanza insiste en demostrar que la realidad física en su totalidad está en nuestra mente, pero sus interpretaciones de la relatividad y la mecánica cuántica son erróneas.*
>
> *En primer lugar, afirma que Einstein hizo que el espacio y el tiempo dependieran del observador y fueran por consiguiente subjetivos, de modo que no existe nada a lo que pueda llamarse espacio ni tiempo sino en la medida en que los percibimos. No estoy de acuerdo. Es cierto que Einstein se deshizo de los principios absolutos newtonianos y demostró que las mediciones del espacio y el tiempo no son iguales para todos los observadores. Pero —y esto es crucial— construyó un nuevo sistema de espaciotiempo que muestra que esas distintas mediciones pueden conciliarse. Es decir, en la relatividad se mantiene el marco físico objetivo, llamado espaciotiempo, con una estructura geométrica específica, solo que permite a los observadores trazar el espaciotiempo de diferentes maneras.*

---

[*] «Exclusive: Response to Robert Lanza's Essay» [Exclusiva: respuesta al artículo de Robert Lanza], *USA Today*, 8 de marzo de 2007.

Añade Lindley: «Robert Lanza parte de la idea de que se necesita la conciencia para "crear" la realidad. Esta opinión ha tenido algunos partidarios a lo largo de los años, pero siempre ha sido una perspectiva extravagante, que hoy no se toma en serio».

Termina diciendo: «Por último, no puedo evitar pensar que hay una enorme vanidad en el argumento de Lanza de que el universo existe únicamente porque estamos aquí para observarlo y formar parte de él. Yo diría más bien lo contrario. Pienso que el universo era un hecho físico real mucho antes de que apareciéramos nosotros y que los seres humanos somos simples migajas de materia orgánica aferradas a la superficie de una diminuta roca. Desde el punto de vista cósmico, no somos más relevantes que el moho de una cortina de ducha».

Respuesta de Lanza

David Lindley presenta a lo largo de su artículo una imagen tergiversada y simplista de la perspectiva biocéntrica. Por ejemplo, dice que yo afirmo que Einstein hizo que el espacio y el tiempo fueran subjetivos. Esto es sencillamente falso. El espaciotiempo que Einstein concibió en su teoría de la relatividad especial es una realidad independiente que tiene existencia y estructura propias. Es un «mecanismo de relojería» que funciona independientemente de que esté presente o no un observador; tiene la misma realidad para un objeto inanimado, como un planeta o una estrella, que para un ser vivo, como una marmota o un ser humano. La teoría de Einstein atribuye una realidad objetiva al espaciotiempo, sean cuales sean los acontecimientos que tengan lugar en él. Solo en retrospectiva nos damos cuenta de que Einstein se limitó a sustituir una entidad absoluta de 3 dimensiones por una de 4 dimensiones. De hecho, al principio de su ensayo sobre la relatividad general, Einstein expresó esta misma inquietud con respecto a su teoría de la relatividad especial.

Los físicos creen que pueden construir sus teorías sobre la naturaleza sin incluir lo vivo. Pero si hay un lugar en el que la ciencia puede poner con seguridad sus cimientos, no es donde ellos imaginan. Están obsesionados, por supuesto, con las matemáticas y las ecuaciones, los agujeros negros y las partículas de luz, y, como consecuencia, se pierden gran parte de lo que hay justo al otro lado de la ventana. Viven en una nube, por encima del mundo. Sin embargo, la mariposa y el lobo, los patos y los cormoranes que se pasean por el estanque entre los nenúfares y las eneas son todos una parte importante de la respuesta. Muchos científicos aún no se han dado cuenta de que el universo no puede separarse de la vida que habita entre sus paredes.

Lindley cita además una línea de mi artículo que dice «la cocina desaparece cuando estamos en el cuarto de baño», y replica: «¿Cómo puede ser esto? ¿De verdad quiere que creamos que la cocina desaparece cuando no estamos en ella, y que aparece de nuevo, exactamente con la misma forma que antes tenía, en el momento en que volvemos a entrar?». La función de onda de la cocina se colapsa cuando la observamos por primera vez, y tenemos un registro de ese colapso guardado en la memoria.

Por último, Lindley dice: «Lanza parte de la idea de que se necesita la conciencia para "crear" la realidad. Esta idea ha tenido algunos partidarios a lo largo de los años, pero siempre ha sido una perspectiva extravagante, que hoy no se toma en serio». Puede que no se la tome en serio Lindley, pero sin duda hay muchos que sí. Werner Heisenberg, galardonado con el Premio Nobel y fundador de la mecánica cuántica, dijo: «La ciencia contemporánea, con mucho más apremio que en ninguna época anterior, se ha visto forzada por la propia naturaleza a plantearse una vez más la pregunta de si es posible comprender la realidad por medio de procesos mentales y a dar una respuesta ligeramente distinta». De hecho, Eugene Wigner, otro de los más grandes físicos del siglo XX, afirmó que «no es posible formular las leyes [de la física] de un modo totalmente coherente sin hacer referencia a la conciencia [del observador]».

Si quieres ejemplos más recientes, recuerda el provocador experimento de 2007 que se publicó en la revista *Science* (capítulo siete).[*] Este histórico experimento demostró que una elección hecha ahora puede influir en un acontecimiento de forma retroactiva, es decir, en un acontecimiento que ya ocurrió en el pasado. Este y otros experimentos demuestran claramente que el espacio y el tiempo son relativos al observador. Se ha seguido demostrando también que las propiedades de la materia en sí están determinadas por el observador, en experimentos en los que una partícula pasa por un agujero si se la mira, pero si no se la mira, pasa por más de un agujero al mismo tiempo. La ciencia no ha ofrecido hasta ahora ninguna explicación de cómo es posible que el mundo sea así. La teoría que propongo, de una realidad en cuyo centro están la vida y la conciencia, es la primera que ofrece una explicación científica convincente.

Tenemos que tomarnos en serio de una vez lo que los experimentos llevan demostrando desde hace mucho. No podemos seguir diciendo «uy, qué cosa más rara» y a continuación volver a esconder la cabeza en la arena. El propósito de la ciencia es explicar el mundo que nos rodea. Sin embargo, a pesar de todas las pruebas de que disponemos, los científicos siguen pensando que el observador es un estorbo y los efectos relacionados con el observador, una rareza que entorpece sus teorías. Nuestra teoría considera que la *respuesta* es el observador, la criatura biológica, y no la materia. Y gracias a ello, por primera vez, todos los incomprensibles hallazgos de la relatividad y la teoría cuántica cobran sentido.

Los físicos que están al timón llevan más de cien años sin saber cómo conciliar los fundamentos de la ciencia. Es hora de abrir el debate sobre la naturaleza del universo, no solo a toda la comunidad científica, sino a toda la sociedad.

Es hora de replantearse todo.

---

[*] Jacques *et. al.*: «Experimental Realization of Wheeler's Delayed-choice *Gedanken* Experiment» [Realización experimental del experimento mental de elección retardada de Wheeler]. *Science* 315, 966 (2007).

APÉNDICE 2: EL OBSERVADOR Y LA FLECHA DEL TIEMPO

Resumen no técnico del artículo

En sus artículos sobre la relatividad (que se publicaron en esta misma revista), Einstein demostró que el tiempo era relativo al observador. El estudio que presentamos a continuación lleva esta idea un paso más lejos y demuestra que el observador crea el tiempo. El artículo muestra que las propiedades intrínsecas de la gravedad cuántica y la materia no pueden explicar por sí solas el emerger tremendamente efectivo del tiempo y la ausencia de entrelazamiento cuántico en nuestro mundo cotidiano. Para que esa efectividad sea posible, es necesario incluir las propiedades del observador y, en particular, la forma en que procesamos y recordamos la información.

Sobre la decoherencia en la gravedad cuántica

Dmitriy Podolskiy* y Robert Lanza**

Recibido el 13 de enero de 2016, revisado el 24 de junio de 2016 y aceptado el 27 de julio de 2016.
Publicado en *Annalen der Physik* 528, octubre 2016, 663-676.

Ya argumentamos anteriormente que el fenómeno de decoherencia gravitacional cuántica descrito por la ecuación de Wheeler-DeWitt (WdW) es el responsable de que emerja la flecha del tiempo. Aquí mostramos que las escalas espaciotemporales típicas de la decoherencia gravitacional cuántica son logarítmicamente mayores que un radio de curvatura característico $R^{-1/2}$ del espacio-tiempo de fondo. Este gran tamaño es consecuencia directa del hecho de que la gravedad sea una teoría no renormalizable, y la teoría de campo efectivo correspondiente está casi desacoplada de los grados de libertad de la materia en el límite físico $M_P \rightarrow \infty$. Por lo tanto, la decoherencia gravitacional cuántica es demasiado ineficaz para garantizar la aparición de la flecha del tiempo y la transición del comportamiento cuántico al clásico a escalas macroscópicas. Argumentamos que la emergencia de la flecha del tiempo está directamente relacionada con la naturaleza y las propiedades del observador físico.

---

* Correo electrónico del autor responsable: Dmitriy Podolskiy@hms.harvard.edu.
Facultad de Medicina de Harvard, 77 Avenue Louis Pasteur, Boston, MA, 02115.
** Universidad Wake Forest, 1834 Wake Forest Rd., Winston-Salem, NC, 27106.

1. Introducción

La decoherencia mecánica cuántica es una de las piedras angulares de la teoría cuántica [1, 2]. Se sabe que los sistemas físicos macroscópicos pierden la coherencia cuántica en una minúscula y fugaz fracción de segundo, lo cual, como está en general aceptado, conduce efectivamente a la emergencia del mundo cuasi-clásico definido que experimentamos. La teoría de la decoherencia ha superado extensas pruebas experimentales, y la propia dinámica del proceso de decoherencia se ha observado numerosas veces en el laboratorio [3-15]. El análisis de la decoherencia en los sistemas mecánico-cuánticos no relativistas la basa aparentemente en la *noción del tiempo*, que a su vez se entiende que emerge debido a la decoherencia entre diferentes ramas de solución WKB a la ecuación de Wheeler-DeWitt que describe la gravedad cuántica [2, 16-19].* Por consiguiente, para comprender la decoherencia en su totalidad, primero tenemos que entender la decoherencia en la gravedad cuántica. Y esto es obviamente problemático, ya que hasta el momento ha sido imposible formular ninguna teoría de la gravedad cuántica consistente y completa.

Aunque generalmente se cree que describir la dinámica de la decoherencia en las teorías de campos cuánticas relativistas y gravitacionales no debería suponer ninguna dificultad fundamental, y que la gravedad pierde rápidamente la coherencia cuántica debido a la interacción con la materia [20-23], vamos a demostrar aquí mediante estimaciones simples que en algunos casos relevantes (en particular, en una situación física definida del universo muy temprano) la decoherencia de los grados de libertad gravitacionales cuánticos podría ser de hecho muy poco efectiva. La naturaleza de esa ineficacia está relacionada en gran medida con la no renormalizabilidad de la gravedad. Para entender cómo influye esta última en la dinámica de la decoherencia, podemos considerar teorías con un polo de Landau, como la teoría de campo escalar $\lambda\varphi^4$ en $d = 4$ dimensiones. Se considera que esta es una teoría trivial [24], ya que el acoplamiento físico λ_{fis} desaparece en el

---

* N. de la T.: WKB: Método de aproximación Wentzel-Kramers-Brillouin que se aplica cuando intervienen potenciales que varían lentamente con las coordenadas.

límite del continuo.* Cuando $d \geq 5$, donde la trivialidad es cierta [25, 26], los exponentes críticos de la teoría $\lambda\varphi^4$ y otras teorías de la misma clase de universalidad coinciden con los predichos por la teoría del campo medio. Así, tales teorías son efectivamente libres en el límite del continuo, es decir, $\lambda_{\text{fis}} \sim \frac{\lambda}{\Lambda^{d-4}} \to 0$ cuando el corte UV $\Lambda \to \infty$. La decoherencia mecánica cuántica de los estados de campo en tales teorías cuánticas de campos (QFT/TCC) solo puede proceder mediante la interacción con otros grados de libertad. Si tales grados de libertad no están disponibles, la decoherencia no es solo lenta, sino que es prácticamente inexistente.

En la formulación de una teoría de campo efectivo gravitatorio, los acoplamientos adimensionales quedan suprimidos por las potencias negativas de la masa de Planck M_{P}, que actúa como corte UV y se hace infinita en el límite de desacoplamiento $M_{\text{P}} \to \infty$. Los tiempos de decoherencia en configuraciones arbitrarias de los grados de libertad del campo gravitacional cuántico crecen a la par que M_{P} aumenta, aunque logarítmicamente lo hacen muy despacio y, como veremos a continuación, se hacen infinitos cuando el desacoplamiento es total. Si recordamos que la gravedad está *casi* desacoplada de la materia física en el mundo físico real, la ineficacia de la decoherencia gravitacional cuántica ya no es tan sorprendente. Si bien los grados de libertad de la materia que se propaga en un espacio-tiempo fijo o ligeramente perturbado de fondo, correspondiente a una determinada aproximación a la solución de la ecuación de WdW, pierden muy rápidamente la coherencia, la decoherencia de diferentes aproximaciones WKB a la solución sigue estando dentro del ámbito de la gravedad cuántica. Proponemos por lo tanto que, para casar la ineficacia de la decoherencia gravitacional cuántica con el mundo de casi completa decoherencia que observamos en los experimentos, son necesarios algunos argumentos físicos adicionales basados en las propiedades del observador, en concreto en su capacidad de procesar y recordar información.

El presente estudio está organizado como sigue. En la sección 2 se discute la decoherencia en las teorías cuánticas de campo no renormalizables

---

* Existen contraargumentos a favor de la existencia de un límite de acoplamiento fuerte genuino para d = 4 [42].

y la relación entre estas y los sistemas estadísticos clásicos con transición de fase de primer orden. En la sección 3 se discute la decoherencia en las TCC no renormalizables utilizando formalismos de primera y segunda cuantización. La sección 4 está dedicada a examinar la decoherencia en el espacio-tiempo de De Sitter (dS). También argumentamos que los metaobservadores no deberían experimentar en el espacio-tiempo dS los efectos de la decoherencia. En la sección 5 se revisan los enfoques normalizados de la decoherencia gravitacional cuántica basados en el análisis de las soluciones de la ecuación WdW y la ecuación maestra para la matriz de densidad de los grados de libertad gravitacionales cuánticos. Por último, en la sección 6 argumentamos que uno de los mecanismos responsables de que emerja la flecha del tiempo está relacionado con la capacidad de los observadores para retener información sobre los eventos experimentados.

2. Notas preliminares sobre teorías de campos no renormalizables

Para estudiar con un enfoque cuantitativo la decoherencia en las TCC no renormalizables, resulta útil establecer una dualidad entre las teorías de campo cuánticas en d dimensiones espacio-temporales y los modelos de física estadística en d dimensiones espaciales. En otras palabras, para intuir el comportamiento de una teoría cuántica de campos no renormalizable, se puede analizar primero el comportamiento de sus homólogas de la física estadística que describen el comportamiento de los sistemas clásicos con simetrías adecuadas próximas a la transición de fase.

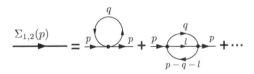

Figura 1 Contribución de uno y dos bucles a $\Sigma (p)$ en la EFT (teoría de campo efectivo) $\lambda \varphi^4$.

Consideremos, por ejemplo, una gran categoría de TCC no renormalizables que incluya teorías con simetrías *globales* discretas y continuas en un número de dimensiones espacio-temporales mayor que la dimensión crítica superior d_{sup} : $d > d_{sup}$. Se sabe que las versiones euclidianas de tales teorías describen una vecindad de la transición de fase de primer orden en el retículo [27], y sus límites continuos no existen formalmente:* incluso en proximidad de la temperatura crítica $T = T_c$, la longitud de correlación física de la teoría $\xi \sim m_{fis}^{-1} \sim (T - T_c)^{-1/2}$ nunca llega a ser infinita.

Un ejemplo notable de esto es la teoría de campo estadístico escalar $\lambda \, (\varphi^2 - v^2)^2$, que describe el comportamiento del parámetro de orden φ en el sistema casi crítico con simetría Z_2 discreta. Esta teoría es trivial [25, 26] en $d > d_{sup} = 4.$** La trivialidad se deduce aproximadamente de la observación de que el acoplamiento efectivo adimensional decae a λ/ξ^{d-4} cuando alcanza el límite del continuo $\xi \to \infty$.

¿Qué significa esto en términos físicos? En primer lugar, el comportamiento de la teoría en $d > 4$ está muy aproximado por el campo medio. Esto se puede ver fácilmente al aplicar el criterio de Ginzburg para comprobar la validez de la aproximación de campo medio [28]: en $d > 4$ la descripción de la teoría de campo medio (MFT) es válida muy cerca de la temperatura crítica. También es fácil de comprobar en un diagrama: la función de dos puntos del campo φ tiene la siguiente forma en la representación del momento

$$\left\langle \phi(-p)\phi(p) \right\rangle \sim \left(p^2 + m_0^2 + \Sigma(p) \right)^{-1}.$$

donde $m^2_0 = a(T - T_c)$, y al nivel de un bucle (véase la figura 1)

$$\Sigma(p) \sim c_1 g \Lambda^2 + c_2 g \Lambda^2 \left(\frac{a(T - T_c)}{\Lambda^2} \right)^{d/2-1}. \quad (1)$$

---

* De manera similar, se sabe que las teorías de campo gauge euclidianas Z_2, $O(2)$ y $SU(N)$ poseen una transición de fase de primer orden en el retículo a $d > d_{sup} = 4$.
** Lo más probable es que sea trivial incluso en $d = 4$ [24], donde presenta un polo de Landau (aunque existen argumentos a favor de un comportamiento no trivial en caso de acoplamiento fuerte; véase por ejemplo [42]).

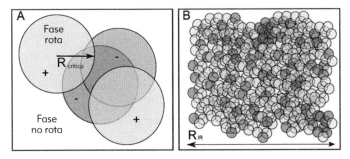

Figura 2. Una posible configuración del parámetro de orden en el modelo estadístico Z_2 en d $\geq$ 5 dimensiones espaciales. El panel de la izquierda representa la configuración del campo a escalas ligeramente mayores que el radio crítico Rcrit ~ξ, que coincide con el tamaño de las burbujas del verdadero vacío con simetría Z_2 rota; + corresponde a las burbujas con vacío $+\Phi_0$ en su interior y – a las burbujas con vacío $-\Phi_0$. A escalas mucho mayores del orden del R_{IR} dado por la expresión (2) $(\Phi) = 0$ en promedio, como la contribución de múltiples burbujas con $\Phi = +\Phi_0$, se compensa con la contribución de las burbujas con $\Phi = -\Phi0$.

donde $g = \lambda\Lambda^{d-4}$ es el acoplamiento adimensional. El primer término en el lado izquierdo de (1) representa la corrección del campo medio que conduce a la renormalización/redefinición de T_c. El segundo término está fuertemente reprimido en $d > 4$ en comparación con el primero. Lo mismo se aplica a cualquier corrección de alto orden en potencias de λ así como a las correcciones de cualquier otro término local ~ φ^6, φ^8, ..., $p^m\varphi^n$, ... en el lagrangiano efectivo de la teoría.

Como vemos, el comportamiento de la teoría es, de hecho, sencillo a pesar de su no renormalizabilidad; ingenuamente, dado que la constante de acoplamiento λ tiene una dimensión $[I]^{d-4}$, se esperarían correcciones incontrolables de la ley de potencias para los observables y las constantes de acoplamiento de la teoría. Sin embargo, como (1) implica, la serie de perturbaciones de la teoría puede volver a sumarse de tal manera que solo perduren los términos del campo medio. Desde el punto de vista físico, también está claro por qué se llega a esta conclusión. A $d > 4$, los modelos de física estadística invariantes Z_2 no presentan una transición de fase de segundo orden, pero, por supuesto, sí poseen una de primer orden.* El

---

* Esto equivale a decir que las teorías triviales no admiten límite del continuo.

comportamiento de la teoría en las proximidades de la transición de fase de primer orden siempre puede ser descrita en la aproximación de campo medio, en términos del parámetro de orden homogéneo $\Phi = \langle\varphi\rangle$.

Nuestro argumento no está del todo completo, debido a un pequeño malhechor. Supongamos que se considera una teoría de campo efectivo en la que el corte Λ de la teoría coincide con el corte físico. Cerca del punto de la transición de fase de primer orden, cuando se sondean las escalas espaciales muy pequeñas (mucho más pequeñas que la longitud de correlación ξ de la teoría), está casi garantizado que la física estudiada es la de la fase rota. La transición de fase de primer orden se produce mediante la nucleación de burbujas de un tamaño crítico $R \sim (T - T_c)^{-1/2} \sim \xi$, por lo que las escalas muy pequeñas corresponden a la física interior de una burbuja del verdadero vacío $\langle\varphi\rangle = \pm v$, y la EFT del campo $\delta\varphi = \varphi - \langle\varphi\rangle$ es una buena descripción de cómo se comporta la teoría a tales escalas. A medida que aumenta la escala espacial de estudio, esta descripción se romperá inevitablemente en la escala IR

$$R_{IR} \sim m^{-1} \exp\left(\frac{\text{Const.}}{\lambda m^{d-4}}\right)$$

$$\sim \frac{\Lambda^{\frac{d-4}{2}}}{\sqrt{g}\,v} \exp\left(\frac{\text{Const.}\,\Lambda^{(d-4)(d/2-1)}}{g^{d/2-1}v^{d-4}}\right),$$

$$(2)$$

donde $m \sim \xi^{-1} \sim \sqrt{\lambda}\,v \to 0$ está en el límite precrítico. Esta escala está directamente relacionada con la tasa de nucleación de burbujas: a escalas mucho mayores que el tamaño de burbuja R hay que tener en cuenta el fondo estocástico del conjunto de burbujas del verdadero vacío superpuesto al falso vacío, pues su desviación del fondo de una sola burbuja $\langle\varphi\rangle = \pm v$ trastorna la descripción de la teoría del campo efectivo (véase la figura 2). La homogeneidad espacial también se rompe a escalas $m^{-1} < l \ll R_{\text{IR}}$ por ese fondo estocástico, y esta no homogeneidad espacial a gran escala es una de las razones de la ruptura de la descripción de la teoría del campo efectivo.

Por último, si la escala de sondeo es mucho mayor que $\xi \sim (T - T_c)^{-1/2}$ (digamos, aproximadamente, del orden de R_{IR} o mayor), el observador sondea una fase de falso vacío con $\langle \varphi \rangle = 0$. La simetría Z^2 dicta la existencia de dos mínimos verdaderos $\langle \varphi \rangle = \pm v$, y las diferentes burbujas tienen distintos vacíos entre los dos concretados en su interior. Si se espera lo suficiente, el proceso de nucleación constante de burbujas conducirá al autopromedio de los $\langle \varphi \rangle$ observados. Como resultado, el «verdadero» $\langle \varphi \rangle$ medido en escalas espaciales muy largas es siempre cero.

La principal conclusión de esta sección es que, a pesar del fallo de la teoría de campo efectivo tanto en la escala UV (momentos $p \gtrsim \Lambda$) como en las escalas IR (momentos $p \gtrsim R^{-1}_{IR}$), la teoría estadística no renormalizable $\lambda \varphi^4$ permanece perfectamente bajo control: podemos utilizar efectivamente una descripción en términos de EFT a pequeñas escalas $R^{-1}_{IR} \lesssim p \lesssim \Lambda$ y un campo medio a grandes escalas. En todos los casos, el sistema físico se mantiene casi completamente descrito en términos del parámetro de orden homogéneo $\Phi = \langle \varphi \rangle$ o de un «campo maestro», ya que sus fluctuaciones están casi desacopladas. Veamos ahora qué significa esta conclusión para las contrapartes cuánticas de los mencionados sistemas de física estadística.

3. La decoherencia en las teorías de campo relativistas no renormalizables

En primer lugar, vamos a centrarnos en la teoría cuántica de campo con simetría global Z_2. Todo lo anterior (la posibilidad de descripciones de la EFT tanto en $R^{-1}_{IR} \lesssim E \lesssim \Lambda$ como en $E \ll R^{-1}_{IR}$, y el fallo de la EFT tanto en $E \sim \Lambda$ y $E \sim R^{-1}_{IR}$ con la R^{-1}_{IR} dado por la expresión [2]) puede aplicarse a la teoría cuántica, pero hay una adición importante relativa a la decoherencia, que ahora comentaremos con más detalle.

3.1 Campo maestro y fluctuaciones

Como acabamos de explicar, para la función de partición de la teoría del campo estadístico invariante Z_2 que describe una proximidad de transición de fase de primer orden $\frac{T - T_c}{T_c} \ll 1$ se tiene aproximadamente

$$Z = \int \mathcal{D}\phi \exp\left(-\int d^d x \left(\frac{1}{2}(\partial\phi)^2 \pm \frac{1}{2}m^2\phi^2 + \frac{1}{4}\lambda\phi^4 + \ldots\right)\right) \approx$$

(3)

$$\approx \int d\Phi \exp\left(\mp\frac{1}{2}V_d m^2\Phi^2 - \frac{1}{4}V_d\lambda\Phi^4 - V_d\mu\Phi\right),$$

(4)

donde V_d es el volumen d del sistema, y $d \geq 5$, como en el apartado anterior. Físicamente, las fluctuaciones espaciales del parámetro de orden φ se suprimen, y el sistema está correctamente descrito por las propiedades estadísticas del parámetro de orden homogéneo $\Phi \sim \langle\varphi\rangle$.

La contraparte cuántica rotada de Wick del modelo de física estadística (3) está determinada por la expresión para la «amplitud» mecánica cuántica

$$A(\Phi_0, t_0; \Phi, t) \approx \int d\Phi \exp\left(iV_{d-1}T\left(\mp\frac{1}{2}m^2\Phi^2 - \frac{1}{4}\lambda\Phi^4\right)\right) =$$
$$= \int_{\Phi(t_0)=\Phi_0}^{\Phi(t)=\Phi} \mathcal{D}\Phi \exp\left(iV_{d-1}\int_{t_0}^{t} dt\left(\mp\frac{1}{2}m^2\Phi^2 - \frac{1}{4}\lambda\Phi^4\right)\right),$$

(5)

escrita en términos del «campo maestro» Φ (como es habitual, $V_{d-1} = \int d^{d-1}x$ es el volumen del espacio $[d-1]$ dimensional). Es decir, que en la primera aproximación, la teoría $\lambda\varphi^4$ no renormalizable en $d \geq 5$ dimensiones puede describirse en términos de un campo maestro Φ, aproximadamente homogéneo en el espacio-tiempo. Como es habitual, la función de onda del campo puede describirse como

$$\Psi(\Phi, t) \sim A(\Phi_0, t_0; \Phi, t),$$

donde Φ_0 y t_0 son fijos, mientras que Φ y t son variados, y la matriz de densidad viene dada por

$$\rho(\Phi, \Phi', t) = \mathrm{Tr}\Psi(\Phi, t)\Psi^*(\Phi', t),$$

(6)

donde la traza se toma sobre los grados de libertad no incluidos en Φ y Φ', es decir, las fluctuaciones del campo $\delta\varphi$ sobre la configuración del campo maestro Φ. La contribución de este último puede describirse mediante la fórmula

$$A \sim \int d\Phi \mathcal{D} \delta\phi \, \exp \left(i V_{d-1} T \left(\mp \frac{1}{2} m^2 \Phi^2 - \frac{1}{4} \lambda \Phi^4 \right) \right) \times$$

$$\times \exp \left(i \int d^d x \left(\frac{1}{2} (\partial \delta\phi)^2 \mp \frac{1}{2} m^2 \delta\phi^2 - \frac{3}{2} \lambda \Phi^2 \delta\phi^2 \right. \right.$$

$$\left. \left. -\lambda \Phi^3 \delta\phi - \lambda \Phi \delta\phi^3 - \dots \right) \right). \tag{7}$$

En la aproximación de «campo medio» (correspondiente al límite del continuo) $\lambda \to 0$, las fluctuaciones $\delta\varphi$ están completamente desacopladas del campo maestro Φ, lo que hace que (5) sea una buena aproximación de la teoría. Para concluir, una consecuencia física de la trivialidad de los modelos de física estadística que describen la vecindad de una transición de fase de primer orden es que en sus contrapartes cuánticas no procede la decoherencia de los estados entrelazados del campo maestro Φ.

3.2 Decoherencia en el contexto de la teoría de campo efectivo

Cuando la longitud de correlación $\xi \sim m^{-1}{}_{\text{fis}}$ es grande pero finita, la decoherencia tarda una cantidad de tiempo finita pero grande, determinada esencialmente, como veremos, por la magnitud de ξ. Esta escala de tiempo se estimará ahora mediante dos métodos diferentes.

Como las teorías de campos cuánticas no renormalizables admiten una descripción EFT (que en algún momento se rompe), la dinámica de la decoherencia en tales teorías depende fuertemente de la escala de granulado del modelo empleado efectivamente por el observador. Consideremos una escala espacio-temporal de grano grueso $l > \Lambda^{-1}$ y supongamos que todos los modos del campo φ con energías/momentos $l^{-1} < p \ll \Lambda$ representan el «entorno» y la interacción con ellos conduce a la decoherencia de los modos observados con momentos $p < l^{-1}$. Si también $p > R^{-1}{}_{\text{IR}}$, es aplicable la expansión de la EFT cerca de $\langle\varphi\rangle$. En la práctica, de un modo similar a como Kenneth Wilson formula el análisis del grupo de renormalización, separamos el campo φ en las componentes rápida, φ_{f}, y lenta, φ_s, considerando φ_{f} como entorno, y dado que la invariancia traslacional se mantiene «sin limitación», φ_{f} y φ_s son linealmente separables.[*]

---

[*] Se debe tener en cuenta aquí la representación del momento de los modos. Como es habitual, φ_{f} se define como una integral del campo con pequeña cantidad

La matriz de densidad $\rho\,(t,\,\varphi_s,\,\varphi'_s)$ de las configuraciones del campo o campo maestro «lento» está relacionada con el funcional de influencia de Feynman-Vernon $S_I\,[\varphi_1,\,\varphi_2]$ de la teoría [21] según

$$\rho(t,\phi_s,\phi'_s) = \int d\phi_0 d\phi'_0 \rho(t,\phi_0,\phi'_0) \times$$

$$\times \int_{\phi_0}^{\phi_s} d\phi_1 \int_{\phi'_0}^{\phi'_s} d\phi_2 \exp\,(iS[\phi_1] - iS[\phi_2]$$

$$+iS_I[\phi_1,\phi_2])\,, \tag{8}$$

donde

$$S[\phi_{1,2}] = \int d^d x \left(\frac{1}{2}(\partial\phi_{1,2})^2 - \frac{1}{2}m^2\phi_{1,2}^2 - \frac{1}{4}\lambda\phi_{1,2}^4\right), \tag{9}$$

y

$$S_I = -\frac{3}{2}\lambda \int d^d x \Delta_F(x,x)(\phi_1^2 - \phi_2^2) + \tag{10}$$

$$+ \frac{9\lambda^2 i}{4} \int d^d x\, d^d y \phi_1^2(x)(\Delta_F(x,y))^2\phi_1^2(y) -$$

$$- \frac{9\lambda^2 i}{2} \int d^d x\, d^d y \phi_1^2(x)(\Delta_-(x,y))^2\phi_2^2(y) +$$

$$\frac{9\lambda^2 i}{4} \int d^d x\, d^d y \phi_2^2(x)(\Delta_D(x,y))^2\phi_2^2(y) + \ldots,$$

donde $\varphi_{1,2}$ son las componentes de Schwinger-Keldysh del campo φ_s, y $\Delta_{F,\,-,\,D}$ son respectivamente los propagadores de Feynman, de la

---

de movimiento basada en las series de Fourier. Ya se ha explicado que la teoría cuántica con límite del continuo es una contrapartida de la rotación de Wick del modelo de física estadística que describe una transición de fase de segundo orden. En las proximidades de una transición de fase de segundo orden, las fases de simetría rota y no rota se entremezclan continuamente, lo que conduce a la invariancia traslacional de las funciones de correlación del parámetro de orden φ. En el caso de la transición de fase de primer orden, dicha invariancia se rompe exactamente en presencia del proceso estocástico de nucleación de burbujas de la fase de simetría rota, como se ha explicado en la sección anterior. Por lo tanto, el problema «a gran escala» reescrito en términos de φ_f y φ_s es ahora del tipo Caldeira-Legett [43]. Si enfocamos la atención en la física a escalas menores que el tamaño de la burbuja, la invariancia traslacional se mantiene aproximadamente, y consideramos que φ_s y φ_f son linealmente separables (si no lo son, simplemente diagonalizamos la parte cuadrática del hamiltoniano en φ).

frecuencia negativa de Wightman y de Dyson del campo «rápido» φ_f.[*] Es fácil ver que la expresión (9) es esencialmente la misma que (7), lo cual no es sorprendente ya que con un corte de la IR un observador no puede distinguir entre Φ y φ_s.

La parte de la función de Feynman-Vernon (10) que nos interesa puede reescribirse como

$$S_I = i\lambda^2 \int d^d x\, d^d y (\phi_1^2(x) - \phi_2^2(x)) v(x-y)(\phi_1^2(y) - \phi_2^2(y)) -$$
$$- \lambda^2 \int d^{d+1}x\, d^{d+1}(\phi_1^2(x) - \phi_2^2(x)) \mu(x-y) \tag{11}$$
$$\times\, (\phi_1^2(y) + \phi_2^2(y)) + \ldots$$

(adviértase que los efectos no triviales, incluido el de la decoherencia, aparecen en el superior únicamente en el segundo orden de λ).

Una observación importante que debemos hacer es que, dado que la teoría no renormalizable en cuestión se vuelve trivial en el límite del continuo (véase [5]), los núcleos μ y v pueden aproximarse como locales, es decir, $\mu\,(x-y) \approx \mu_0 \delta\,(x-y)$, $v\,(x-y) \approx v_0\,\delta\,(x-y)$. Debido a que las fluctuaciones $\delta\varphi \sim \varphi_f$ están (casi) desacopladas del campo maestro $\Phi \sim \varphi_s$ en el límite del continuo, su contribución a (9) se describe con el funcional (casi) gaussiano. En consecuencia, si se asume la factorización y la gaussianidad de las condiciones iniciales para los modos del campo «rápido» φ_f, la aproximación markoviana es válida para el funcional (9), (10).

Un cálculo bastante complicado (véase [21]) muestra entonces que la matriz de densidad (8) está sujeta a la ecuación maestra

$$\frac{\partial\rho(t, \phi_s, \phi_s')}{\partial t} = - \int d^{d-1}x [H_I(x, \tau), \rho] + \ldots, \tag{12}$$

$$H_I \approx \frac{1}{2}\lambda^2 v_0 (\phi_s^2(\tau, x) - \phi_s'^2(\tau, x))^2,$$

[*] Aquí, hemos mantenido solo los términos principales de $\lambda \sim \xi^{4-d}$, ya que los bucles superiores, así como otras interacciones no renormalizables, contribuyen a que los FV funcionales sean subdominantes (¡y evanescentes!) en el límite $\xi \to \infty$ del continuo.

donde solo se mantienen explícitamente los términos de la densidad hamiltoniana H_I, que conducen al decaimiento exponencial de los elementos matriciales no diagonales de ρ, mientras que … denotan los términos oscilatorios.

El tiempo de decoherencia puede estimarse fácilmente de la siguiente manera. Si solo se mantiene el campo maestro «cuasi» homogéneo en (12), la matriz de densidad está sujeta a la ecuación

$$\frac{\partial \rho(t, \Phi, \Phi')}{\partial t} = -\frac{1}{2}\lambda^2 \nu_0 V_{d-1}[(\Phi - \Phi')^2(\Phi + \Phi')^2, \rho]$$

$$= -\frac{1}{2}\lambda^2 \nu_0 V_{d-1}[(\Phi - \Phi')^2 \bar{\Phi}^2, \rho], \tag{13}$$

donde $\bar{\Phi} = \frac{1}{2}(\Phi + \Phi')$. Esperamos que, aunque no necesariamente coincidan, esté cerca del mínimo del potencial $V(\Phi)$, que se denotará Φ_0 en lo que sigue. Para $\Phi \approx \Phi'$, los elementos matriciales diagonales de la matriz de densidad que efectúa la decoherencia están fuertemente suprimidos. Para los elementos de la matriz con $\Phi \neq \Phi'$ la tasa de decoherencia está determinada por

$$\Gamma = \frac{1}{2}\lambda^2 \nu_0 V_{d-1}(\Phi - \Phi')^2 \bar{\Phi}^2 \approx \frac{1}{2}\lambda^2 \nu_0 V_{d-1}(\Phi - \Phi')^2 \Phi_0^2. \tag{14}$$

Así que la escala temporal de la decoherencia en este régimen es

$$t_D \sim \frac{1}{\lambda^2 \nu_0 V_{d-1}(\Phi - \Phi')^2 \Phi_0^2}. \tag{15}$$

Es posible simplificar aún más esta expresión. En primer lugar, se observa que λ_{renorm} entrará en la respuesta en lugar del acoplamiento desnudo λ. Como ya se ha explicado (y se muestra en detalle en [25, 26]), la regla de acoplamiento renormalizada adimensional g_{renorm} se suprime en el límite del continuo como $\frac{\text{Const.}}{\xi^{d-4}}$, donde ξ es la longitud de correlación física. En segundo lugar, el volumen físico V satisface la relación $V \lesssim \xi^{d-1}$ (lo que equivale a afirmar que el límite del continuo corresponde a una longitud de correlación del orden del tamaño del sistema). Por último, $\Phi_0^2 \sim \frac{m_{\text{ren}}^2}{\lambda}$ $\sim \xi^{d-6}$, es decir, cada cantidad de (15) puede presentarse solo en términos de la longitud de correlación física ξ. Esto no debe sorprender. Como se argumentó en las secciones anteriores, la descripción de la teoría del campo medio se mantiene eficazmente en el límite $\Lambda \rightarrow \infty$ (o $\xi \rightarrow \infty$), que se caracteriza por el desacoplamiento de las fluctuaciones del campo medio Φ. El autoacoplamiento de las fluctuaciones $\delta\varphi$ también se suprime en el mismo límite, por lo que la longitud de correlación física ξ pasa a ser un único parámetro que define la teoría. El único efecto de tener en cuenta los siguientes órdenes de potencia de λ (¡u otras interacciones!) en la acción efectiva (9) y las funciones de Feynman-Vernon (10) es la redefinición de ξ, que en última instancia tiene que ser determinada por las observaciones. En este sentido, (15) se sostiene en todos los órdenes de λ, y se puede esperar que

$$t_D \gtrsim \text{Const}.\xi \cdot (\xi/\delta\xi), \tag{16}$$

donde $\delta\xi \sim |\Phi - \Phi'|$ universalmente para todos los Φ, Φ' de interés físico.

Según las expresiones (15), (16) el deterioro de los elementos no diagonales de la matriz de densidad ρ (t, Φ_1, Φ_2) tardaría mucho más que ξ/c (donde c es la velocidad de la luz) para $|\Phi_1 - \Phi_2| \ll |\Phi_1 + \Phi_2|$. Todavía se necesita aproximadamente $\sim \xi/c$ para que los elementos de la matriz con $|\Phi_1 - \Phi_2| \sim |\Phi_1 + \Phi_2|$ decaigan, un tiempo muy largo en el límite $\xi \rightarrow \infty$.

Finalmente, si Φ_0, es decir, el «vacío», está excitado, vuelve a ser mínimo después de cierto tiempo y fluctúa cerca de él. Se ha demostrado en [21] que el campo Φ está sujeto a la ecuación de Langevin

$$2\mu_0 \Phi_0 \frac{d\Phi}{dt} + m^2(\Phi - \Phi_0) \approx \Phi_0 \xi(t), \tag{17}$$

$$\langle \xi(t) \rangle = 0,$$

$$\langle \xi(t)\xi(t') \rangle = v_0 \delta(t - t'),$$

donde la fuerza aleatoria se debe a la interacción entre el campo maestro Φ y los modos rápidos $\delta\varphi$, determinada por el término $\frac{3}{2}\lambda\Phi^2\delta\varphi^2$ en la acción efectiva. (La ecuación [17] se ha derivado de la aplicación de la transformación de Hubbard-Stratonovich a la acción efectiva para los campos Φ y $\delta\varphi$ y suponiendo que Φ está cerca de Φ_0). El promedio

$$\langle\Phi\rangle - \Phi_0 \approx (\Phi_{\text{init}} - \Phi_0)\exp\left(-\frac{m^2}{2\mu_0\Phi_0}(t - t_{\text{init}})\right),$$

por lo que el campo maestro que rueda hacia el mínimo de su potencial hace el papel de «tiempo» en la teoría. El desplazamiento hacia el mínimo Φ_0 es muy lento, ya que el tiempo de rodadura $\sim \frac{\mu_0\Phi_0}{m^2} \sim \frac{\mu_0}{\sqrt{\lambda}m} \sim \xi^{d-3}$ es muy grande en el límite del continuo $\xi \to 0$. Una vez que el campo alcanza el mínimo, no hay «tiempo», ya que el campo maestro Φ que hace la función de reloj se ha minimizado. La decoherencia estaría ingenuamente ausente en el estado de superposición de vacíos $\pm\Phi_0$ como se deduce de (14). Sin embargo, el vacío físico visto por un observador a escala de grano grueso está sujeto a la ecuación de Langevin (17) incluso en la máxima proximidad de $\Phi = \pm\,\Phi_0$, y las fluctuaciones $\langle(\Phi - \Phi_0)^2\rangle$ nunca son cero; una tiene aproximadamente

$$\langle(\Phi - \Phi_0)^2\rangle \sim \frac{\Phi_0\nu_0}{m\mu_0},$$

que debe sustituirse en la estimación (15) para los elementos de la matriz por $\Phi \approx \Phi' \approx \Phi_0$.

Lo que se acaba de explicar es válido para escalas de grano grueso $p > R_{IR}^{-1}$, en las que R_{IR} viene dada por la expresión (2). Si la escala de grano grueso es $p \lesssim R_{IR}^{-1}$, la descripción de la EFT se desvirtúa, ya que a esta escala el acoplamiento efectivo adimensional entre los diferentes modos pasa a ser del orden 1, y la interacción de los modos que contribuyen a φ_s y φ_f ya no puede considerarse débil. Sin embargo, recordamos que a escalas de evaluación $l > R_{IR}$ la descripción de campo medio de fase ininterrumpida es perfectamente aplicable (ver anteriormente). Esto implica una vez más escalas de tiempo de decoherencia extremadamente largas.

La representación física resultante es la de estados entrelazados y una coherencia que sobrevive durante mucho tiempo (al menos $\sim\xi/c$) en escalas espaciales del orden de al menos ξ. La amplitud de la longitud de correlación ξ en los modelos de física estática que describen la proximidad de una transición de fase de primer orden implica una correlación a gran escala en las escalas espaciales $\sim\xi$. Como ya se ha sugerido, la decoherencia es sin duda muy inefectiva en tales teorías. A continuación veremos que la imagen física que aquí se presenta tiene, en lo referente a la decoherencia, un gran número de analogías en la gravedad cuántica.

3.3 Decoherencia en la imagen funcional de Schrödinger

Hagamos ahora un primer análisis de cuantización de la teoría y veamos cómo surge la decoherencia en este análisis. Como el campo maestro Φ es constante en el espacio-tiempo, el estado del campo satisface aproximadamente la ecuación de Schrödinger

$$\hat{H}_\Phi |\Psi(\Phi)\rangle = E_0 |\Psi(\Phi)\rangle,$$

donde la forma del hamiltoniano $\hat{H}_\Phi$ se deduce directamente de (5):

$$\hat{H}_\Phi = -\frac{1}{2} V_{d-1} \frac{\partial^2}{\partial\Phi^2} \pm \frac{1}{2} V_{d-1} m^2 \Phi^2 + \frac{1}{4} V_{d-1} \lambda \Phi^4.$$

El significado físico de E_0 es la energía de vacío del campo escalar, que se puede elegir con seguridad que sea 0.

A continuación, se busca la solución cuasi-clásica de la ecuación de Schrodinger de la forma $\Psi_0(\Phi) \sim \exp(iS_0(\Phi))$. La función de onda de las fluctuaciones $\delta\varphi$ (o φ_f, usando la terminología de la subsección anterior) satisface a su vez la ecuación de Schr{odinger

$$i\frac{\partial\psi(\Phi,\phi_f)}{\partial\tau} = \hat{H}_{\delta\phi}\psi(\Phi,\phi_f), \tag{18}$$

donde $\frac{\partial}{\partial\tau} = \frac{\partial S_0}{\partial\Phi}\frac{\partial}{\partial\Phi}$ y $\hat{H}_{\delta\varphi}$ es el hamiltoniano de las fluctuaciones $\delta\varphi$,

$$\hat{H}_{\delta\phi} = \int d^{d-1}x \left(-\frac{1}{2}\frac{\partial^2}{\partial \delta\phi^2} + \frac{1}{2}(\nabla\delta\phi)^2 + V(\Phi, \delta\phi) \right),$$

donde $V(\Phi, \delta\phi) = \pm\frac{1}{2}m^2\delta\phi^2 + \frac{3}{2}\lambda\Phi^2\phi^2$, y el estado completo del campo es $\Psi(\Phi, \delta\varphi) \sim \Psi_0(\Phi) \psi(\Phi, \delta\phi) \sim \exp(iS_0(\Phi)) \psi(\Phi, \delta\phi)$ (de nuevo, suponemos naturalmente que el estado inicial era una función gaussiana factorizada). Ya se ha demostrado (véanse [17] y sus referencias) que el parámetro afín al «tiempo» τ en (18) coincide de hecho con el tiempo físico t.

La expresión de la matriz de densidad del campo maestro Φ es

$$\rho(t, \Phi_1, \Phi_2) = \mathrm{Tr}_{\delta\phi}(\Psi(\Phi_1, \delta\phi)\Psi^*(\Phi_2, \delta\phi))$$

$$= \rho_0 \int \mathcal{D}\delta\phi \, \psi(\tau, \Phi_1, \delta\phi)\psi^*(\tau, \Phi_2, \delta\phi), \qquad (19)$$

donde

$$\rho_0 = \exp(iS_0(\Phi_1) - iS_0(\Phi_2)),$$

$$S_0(\Phi) = \frac{1}{2}V_{d-1}(\dot{\Phi})^2 \mp \frac{1}{2}V_{d-1}m^2\Phi^2 - \frac{1}{4}V_{d-1}\lambda\Phi^4,$$

podemos repetir el análisis de [17]. Es decir, se toma un ansatz gaussiano para $\psi(\tau, \Phi, \delta\varphi)$ (de nuevo, esto se valida por la trivialidad de la teoría)

$$\psi(\tau, \Phi, \delta\phi) = N(\tau) \exp\left(-\int d^{d-1}p\,\delta\phi(p)\Omega(p, \tau)\delta\phi(p) \right),$$

donde N y Ω satisfacen las ecuaciones

$$i\frac{d\log N(\tau)}{d\tau} = \mathrm{Tr}\Omega, \qquad (20)$$

$$-i\frac{\partial\Omega(p, \tau)}{\partial\tau} = -\Omega^2(p, \tau) + \omega^2(p, \tau), \qquad (21)$$

$$\omega^2(p, \tau) = p^2 + m^2 + 3\lambda\Phi^2 + \dots,$$

y la traza denota la integración sobre los modos con momentos diferentes:

$$\mathrm{Tr}\,\Omega = V_{d-1} \int \frac{d^{d-1}p}{(2\pi)^{d-1}} \Omega(p, \tau).$$

La expresión para $N(t)$ puede encontrarse inmediatamente usando la ecuación (20) y la condición de normalización

$$\int \mathcal{D}\delta\phi |\psi(\tau, \Phi, \delta\phi)|^2 = 1$$

(si $N(\tau) = |N(\tau)| \exp(i\xi(\tau))$, la primera determina completamente el valor absoluto $|N(\tau)|$, mientras que la segunda determina la fase $\xi(\tau)$). Entonces, después de tomar la integración funcional gaussiana de (19), la matriz de densidad se puede reescribir en términos de la parte real de Ω (p,τ) como

$$\rho(\Phi_1, \Phi_2) \approx \frac{\rho_0 \sqrt{\det(\mathrm{Re}(\Phi_1))\det(\mathrm{Re}(\Phi_2))}}{\sqrt{\det(\Omega(\Phi_1) + \Omega^*(\Phi_2))}}$$
$$\times \exp\left(-i \int^t dt' \cdot (\mathrm{Re}\Omega(\Phi_1) - \mathrm{Re}\Omega(\Phi_2))\right).$$

Asumiendo la cercanía de Φ_1 y Φ_2 y siguiendo [17] expandimos

$$\Omega(\Phi_2) \approx \Omega(\bar{\Phi}) + \Omega'(\bar{\Phi})\Delta + \frac{1}{2}\Omega''(\bar{\Phi})\Delta^2 + \ldots,$$

donde de nuevo $\bar{\Phi} = \frac{1}{2}(\Phi_1 + \Phi_2)$, $\Delta = \frac{1}{2}(\Phi_1 - \Phi_2)$, y mantenemos los términos proporcionales a solo Δ^2. Un cálculo sencillo pero prolongado muestra que el término que decae exponencialmente en la matriz de densidad tiene la forma

$$\exp(-D) = \exp\left(-\mathrm{Tr}\frac{|\Omega'(\bar{\Phi})|^2}{(\mathrm{Re}\Omega(\bar{\Phi}))^2}\Delta^2\right), \tag{22}$$

donde D es el factor de decoherencia, y el tiempo de decoherencia puede extraerse directamente de esta expresión.

Para ello, observamos que Ω (Φ) está sujeto a la ecuación (21). Cuando $= \Phi_0$, se tiene $\Omega^2 = \omega^2$, y Ω no tiene ninguna dinámica de acuerdo con (21). Sin embargo, si $\Phi_{1,2} \neq \Phi_0$, $\Omega^2 \neq \omega^2$. Como la dinámica de Φ es lenta (véase la ecuación [17]), se puede considerar ω como una función del campo constante Φ e integrar la ecuación (21) directamente. Como el tiempo t entra en la solución de esta ecuación solo en la combinación ωt, vemos de inmediato que el factor (22) contiene un término $\sim t$ en el exponente, que define el tiempo de decoherencia. Este último coincide, como era de esperar, con la expresión (15) derivada en la sección anterior.

Así pues, la principal conclusión de esta sección es que la escala de tiempo de decoherencia característica en las teorías de campo no renormalizables afines a la teoría $\lambda\varphi^4$ en un número de dimensiones superior a 4 es al menos del orden de la longitud ξ de correlación física de la teoría, que se considera grande en el límite del continuo. Así, la decoherencia en el límite casi continuo es muy ineficaz en tales teorías.

4. Decoherencia de campos cuánticos en un espacio-tiempo curvo

Antes de pasar al caso de la gravedad, conviene considerar cómo cambia la dinámica de decoherencia de una teoría cuántica de campos una vez que se establece en un espacio-tiempo curvo. Como veremos dentro de un momento, incluso cuando la teoría es renormalizable (el número de dimensiones del espacio-tiempo $d = d_{up}$), la configuración presenta muchas similitudes con la de una teoría de campos no renormalizable en el espacio-tiempo plano estudiado en la Sección anterior.

Consideremos una TCC/QFT escalar con potencial $V(\varphi) = \frac{1}{2} m^2\varphi^2 + \frac{1}{4} \lambda\varphi^4$ en 4 dimensiones espacio-temporales curvas. Nuevamente, asumimos el caso casi crítico "$T \to T_c$", debido a lo cual el término cuadrático renormalizado $\frac{1}{2} m^2\varphi^2$ que determina la longitud de correlación de la teoría $\xi \sim m^{-1}_{renorm}$ está condicionado a desaparecer (en comparación con la escala de corte Λ, nuevamente para la definitud $\Lambda \sim M_P$).

La escala ξ ya no es la única relevante en la teoría. La estructura del tensor de Riemann del espacio-tiempo (se supone que este no es demasiado curvo) introduce nuevas escalas infrarrojas para la teoría, y la dinámica de decoherencia depende entonces de la relación entre estas escalas y la escala de masa m. Sin mucha pérdida de generalidad y en aras de la simplicidad, se puede considerar un espacio-tiempo dS_4 caracterizado por una única escala de este tipo (constante cosmológica) relacionada con la curva de Ricci del espacio-tiempo de fondo. Resulta práctico escribir

$$V(\phi) = V_0 + \frac{1}{2} m^2 \phi^2 + \frac{1}{4} \lambda \phi^4,$$

asumiendo que el término V_0 domina en la densidad de energía.

A escalas de sondeo espacio-temporales mucho más pequeñas que el tamaño del horizonte $H_0^{-1} \sim \frac{M_P}{\sqrt{V_0}}$ se puede elegir que el estado del campo sea el vacío de Bunch-Davies (o Allen-Mottola) o un estado arbitrario del mismo espacio de Fock. Los procedimientos de renormalización, la construcción de la acción efectiva de la teoría y su función de influencia de Feynman-Vernon son similares a los de la TCC en el espacio-tiempo de Minkowski. Por lo tanto, también lo es la dinámica de la decoherencia debido al rastreo de modos UV inobservables; la escala temporal de la decoherencia es nuevamente del orden de la longitud de correlación física de la teoría:

$$t_D \sim \xi \sim m_{\text{renorm}}^{-1},$$

en completa analogía con la estimación (16). Esta respuesta estándar se sustituye por

$$t_D \sim H_0^{-1}, \tag{23}$$

cuando la masa del campo se hace menor que la escala de Hubble, $m^2 \ll H_0^2$, y la longitud de correlación ingenua ξ supera el tamaño del horizonte de dS^4. (La respuesta [23] es correcta hasta un prefactor logarítmico $\sim \log(H_0)$.)

Es interesante analizar el caso $m^2 \ll H_0^{\,2}$ con más detalle. La respuesta (4) solo es válida para un observador físico que viva dentro de una sola región de Hubble. ¿Cómo se ve la decoherencia del campo φ desde el punto de vista de *un metaobservador*, que es capaz de sondear la estructura a gran escala del superhorizonte del campo φ?[*] Es bien sabido [29, 30] que el campo φ en la región plana de dS^4 simplificado a la escala espacio-temporal del horizonte cosmológico H_0^{-1} está (aproximadamente) sujeto a la ecuación de Langevin

$$3H_0 \frac{d\phi}{dt} = -m^2\phi - \lambda\phi^3 + f(t), \tag{24}$$

$$\left\langle f(t)\,f(t') \right\rangle = \frac{3H_0^4}{4\pi^2}\delta(t - t'),$$

donde el promedio se toma sobre el vacío de Bunch-Davies, muy similar a (17), pero con la diferencia de que la magnitud del ruido blanco y el coeficiente de disipación están correlacionados entre sí. La correspondiente ecuación de Fokker-Planck

$$\frac{\partial P(t, \phi)}{\partial t} = \frac{1}{3H_0} \frac{\partial}{\partial \phi}\left(\frac{\partial V}{\partial \phi} P(t, \phi) \right) + \frac{H_0^3}{8\pi^2} \frac{\partial^2 P}{\partial \phi^2} \tag{25}$$

describe el comportamiento de la probabilidad $P(t, \varphi)$ de medir un valor dado del campo φ en un momento dado del tiempo en un punto dado del espacio simplificado (de grano grueso). Su solución es normalizable y tiene un comportamiento asintótico

$$P(t \to \infty, \phi) \sim \frac{1}{V(\phi)} \exp\left(-\frac{8\pi^2 V(\phi)}{3H_0^4} \right) \tag{26}$$

---

[*] Esta cuestión no carece completamente de sentido, ya que es posible una configuración en la que el valor de V_0 salte repentinamente a cero, de modo que el espacio-tiempo de fondo se convierte en uno de Minkowski en el límite $M_P \to 0$, y la estructura del campo dentro de un único cono de luz de Minkowski es entonces accesible para un observador. Si su escala de sondeo/granulado grueso es $l > H_0^{-1}$, esta es la cuestión que estamos tratando de abordar.

Como las funciones de correlación del campo de grano grueso φ se calculan según la fórmula

$$\langle \phi^n(t, x) \rangle \sim \int d\phi \cdot \phi^n P(\phi, t),$$

(adviértase que las funciones de dos, tres, etc., puntos de φ son cero, y solo las funciones de correlación de un punto son no triviales), lo que estamos tratando en el caso (26) no es más

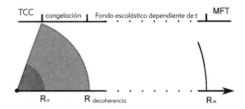

Figura 3 Jerarquía de grados de decoherencia para un metaobservador en el espacio dS_D. $R_H \sim H_0^{-1}$ representa el radio de Hubble, a escalas comóviles $<$ H_0^{-1}, la descripción física correcta debe ser la que exprese la interacción de la TCC/QFT en un estado de vacío invariante de De Sitter; la congelación de los modos que abandonan el horizonte, la desaparición del modo en decaimiento y la decoherencia del campo de fondo (el «campo maestro» Φ) se producen a escalas comóviles $R_H < 1 < R_{decoherencia}$, siendo esta última unos pocos e-folds mayor que la primera (véase la siguiente sección); a $R_H < 1 < R_{decoherencia}$, el campo Φ y los observables relacionados están sujetos a la ecuación de Langevin (24) y representan un fondo estocástico de regiones de Hubble dependiente del tiempo; a escalas comóviles $> R_{IR}$ dadas por (27), el campo estocástico Φ alcanza la solución de equilibrio (26) de la ecuación de Fokker-Planck (25), y la noción de tiempo no está bien definida; la descripción correcta de la teoría se hace en términos del campo medio/maestro con la función de partición dada por (26).

que *una teoría de campo medio* (MFT) con una energía libre $F = \frac{8\pi^2}{3} V(\phi)$ calculada como una integral del campo medio φ sobre el volumen $4 \sim H_0^{-4}$ de una sola región de Hubble. Como se ha explicado en la Sección anterior, el metaobservador no experimenta la decoherencia como un fenómeno físico. De hecho, la escala comóvil simplificada l_c que separa los dos regímenes claramente distintos de una teoría débilmente acoplada con una decoherencia relativamente lenta y una MFT con decoherencia ausente es del orden de

$$R_{IR} \sim H_0^{-1} \exp(S_{dS}), \tag{27}$$

donde $S_{dS} = \dfrac{\pi M_P^2}{H_0^2}$ es la entropía de De Sitter (compárese esta expresión con [2]).

En general, la imagen física correspondiente a la teoría cuántica de campos escalares sobre fondo dS^4 no se diferencia mucho de la que ofrece la teoría de campos $\lambda\varphi^4$ no renormalizable en el espacio-tiempo de Minkowski (véase la figura 3):

- para observadores con una escala de grano grueso (comóvil) pequeña $l < H_0^{-1}$, la escala de tiempo de decoherencia es como máximo H_0^{-1}, que es bastante grande físicamente (del orden del tamaño del horizonte cosmológico para una región de Hubble dada),

- para un metaobservador con una escala de grano grueso (comóvil) $l > R_{IR}$, donde R_{IR} viene dada por (27), la decoherencia está ausente por completo, y dichos metaobservadores experimentan la teoría subyacente como un campo medio.

Otra característica de esta configuración que es coherente con el comportamiento de una teoría de campos no renormalizable en un espacio-tiempo plano es la ruptura de la teoría de campo efectivo (EFT) aplicada a la perturbación curvilínea de la IR [31] (así como la ruptura de la IR de la teoría de perturbaciones en un fondo dS^4 fijo) [32]; compárese con lo expuesto en la sección 3. Puede recuperarse el control de la teoría si el comportamiento de los observables en el régimen de la EFT se adhiere al régimen de la IR del campo medio de inflación eterna [33].

5. Decoherencia en la gravedad cuántica

Después de lo que se ha argumentado en las dos secciones anteriores, estamos finalmente preparados para reflexionar sobre el tema de la decoherencia en la gravedad cuántica, la emergencia del tiempo y la flecha cosmológica del tiempo, centrándonos en el caso de $d = 3+1$ dimensiones. La observación clave es que *el número crítico de dimensiones de la gravedad es* $d_{up} = 2$, por lo que resulta tentador plantear la hipótesis de que el caso de la gravedad puede tener algunas similitudes con las teorías no renormalizables comentadas en la sección 3.

Podemos realizar el análisis de la decoherencia de la gravedad cuántica siguiendo la estrategia representada en la sección 3.2, es decir, estudiando la EFT de los grados de libertad gravitacionales cuantizados en segundo lugar, construyendo para ellos el funcional de Feynman-Vernon y extrayendo de él las escalas de decoherencia características (véase, por ejemplo, [34]). Sin embargo, es más práctico seguir la estrategia descrita en la sección 3.3. En concreto, nos gustaría aplicar la aproximación de Born-Oppenheimer [17] a la ecuación de Wheeler-De Witt

$$\hat{H}\Psi = \left(\frac{16\pi\, G_{ijkl}}{M_P^2} \frac{\partial^2}{\partial h_{ij} \partial h_{kl}} + \sqrt{h^{(3)}}\, M_P^2\, R - \hat{H}_m \right) \Psi = 0$$

(28)

que describe el comportamiento de los grados de libertad relevantes (gravedad $+$ un campo escalar masivo libre con masa m y el hamiltoniano $\hat{H}_m$). Como es habitual, los grados de libertad gravitatorios incluyen variables funcionales de la división según el Método de Decomposición de Adomian (ADM): el factor de escala a, las funciones de desplazamiento y lapso N_μ y las perturbaciones del tensor sin traza transversal h_{ij}. La ecuación de WdW (28) no contiene tiempo; de forma similar al caso de la ecuación de Fokker-Planck (25) para la inflación [29], lo sustituye el factor escalar a. El tiempo emerge únicamente después de elegir una particular rama WKB de la solución Ψ y que la porción WKB $\psi(a) \sim \exp(iS_0)$ de la función de onda Ψ se separe explícitamente de las funciones de onda de los multipolos ψ_n [17], de modo que el estado completo se factoriza: $\Psi = \psi(a) \prod_n \psi_n$. Al igual que en el caso tratado en la sección 3.3, estos últimos satisfacen las ecuaciones funcionales de Schrödinger

$$i\frac{\partial \psi_n}{\partial \tau} = \hat{H}_n \psi_n, \tag{29}$$

(compárese con [18]). En otras palabras, como la gravedad se proyecta en $d = 4 > d_{up} = 2$ dimensiones espacio-temporales, suponemos que hay un desacoplamiento casi completo de los multipolos ψ_n entre sí. Es de esperar que su hamiltoniano $\hat{H}_n$ sea gaussiano con posible dependencia de a: los ψ_n son análogos a los estados ψ descritos por (18) en el caso de una teoría de campo no renormalizable en el espacio-tiempo plano. (No obstante, advertimos que la suposición de ese desacoplamiento ψ_n podría, en general, romperse en las proximidades de horizontes como el de los agujeros negros, donde la dimensionalidad efectiva del espacio-tiempo se aproxima a 2, el número crítico de dimensiones para la gravedad).

El parámetro afín τ a lo largo de la trayectoria WKB se define de nuevo según la fórmula

$$\frac{\partial}{\partial t} = \frac{\partial}{\partial a} S_0 \frac{\partial}{\partial a}$$

y empieza a hacer el papel de tiempo físico [17]. Tenemos motivos para concluir que la emergencia del tiempo está relacionada con la decoherencia entre diferentes ramas WKB de la función de onda WdW Ψ, y dicha emergencia puede analizarse cuantitativamente.

Se encontró en [17] mediante un cálculo explícito que la matriz de densidad para el factor de escala a se comporta como

$$\rho(a_1, a_2) \sim \exp(-D)$$

con el factor de decoherencia para una sola rama WKB de la solución WdW dado por

$$D \sim \frac{m^3}{M_P^3}(a_1 + a_2)(a_1 - a_2). \tag{30}$$

Observamos la analogía de esta expresión con la expresión (22) derivada en la Sección 3.3: la decoherencia se desvanece en el límite $a_1 = a_2$ (o $a_1 = -a_2$) y se suprime por potencias del corte M_P (m/M_P puede considerarse aproximadamente como un acoplamiento efectivo adimensional entre la materia y la gravedad). En particular, la decoherencia está del todo ausente en el límite de desacoplamiento $M_P \to \infty$.

Para estimar las escalas de tiempo implicadas, consideremos para la definitud la región plana de dS^4 con $a(t) \sim \exp(H_0 t)$. Se deduce inmediatamente de (30) que la decoherencia de una sola rama de WKB se hace efectiva únicamente después de

$$H_0 t_d \gtrsim \log\left(\frac{M_P^3}{m^3(a_1 - a_2)}\right) \qquad (31)$$

tiempos de Hubble, un número logarítmicamente grande de *e-folds*, o gran monto de inflación, en el régimen de interés físico, cuando $M_P \gg m_{\text{fis}} \to 0$ (véase también la exposición de la decoherencia de las fluctuaciones cósmicas en [35], donde se muestra una amplificación logarítmica similar con respecto a un solo tiempo de Hubble). Asimismo, la escala de decoherencia entre las dos ramas WKB de la solución WdW (correspondientes a la expansión y contracción del espacio-tiempo inflacionario)

$$\psi \sim c_1 e^{iS_0} + c_2 e^{-iS_0}$$

demuestra ser algo menor [17, 34]: encontramos para el factor de decoherencia

$$D \sim \frac{mH_0^2 a^3}{M_P^3},$$

y el tiempo de decoherencia (derivado del límite $D(t_d) \gtrsim 1$) viene dado por

$$H_0 t_d \gtrsim \log\left(\frac{M_P^3}{mH_0^2}\right), \qquad (32)$$

que sigue representando un monto de inflación logarítmicamente grande. Tomando por ejemplo $m \sim 100$ GeV y $H_0 \sim 10^{-42}$ GeV, encontramos $H_0 t_d \sim 300$. Incluso para la escala de energía inflacionaria $H_0 \sim 10^{16}$ GeV la escala de tiempo de decoherencia viene dada por $H_0 t_d \sim 3$ *e-folds* inflacionarios, que sigue siendo un número notable. Curiosamente, se necesitan igualmente unos cuantos *e-folds* para que los modos que salen del horizonte se fijen y se conviertan en cuasi-clásicos.

Obsérvese que (a) H_0 no entra en absoluto en la expresión (31), y es de esperar que se mantenga para otros fondos (relativamente homogéneos en sentido espacial) que superen dS_d; (b) (31) es proporcional a las potencias del acoplamiento efectivo adimensional entre materia y gravedad, que se suprime en el límite del límite «continuo»/de desacoplamiento por potencias de corte; (c) la decoherencia está ausente para los elementos de la matriz de densidad con $a_1 = \pm a_2$. Estas analogías nos permiten esperar que un conjunto de conclusiones similares a las presentadas en las secciones 3 y 23 sean también válidas para la gravedad en otros fondos:

- esperamos que la descripción de la teoría del campo efectivo de la gravedad se rompa en la IR a escalas $l \sim l_{\text{IR}}$;[*] la última es exponencialmente mayor que la escala característica del radio de curvatura $\sim R_H$ del fondo; esperamos aproximadamente

$$l_{\text{IR}} \sim R_H \exp\left(\frac{\text{Const.}}{M_P R_H}\right), \tag{33}$$

- a escalas de sondeo muy grandes $l > l_{\text{IR}}$ la decoherencia gravitacional está ausente; un metaobservador que compruebe la teoría a tales escalas está tratando con la solución «completa» de la ecuación de Wheeler-De Witt, que no contiene tiempo en analogía con la escala de inflación eterna (27) en el espacio-tiempo dS ocupado totalmente por un campo escalar ligero,

---

[*] Intervalo espacial $l = \int ds$ que conecta dos objetos no conectados causalmente.

- a escalas de sondeo $l \lesssim R_H$ la decoherencia puramente gravitacional es lenta, ya que típicamente tarda $t_D \gtrsim R_H$ para que la función de onda WdW $\psi \sim c_1 \exp(iS_0[a]) + c_2 \exp(-iS_0[a])$ pierda la coherencia, si el tiempo se mide con el reloj asociado a los grados de libertad de la materia.

Por último, cabe señalar que la gravedad difiere de las teorías de campo no renormalizables descritas en las secciones 2 y 3 en varios aspectos, dos de los cuales podrían ser relevantes para nuestro análisis: (a) la gravedad se acopla a *todos* los grados de libertad de la materia, hecho que podría llevar a una supresión del correspondiente acoplamiento efectivo que entra en el factor de decoherencia (30) y (b) se acopla efectivamente a configuraciones macroscópicas de campos de materia sin ningún efecto de apantallamiento (este hecho es responsable de una rápida tasa de decoherencia calculada en el estudio clásico [20]). Con respecto al punto (a), se ha argumentado previamente que la escala real a la que la teoría de campo efectivo para la gravedad se rompe y la gravedad se acopla fuertemente queda suprimida por el número efectivo de campos de materia N (véase por ejemplo [36], donde se estima que la escala de acoplamiento fuerte es del orden $M_P/\sqrt{N}$, en lugar de la masa de Planck M_p). De hecho, es bastante sencillo extender los anteriores argumentos al caso de N campos escalares con simetría Z_2. Inmediatamente se ve que la escala de tiempo de decoherencia entre las ramas en expansión y en contracción de la solución WdW viene dada por

$$H_0 t_d \gtrsim \log\left(\frac{M_P^3}{mN^{1/2}H_0^2}\right)$$

(compárese con la ecuación [32]), mientras que la decoherencia de la única rama se efectúa a escalas de tiempo del orden

$$H_0 t_d \gtrsim \log\left(\frac{M_P^3}{m^3 N^{3/2}(a_1 - a_2)}\right).$$

Para la decoherencia entre las ramas de WdW en expansión y en contracción discutida en esta sección y para la emergencia de la flecha cosmológica del tiempo, es importante que la mayor parte de los campos de materia se encuentren en los estados de vacío correspondientes (con la excepción de los escalares ligeros, no resultan desplazados al rojo) y el N efectivo siga siendo bastante bajo, por lo que la dependencia de N ha afectado solo muy débilmente a nuestras estimaciones. En cuanto al punto (b), no existen todavía configuraciones macroscópicas de la materia (de nuevo, con la excepción de los escalares ligeros con $m \ll H_0$) en escalas temporales de interés.

6. Conclusión

Hemos terminado la sección anterior con la observación de que la decoherencia gravitacional cuántica responsable de la aparición de la flecha del tiempo es, de hecho, bastante ineficaz. Si la escala de curvatura típica del espacio-tiempo es $\sim R$, son necesarios al menos

$$N \sim \log\left(\frac{M_P^2}{R}\right) \gg 1 \qquad (34)$$

e-folds para que la función de onda WdW cuasi-clásica $\psi \sim c_1 \exp(iS_0[a]) + c_2 \exp(-iS_0[a])$ que describe una superposición de regiones en expansión y en contracción manifieste decoherencia en ramas WKB separadas. Sean cuales sean los grados de libertad de la materia con los que estemos tratando, es de esperar que la estimación (34) sea aplicable y mantenga la solidez.

Una vez que se produce la decoherencia, la dirección de la flecha del tiempo viene dada por el vector $\partial_t = \partial_a S_0 \partial_a$; a escalas espacio-temporales más pequeñas que (34) el factor de decoherencia sigue siendo pequeño y el estado del sistema representa una espuma cuántica, siendo las amplitudes $c_{1,2}$ las que determinan las probabilidades de elegir, correspondientemente, una rama WKB en expansión o en contracción. Curiosamente, la misma imagen se reproduce una vez que la escala de sondeo de un observador se hace mayor que la escala de curvatura característica R. Como ya hemos explicado, la ineficacia de la decoherencia gravitacional está directamente relacionada con el hecho de que la gravedad es una teoría no renormalizable desacoplada casi por completo de la dinámica cuántica de los grados de libertad de la materia.

Si es así, parece natural preguntarse: ¿por qué experimentamos entonces una realidad cuasi-clásica con la flecha del tiempo exclusivamente dirigida del pasado al futuro y una decoherencia de los grados de libertad de la materia cuántica a escalas macroscópicas? Dado que tenemos respuesta para la primera parte de la pregunta, y que los grados de libertad gravitacionales cuánticos se consideran cuasi-clásicos, aunque quizá estocásticos, la segunda parte es muy fácil de responder. La radiación del fondo estocástico de ondas gravitacionales cuasi-clásico lleva a una decoherencia de los grados de libertad de la materia a una escala temporal del orden

$$t_D \sim \left(\frac{M_P}{E_1 - E_2} \right)^2,$$

donde $E_{1,2}$ son dos energías en reposo de dos estados cuánticos de la configuración de la materia considerada (véase por ejemplo [37, 38]). Este proceso de decoherencia se produce con extrema rapidez en el caso de configuraciones macroscópicas de masa total mucho mayor que la masa de Planck $M_P \sim 10^{-8}$ kg. Por lo tanto, como se acaba de mencionar, es a la primera parte de la pregunta a la que debemos responder.

Como no parece haber ningún mecanismo físico en la relatividad general cuantizada que conduzca a la decoherencia gravitacional cuántica a escalas espacio-temporales menores que (34), una idea alternativa sería cederle la responsabilidad de fijar la flecha del tiempo al observador. En particular, es tentador utilizar la idea de [39, 40], donde se argumentó que las trayectorias pasado → futuro cuasi-clásicas están asociadas con el aumento de la información cuántica recíproca entre el observador y el sistema observado y el correspondiente aumento de la entropía de su mutuo entrelazamiento. En sentido inverso, debería esperarse que las trayectorias cuasi-clásicas futuro → pasado estén asociadas a la disminución de la información cuántica recíproca. Por ejemplo, consideremos un observador A, un sistema observado B y un depósito R tal que el estado del sistema combinado $A\,B\,R$ sea puro, es decir, R es un espacio de purificación del sistema AB. En [39] se demostró que

$$\Delta S(A) + \Delta S(B) - \Delta S(R) - \Delta S(A:B) = 0, \qquad (35)$$

donde $\Delta S(A) = S(\rho_A, t) - S(\rho_A, 0)$ es la diferencia de las entropías de Von Neumann del subsistema observador descrito por la matriz de densidad ρ_A, estimada en los tiempos t y 0, mientras que $\Delta S(A:B)$ es la diferencia de información cuántica recíproca, relacionada trivialmente con la diferencia de entropía cuántica mutua para los subsistemas A y B. De (35) se deduce inmediatamente que una aparente disminución de la entropía de Von Neumann $\Delta S(B) < 0$ se traduce en una disminución de la información cuántica recíproca $\Delta S(A:B) < 0$, lo cual equivaldría, por así decirlo, al borrado de las correlaciones cuánticas entre A y B (codificadas en la memoria del observador A durante la observación de la evolución del sistema B).

Como la dirección de la flecha del tiempo está asociada con el aumento de la entropía de Von Neumann, el observador A es simplemente incapaz de recordar el comportamiento del subsistema A relacionado con la disminución de su entropía de Von Newmann en el tiempo. En otras palabras, si es posible que ocurran físicamente los procesos que representan el «sondeo del futuro» y nuestro observador es capaz de detectarlos, no podrá almacenar en la memoria tales procesos. Una vez que la trayectoria cuántica vuelva al punto de partida («presente»), cualquier recuerdo sobre la excursión del observador al futuro se borra.

Por lo tanto, queda claro que la cuestión de la emergencia del tiempo (y de la física de la decoherencia en general) exige una participación del observador algo más fuerte de lo que se suele aceptar en la literatura científica. En particular, hay que atribuirle al observador no solo las escalas de «corte» de la radiación infrarroja y ultravioleta que definen qué modos de los campos sondeados deben considerarse grados de libertad ambientales que rastrear en la matriz de densidad, sino también una capacidad de memoria cuántica. Concretamente, si el observador no posee en absoluto capacidad de memoria cuántica, la acumulación de información recíproca entre el observador y el sistema físico observado es imposible, y el teorema de [39, 40] no tiene validez: en cierto sentido, el observador «sin cerebro» no experimenta el tiempo ni la decoherencia de ningún grado de libertad (como ya se ha sugerido en [41]).

Hay que destacar que el argumento de [39] es relevante solo para la información recíproca cuántica; es posible que la información recíproca clásica $S_{cl}(A : B)$ aumente, mientras que la información recíproca cuántica $S(A : B)$ disminuya: recordemos que la información recírproca cuántica $S(A: B)$ es el límite superior de $S_{cl}(A : B)$. Así, la lógica de la expresión (35) es relevante para los observadores con «memoria cuántica» de capacidad exponencial en el número de *qubits*,[*] y no con memoria clásica de capacidad polinómica como las descritas por las redes de Hopfield.

Referencias

[1] W. H. Zurek. «Decoherence, einselection, and the quantum origins of the classical». *Reviews of Modern Physics* 75, 715-775 (2003).

[2] E. Joos, *et al. Decoherence and the Appearance of a Classical World in Quantum Theory*. Springer Science & Business Media, 2003.

[3] M. Brune, *et al.* «Observing the Progressive Decoherence of the «Meter» in a Quantum Measurement». *Physical Review Letters* 77, 4887-4890 (1996).

[4] M. R. Andrews. «Observation of Interference Between Two Bose Condensates». *Science* 275, 637-641 (1997).

[5] M. Arndt, *et al.* «Wave-particle duality of C60 molecules». *Nature* 401, 680-682 (1999).

---

[*] El número de posibles patrones almacenados es $O(2_n)$, donde n es el número de *qubits* contenidos en el dispositivo de memoria.

[6]   J. Friedman, V. Patel, W. Chen, S. Tolpygo y J. Lukens. «Quantum superposition of distinct macroscopic states». *Nature* 406, 43-46 (2000).

[7]   C. H. van der Wal. «Quantum Superposition of Macroscopic Persistent-Current States». *Science* 290, 773-777 (2000).

[8]   D. Kielpinski. «A Decoherence-Free Quantum Memory Using Trapped Ions». *Science* 291, 1013-1015 (2001).

[9]   D. Vion, *et al.* «Manipulating the quantum state of an electrical circuit». *Science* 296, 886-889 (2002).

[10]   I. Chiorescu, Y. Nakamura, C. J. P. M. Harmans y J. E. Mooij. «Coherent quantum dynamics of a superconducting flux qubit». *Science* 299, 1869-1871 (2003).

[11]   L. Hackermüller, *et al.* «Wave Nature of Biomolecules and Fluorofullerenes», *Physical Review Letters* 91, 090408 (2003)

[12]   L. Hackermüller, K. Hornberger, B. Brezger, A. Zeilinger y M. Arndt. «Decoherence of matter waves by thermal emission of radiation». *Nature* 427, 711-714 (2004).

[13]   J. Martinis, *et al.* «Decoherence in Josephson Qubits from Dielectric Loss». *Physical Review Letters* 95, 210503 (2005).

[14]   J. R. Petta, *et al.* «Coherent manipulation of coupled electron spins in semiconductor quantum dots». *Science* 309, 2180-2184 (2005)

[15]   S. Deléglise *et al.* «Reconstruction of non-classical cavity field states with snapshots of their decoherence». *Nature* 455, 510-514 (2008).

[16]   H.-D. Zeh. *The Physical Basis of the Direction of Time*. Springer Berlin Heidelberg, 1989.

[17]   C. Kiefer. «Decoherence in quantum electrodynamics and quantum gravity». *Physical Review* D 46, 1658-1670 (1992).

[18]   C. Anastopoulos y B. L. Hu. «A Master Equation for Gravitational Decoherence: Probing the Textures of Spacetime 24» (2013). 1305.5231.

[19]   B. L. Hu. «Gravitational Decoherence, Alternative Quantum Theories and Semiclassical Gravity 18» (2014). 1402.6584.

[20]   E. Joos. «Why do we observe a classical spacetime?». *Physics Letters* A 116, 6-8 (1986).

[21]   E. Calzetta y B. L. Hu. «Correlations, Decoherence, Dissipation, and Noise in Quantum Field Theory 37» (1995). 9501040.

[22]   F. Lombardo y F. Mazzitelli. «Coarse graining and decoherence in quantum field theory». *Physical Review* D 53, 2001-2011 (1996).

[23]   J. F. Koksma, T. Prokopec y M. G. Schmidt. «Decoherence and dynamical entropy generation in quantum field theory». *Physics Letters* B 707, 315-318 (2012).

[24]   M. Aizenman y R. Graham. «On the renormalized coupling constant and the susceptibility in phi 4_4 field theory and the Ising model in four dimensions». *Nuclear Physics* B 225, 261-288 (1983).

[25]   M. Aizenman. «Proof of the Triviality of phi_d4 Field Theory and Some Mean-Field Features of Ising Models for d > 4». *Physical Review Letters* 47, 1-4 (1981).

[26]   M. Aizenman. «Geometric analysis of phi 4 fields and Ising models». Partes I y II, *Communications in Mathematical Physics* 86, 1-48 (1982).

[27]   A. M. Polyakov. *Gauge Fields and Strings.* CRC Press, 1987.

[28]   J. Cardy. *Scaling and Renormalization in Statistical Physics.* Cambridge University Press, 1996.

[29]   A. A. Starobinsky. «Stochastic de sitter (inflationary) stage in the early universe, en "Field Theory, Quantum Gravity and Strings"». *Lecture Notes in Physics,* vol. 246. Springer Berlin Heidelberg, 1986.

[30]   A. Starobinsky y J. Yokoyama. «Equilibrium state of a self-interacting scalar field in the de Sitter back-ground». *Physical Review* D50, 6357-6368 (1994).

[31]   N. Arkani-Hamed, S. Dubovsky, A. Nicolis, E. Trincherini y G. Villadoro. «A measure of de Sitter entropy and eternal inflation». *Journal of High Energy Physics* 2007, 055-055 (2007). 0704.1814.

[32]   R. Woodard. «A Leading Log Approximation for Inflationary Quantum Field Theory». *Nuclear Physics* B - Proc. Suppl. 148, 108-119 (2005). 0502556.

[33] K. Enqvist, S. Nurmi, D. Podolsky y G. I. Rigopoulos. «On the divergences of inflationary superhorizon perturbations». *Journal of Cosmology and. Astroparticle Physics* 2008, 025 (2008). 0802.0395.

[34] A. Barvinsky, A. Kamenshchik, C. Kiefer e I. Mishakov. «Decoherence in quantum cosmology at the onset of inflation». *Nuclear Physics* B551, 374-396 (1999). 9812043.

[35] C. Kiefer, I. Lohmar, D. Polarski y A. A. Starobinsky. «Pointer states for primordial fluctuations in inflationary cosmology». *Classical Quantum Gravity* 24, 1699-1718 (2007). 0610700.

[36] G. Dvali. «Black Holes and Large N Species Solution to the Hierarchy Problem». *Fortschritte der Physik* 58, 528-536 (2010). 0706.2050.

[37] M. P. Blencowe. «Effective field theory approach to gravitationally induced decoherence». *Physics Review Letters* 111, 021302 (2013). 1211.4751.

[38] I. Pikovski, M. Zych, F. Costa y Č. Brukner. «Universal decoherence due to gravitational time dilation». *Nature Physics* 4 (2015). 1311.1095.

[39] L. Maccone. «Quantum Solution to the Arrow-of-Time Dilemma». *Physics Review Letters* 103, 080401 (2009).

[40] S. Lloyd. «Use of mutual information to decrease entropy: Implications for the second law of thermodynamics». *Physical Review* A39, 5378-5386 (1989).

[41] R. Lanza. «A new theory of the Universe». *American Scholar* 76, 18 (2007).

[42] D. Podolsky. «On triviality of lambda phi4 quantum field theory in four dimensions». ArXiv:1003.3670.

[43] A. Caldeira y A. Legett. «Path integral approach to quantum Brownian motion». *Physica A: Statistical Mechanics Applications* 121, 587-616 (1983).

APÉNDICE 3: LOS OBSERVADORES DEFINEN LA ESTRUCTURA DEL UNIVERSO

CÓMO CONCILIAR LA MECÁNICA CUÁNTICA Y LA RELATIVIDAD GENERAL

Resumen no técnico del artículo

La incompatibilidad entre la relatividad general y la mecánica cuántica ha desconcertado a los científicos generación tras generación, empezando por el propio Albert Einstein. Este artículo explica que los observadores son la clave para conciliar estos dos pilares de la física moderna, así como la forma en que reestructuran radicalmente el espacio en sí. Representa un caso raro en la física teórica que la presencia de observadores cambie drásticamente el comportamiento de las propias cantidades observables, no solo a escalas microscópicas sino también a escalas espaciotemporales muy grandes. Y, lo que es más importante, el artículo ofrece además una posible explicación de por qué son cuatro las dimensiones que observamos en el espaciotiempo en el que vivimos (D = 3 + 1).

La mecánica cuántica describe exquisitamente la naturaleza a la escala de las moléculas y las partículas subatómicas, mientras que la relatividad general es inigualable a la hora de revelar el comportamiento cósmico en la inmensa escala interestelar. Estas dos teorías tienen numerosas aplicaciones prácticas en nuestra vida cotidiana, como el GPS, en el caso de la relatividad, y los transistores y microprocesadores en el caso de la mecánica cuántica. Sin embargo, al cabo de casi un siglo, seguimos sin entender cómo compatibilizarlas, y lo que esencialmente las ha hecho incompatibles hasta el momento es la «no renormalizabilidad» de la gravedad cuántica, que es el campo donde se las intenta combinar. Sin embargo, resulta que es posible resolver la incompatibilidad entre la mecánica cuántica y la relatividad general si se toma en consideración algo que la física moderna ha ignorado en gran medida hasta ahora. Nos referimos a las propiedades de los observadores que estudian la realidad.

En física, se suele dar por hecho que podemos medir el estado físico de un objeto sin perturbarlo de ninguna manera. Pero en el campo de la gravedad cuántica, se ha visto que no es así. Cuando los observadores miden el estado de la espuma del espaciotiempo, los resultados de sus mediciones varían notablemente en cuanto intercambian información entre ellos; es decir, la propia presencia de los observadores altera la medición de forma significativa. Utilizando un lenguaje simplificado, tiene una importancia enorme para las leyes de la realidad el hecho de que estemos aquí estudiándola, sondeándola y comunicándonos los resultados entre nosotros.

El presente estudio tiene una serie de consecuencias fascinantes. En primer lugar, la presencia de observadores no solo influye, sino que define la propia realidad física. Si la realidad descrita por la combinación de la teoría de la relatividad general de Einstein y la mecánica cuántica existe, y la naturaleza funciona de acuerdo con esa combinación a todas las escalas, quiere decir que de una u otra manera ambas teorías deben contener observadores. Sin una red de observadores que midan las propiedades del espaciotiempo, la combinación de la relatividad general y la mecánica cuántica deja de funcionar. De modo que es inherente a la estructura de la realidad que los observadores que viven en un universo gravitacional cuántico intercambien información sobre los resultados de sus mediciones y creen un modelo cognitivo de ella, puesto que, una vez que se mide algo, la onda de probabilidad de obtener el mismo valor de la cantidad física ya estudiada se «localiza», o sencillamente se «colapsa».

Esto significa que si seguimos midiendo la misma cantidad una y otra vez, teniendo en mente el resultado de la primera medición, obtendremos un resultado similar. Y si alguien nos comunica los resultados de sus mediciones de una cantidad física, nuestras mediciones y las suyas se influyen mutuamente y fijan la realidad según ese consenso. En este sentido, el consenso de diferentes opiniones sobre la estructura de la realidad define su propia forma y moldea en consecuencia la espuma cuántica subyacente.

Tal vez te preguntes qué pasaría si hubiera un solo observador en el universo. La respuesta depende de si el observador es consciente, de si tiene memoria sobre los resultados que ha obtenido al sondear la estructura de la realidad objetiva, de si construye un modelo cognitivo de esta realidad. En otras palabras, un solo observador consciente puede definir completamente esta estructura, ya que su observación provoca el colapso de las ondas de probabilidad y fija una determinada estructura real, que estará localizada en estrecha proximidad al modelo cognitivo que ese observador construya mentalmente a lo largo de su vida. A medida que los resultados experimentales lo confirmen, iremos reconfigurando la realidad como es necesario desde hace ya mucho tiempo, pues nos daremos cuenta al fin de lo íntimamente conectados que estamos con las estructuras del universo en todos los niveles.

Reducción dimensional de la gravedad cuántica en presencia de observadores análoga a la formulada por Parisi y Sourlas

Dmitriy Podolskiy,[a] Andrei O. Barvinsky[b] y Robert Lanza[c]

[a] *Universidad de Harvard, 77 Avenue Louis Pasteur, Boston, MA 02115, EE. UU.*
[b] *Instituto de Física Lebedev, Departamento de Teoría Leninsky Prospect 53, Moscú 117924, Rusia*
[c] *Universidad de Wake Forest, 1834 Wake Forest Rd., Winston-Salem, NC 27106, EE. UU.*

Preimpreso en arXiv:2004.09708v2

RESUMEN: Una de las fuentes de incompatibilidad entre la relatividad general y la mecánica cuántica es la no renormalizabilidad perturbativa de la gravedad cuántica en $3 + 1$ dimensiones espaciales. Aquí mostramos que, en presencia de desorden inducido por redes de observadores aleatoriamente situados que miden cantidades covariantes (como la curvatura escalar), la gravedad cuántica en $(3 + 1)$ dimensiones exhibe una reducción dimensional efectiva análoga al fenómeno observado por Parisi y Sourlas en relación con las teorías de campos cuánticas en campos externos aleatorios. Tras determinar el promedio del desorden asociado, la dimensión crítica superior de la gravedad cuántica se eleva de $D_{cr} = 1 + 1$ a $D_{cr} = 3 + 1$ dimensiones, lo cual hace efectivamente renormalizable la teoría tetradimensional.

PALABRAS CLAVE: reducción dimensional, criticidad, dependencia del observador.

1. Introducción

La dificultad para establecer una conexión entre la relatividad general y la mecánica cuántica ha desconcertado a varias generaciones de físicos teóricos, empezando por Albert Einstein [1]. La esencia del problema es la no renormalizabilidad perturbativa de la relatividad general «ingenuamente» cuantizada [2, 3]: la teoría se vuelve sensible en extremo a la elección del esquema de renormalización utilizado, lo que significa fundamentalmente que se pierde el control del comportamiento de la teoría afectada por las perturbaciones.

Este inconveniente vuelve a presentarse en múltiples niveles y en cualquier problema físico que conlleve contar o explicar los grados de libertad gravitacionales cuánticos. Por ejemplo, en el cálculo perturbativo de la entropía gravitacional asociada al horizonte de un agujero negro, delante del área del horizonte el factor numérico adquiere infinitas correcciones perturbativas (véase [4] para la exploración), de nuevo fuertemente dependientes de la elección del esquema de regularización, lo cual añade al problema de la no renormalizabilidad de la gravedad cuántica la paradoja de la pérdida de información en agujeros negros resultante de combinar la relatividad general y la mecánica cuántica [5]. En cosmología cuántica, donde la densidad de energía del vacío determina básicamente la tasa de expansión del espaciotiempo, las correcciones perturbativas a su valor dependen fuertemente de la escala [6], lo que hace que incluso el signo de la densidad de energía del vacío sea difícil de definir con certeza, y el comportamiento de la teoría en la configuración cosmológica cuántica no es controlable ni en el límite ultravioleta ni en el infrarrojo.

Partiendo de la idea de seguridad asintótica de Weinberg [7], se había argumentado que la gravedad cuántica canónica podía ser renormalizable de forma no perturbativa, con un punto fijo UV. Posteriores aproximaciones simpliciales y simulaciones numéricas del cálculo de Regge-Wheeler (incluidas las realizadas aquí, véase [8] y la nota a pie de página), es decir, simulaciones en las que se emplearon triangulaciones dinámicas [9-11], así como un análisis del grupo de renormalización funcional [12], apuntan efectivamente a la validez de esta conclusión.* Sin embargo, dado que la

---

* Curiosamente, tanto las simulaciones de la gravedad cuántica en geometría simplicial de 4 dimensiones como del espaciotiempo cuántico de 4 dimensiones dinámicamente triangulado se comportan de forma distinta por encima y por debajo del punto fijo UV, con una física similar a la de AdS en la fase IR y un comportamiento similar al de un polímero cuasi bidimensional en la fase UV. Aunque

gravedad es la fuerza más débil (y, como parece, seguiría siéndolo dentro de cualquier esquema significativo de Gran Unificación [13]), nos parece insatisfactorio confiar en la existencia de un punto fijo en un régimen profundamente UV, ya que cambiar el contenido de materia de la teoría cambiaría la ubicación del punto fijo en su diagrama de fase, incluso posiblemente lo eliminaría del todo según el contenido de materia específicamente elegido. Nos parece por tanto que abordar enteramente el problema de la no renormalizabilidad dentro de un dominio perturbativo es, pese a la extrema complejidad del problema, una posibilidad más atractiva.

También es bien sabido que una teoría de la gravedad en la que las amplitudes de dispersión ultravioletas sean finitas, como la teoría de cuerdas, eliminaría automáticamente el problema de la no renormalizabilidad. De hecho, el recuento de los microestados asociados al horizonte crítico de los agujeros negros en la teoría de cuerdas da una respuesta correcta del prefactor numérico en la entropía de los agujeros negros [14]. Por otro lado, seguimos sin poder determinar si las teorías de supercuerdas ofrecen *la* única compleción ultravioleta de la relatividad general (RG) «ingenuamente» cuantizada o si podría haber otras compleciones UV que condujeran al mismo comportamiento controlable en el límite del continuo/infrarrojo, compleciones de las que por el momento no tenemos noticia. En el primer caso, debería existir naturalmente una línea de argumentos que condujera a la emergencia de una representación teórica de cuerdas efectiva de la física ultravioleta a partir de una configuración efectiva infrarroja de la RG, y sería deseable poder demostrar explícitamente cómo emerge de un modo natural un comportamiento de cuerdas a partir de esta configuración en el límite UV. Creemos que el presente trabajo identifica una posible nueva línea de investigación a lo largo de la cual se pueden obtener tales argumentos.

En concreto, aquí nos gustaría argumentar: (a) que incluir «observadores» que midan continuamente cantidades covariantes como la curvatura

en la comunidad científica esta observación se considera a menudo razón de peso para descartar los resultados de las simulaciones numéricas en cuestión –el comportamiento IR del espaciotiempo en el que vivimos es manifiestamente similar al de AdS–, veremos seguidamente que esta diferencia de comportamiento por encima y por debajo del punto fijo es de hecho física.

escalar (es decir, que esencialmente sondeen la fuerza de la interacción gravitacional, como se muestra a continuación) y promediar luego el desorden asociado con una red aleatoria de estos observadores, así como con los correspondientes eventos de observación, hace que el comportamiento de la subyacente teoría de la gravedad cuántica sea en efecto de tipo de Sitter; (b) que el comportamiento infrarrojo de la teoría resultante de 3 + 1 dimensiones se reduce efectivamente al de una teoría de 2 dimensiones, e identificamos un posible mapeo entre los grados de libertad en la teoría original de (3 + 1) dimensiones de la gravedad cuántica (que no obstante incluye el desorden asociado a los observadores, como se ha mencionado) y los de la teoría cuántica bidimensional efectiva obtenida hallando un promedio del desorden y tomando el límite de la longitud de onda larga (dicho mapeo se introduce aquí como mucho en la primera aproximación, ya que podría decirse que al diccionario de mapeo que introducimos a continuación le falta mucho para estar completamente desarrollado). El mapeo identificado recuerda a la célebre reducción dimensional de Parisi-Sourlas que se sabe que tiene lugar en las teorías de campos con simetrías globales y gauge en presencia de campos aleatorios externos [15]. Por último, argumentamos (c) que la acción efectiva de la teoría bidimensional emergente coincide con la teoría escalar de Liouville, es decir, esencialmente la teoría de la gravedad cuántica bidimensional [16, 17] y es por tanto muy posible que ofrezca el eslabón perdido entre la relatividad general ingenuamente cuantizada y la teoría de cuerdas, y, lo que es aún más importante, una posible explicación de por qué la dimensionalidad que observamos en el espaciotiempo en el que vivimos es $D = 3 + 1$.

Consideramos que estas observaciones son interesantes también porque la configuración descrita —la gravedad cuántica con desorden— representa un caso raro en la física teórica por el que la presencia de observadores cambia drásticamente el comportamiento de las propias cantidades observables no solo a escalas microscópicas sino también en el límite infrarrojo, a escalas espaciotemporales muy grandes. Los observadores físicos representados por detectores de Von Neumann que miden la curvatura escalar del espaciotiempo (u otras cantidades covariantes) tienen un papel de importancia crítica para nuestras conclusiones pues ponen de manifiesto la necesidad de contar con una descripción adecuada del observador, del evento de la observación y de la interacción entre los observadores, así como del sistema físico observado, para tener controlabilidad teórica de los propios montajes físicos que los observadores sondean.

El texto del manuscrito está organizado como sigue. La sección 2 está dedicada a un estudio numérico de la gravedad cuántica simplicial de Regge-Wheeler (euclidiana) en presencia de un campo gaussiano aleatorio acoplado a una curvatura escalar. Argumentamos que la teoría exhibe un análogo de la reducción dimensional de Parisi-Sourlas después de promediar el desorden templado. En la sección 3 representamos argumentos teóricos que explican los resultados de este estudio y apuntan a su validez en una teoría cuántica lorentziana continua. La sección 5 está dedicada al resumen de los resultados obtenidos y a una breve exposición de varias analogías de los fenómenos observados aquí y los realizados en la física de la materia condensada. Finalmente, los apéndices incluyen detalles de simulaciones numéricas de varias teorías cuánticas de campos que utilizamos como estudio piloto para el posterior trabajo sobre la gravedad cuántica. También contienen una derivación teórica más detallada de los resultados de la sección 3.

2. Reducción dimensional de tipo Parisi-Sourlas en la gravedad cuántica simplicial de Regge-Wheeler

Siguiendo el enfoque de Regge y Wheeler [18-20, 24, 25], consideramos una gravedad cuántica euclidiana pura de 4 dimensiones con una constante cosmológica.*

---

* Aunque la gravedad simplicial de Regge-Wheeler [20, 25] podría ser una prima muy lejana de la relatividad general ingenuamente cuantizada, todavía no está del todo claro (a) si la teoría preserva la invariancia gauge local en el número de dimensiones $D > 2$ [26]; (b) si la configuración euclidiana crítica para la teoría es capaz de capturar el comportamiento esencialmente lorentziano de la verdadera gravedad de Einstein, incluida, en particular, su inestabilidad gravitatoria, y (c) si la teoría contiene realmente una partícula de espín 2 sin masa en el espectro de sus perturbaciones de baja

Nos interesa determinar los posibles cambios en el comportamiento de los observables de la teoría en presencia de un ingrediente añadido: observadores de Von Neumann distribuidos aleatoriamente en el espaciotiempo fluctuante y que miden la fuerza de la autointeracción gravitatoria. Los eventos observacionales asociados a su actividad pueden ser modelados por el término

$$\sqrt{g}\phi(x)R(x) = 2\sum_{h\supset x} \phi_x \delta_h A_h \qquad (2.1)$$

en la densidad lagrangiana de la gravedad simplicial discretizada. En la expresión (2.1) el lado izquierdo de la igualdad representa una versión continua de la teoría con la curvatura escalar $\sqrt{g}R(x)$ calculada en el punto del espaciotiempo x, mientras que en el lado derecho vemos una versión discreta correspondiente, con la suma extendida sobre las bisagras de los simplices que cruzan el punto x y que sirven de componentes básicos del espaciotiempo, siendo A_h el área de la bisagra, δ_h el ángulo de déficit asociado $\delta_h = 2\pi - \sum_{\text{bloques que se encuentran en }\theta} \theta$, y θ es el ángulo diedro correspondiente. El campo ϕ que representa a los observadores de Von Neumann es para la teoría una fuente de desorden templado que en nuestras simulaciones consideramos de distribución gaussiana.

Como se ha mencionado brevemente en la introducción, dado que la teoría de Regge-Wheeler posee un punto fijo UV en el número de dimensiones $D = 2, 3, 4$ [20], el problema de comparar observables en presencia de desorden (2.1) y sin él se simplifica enormemente y se reduce a comparar exponentes críticos de la teoría en el punto fijo $k = k_c$. Nos interesa en particular la dependencia del exponente crítico universal ν de la dimensionalidad del espacio de fondo. Como es habitual, definimos el exponente crítico ν a través de la curvatura media del espacio

energía [27]. Sin embargo, por el momento sigue siendo la mejor configuración que podemos utilizar para intentar realizar estudios numéricos de la relatividad general cuántica.

$$\frac{\langle \int d^D x \sqrt{g} R \rangle}{\langle \int d^D x \sqrt{g} \rangle} \sim (k_c - k)^{D\nu - 1}, \qquad (2.2)$$

donde $k = 1/8\pi G$ y k_c representa el punto crítico de la teoría.

El exponente ν está directamente relacionado con la derivada de la función beta para la constante gravitacional cerca del punto fijo ultravioleta según $\beta'(k_c) = -\nu^{-1}$. Es decir, que en

$D = 2 + \text{£}$ dimensiones espaciales se tiene (suponiendo una gravedad libre con una constante cosmológica) [21-23]

$$\frac{1}{8\pi k_c} = \frac{3}{50}\epsilon - \frac{9}{250}\epsilon^2 + \dots, \qquad (2.3)$$

$$\nu^{-1} = -\beta'(k_c) = \epsilon + \frac{3}{5}\epsilon^2 + \dots. \qquad (2.4)$$

Para abordar el problema en cuestión, hemos realizado simulaciones de Montecarlo de gravedad cuántica simplicial euclidiana en $D = 4$ dimensiones espaciales sobre retículos hipercúbicos de tamaños $L = 4$ (256 sitios, 3.840 aristas, 6.144 simplices), 8 (4.096 sitios, 6.144 aristas, 98.304 simplices) y 16 (65.536 sitios, 983.040 aristas, 1.572.864 simplices). En todas las simulaciones se fijó una topología de 4 toros, en la que no se permitieron fluctuaciones. La constante cosmológica desnuda (*bare CC*) también se fijó en 1 (ya que el acoplamiento gravitacional es el determinante de la escala de longitud global en el problema físico). Para establecer una termalización eficiente del sistema en nuestro experimento numérico (en ausencia de desorden) investigamos el comportamiento del sistema considerando veinte distintos valores de k. Para la hiperred $L = 16$, se generaron 33.000 configuraciones consiguientes por cada realización individual de desorden, para la hiperred $L = 8$, se realizaron 100.000 configuraciones y para la hiperred $L = 4$, 500.000 configuraciones consiguientes. La dependencia obtenida de la curvatura media (2.2) se ajustó entonces a la dependencia singular de k para determinar los valores del acoplamiento gravitacional crítico k_c y el exponente crítico ν. En ausencia de desorden (estableciendo todos los acoplamientos al campo de desorden φ_k a 0) encontramos que:

para la hiperred $L = 4$ y $k_c = 0,067(3)$, $v = 0,34(5)$; para la hiperred $L = 8$ y $k_c = 0,062(5)$, $v = 0\,33(6)$, y para la hiperred $L = 16$ y $k_c = 0,061(7)$, $v = 0,32(9)$. Una dependencia relativamente débil de la escala del punto fijo k_c en L apuntaba a una termalización eficiente del sistema reticular euclidiano empleado.

Repetimos el mismo procedimiento para 10.000 realizaciones diferentes de desorden aleatorio φ_k. Ajustando la dependencia de la curvatura media con respecto a k para las configuraciones promediadas del desorden, encontramos que el valor de k_c (promediado después del desorden) es $k_c \approx 0,03 \pm 0,12$, coherente en principio con $k_c = 0$ (compárese con $k_c \approx 0,07$ en el caso sin desorden). Hemos encontrado que el valor $v^{-1} = 0,01 \pm 0,06$ para la hiperred $L = 4$, $v^{-1} = 0,02 \pm 0,05$ para la hiperred $L = 8$, y $v^{-1} = 0,02 \pm 0,04$ para la hiperred $L = 16$ (compárese con $v^{-1} \approx 3$, que se mantiene aproximadamente en el caso sin desorden).

En principio, ambas observaciones (desaparición de k_c y v^{-1}), pero particularmente la segunda, son coherentes con una reducción dimensional de tipo Parisi-Sourlas en presencia de desorden (2.1). De hecho, anteriormente hemos argumentado (por ejemplo en [27]) que $v \approx 1/D\text{-}1$ para un valor alto de D, mientras que $v = \infty$, exactamente, para $D = 2$. Si un análogo de la reducción dimensional de Parisi-Sourlas puede aplicarse también a la gravedad cuántica, quiere decir naturalmente que la dimensión crítica superior de la gravedad ($D = 2$ en ausencia de desorden) se eleva a 4 en presencia de una red aleatoria de detectores von Neumann que realicen mediciones de la curvatura escalar.* Se ha informado anteriormente de la baja dimensionalidad efectiva aparecida en simulaciones de la gravedad cuántica simplicial [25, 28] debida a que, como se ha argumentado, la fase

---

* Es natural preguntarse qué ocurre en la gravedad cuántica simplicial euclidiana (con un desorden templado) cuando $D_{cr} > 4$ y cuando $D = 3$. Si se mantiene completamente en campos externos la analogía con el comportamiento de las teorías de campos aplicada a la gravedad, esperamos que la teoría de la gravedad cuántica simplicial ($D = 5$) con un desorden templado sea equivalente a una teoría de 3 dimensiones sin dicho desorden, etc. Por otra parte, la correspondencia Parisi-Sourlas se rompería en $D = 3$ de forma similar a como ocurre en el modelo de Ising de campo aleatorio $D = 3$; encontrarás una exposición del tema en el apéndice. Dejamos esta cuestión para futuros estudios.

UV de la teoría presenta una reducción dimensional efectiva con un comportamiento similar al de los polímeros de las funciones de correlación de los observables, mientras que la física de su radiación infrarroja (IR) funciona sin problema con un fondo anti-De Sitter (AdS) efectivamente euclidiano (EAdS). La desaparición del valor crítico k_c después de hallar el promedio del desorden templado (2.1) nos obligaría por su parte a pensar que la fase UV es la única accesible en todas las escalas k, lo cual ingenuamente supondría un comportamiento no físico de la teoría en presencia de desorden templado. En la siguiente sección argumentaremos que el comportamiento observado es totalmente físico y, en cierto sentido, un comportamiento natural que debería esperarse de la teoría cuántica de la gravedad en presencia de desorden templado.

Por último, señalaremos de pasada que la desaparición de k_c después de promediar el desorden en la gravedad parece también análoga a un fenómeno que ya se ha observado en las teorías de campos con desorden templado: por ejemplo, la transición de fase de 2 órdenes del modelo de Ising (reducido a la teoría de campo escalar $\lambda\varphi^4$ en el límite del continuo) se alcanza a la temperatura finita T_c en ausencia de desorden y a $T = T_c$ en presencia de un campo externo aleatorio [53].

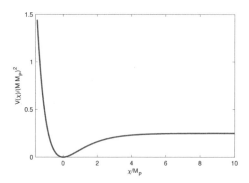

Figura 1. Potencial efectivo $V(\chi) = \frac{M^2 M_P^2}{4}(1 - \exp(-\sqrt{2/3}\chi/M_P))^2$ del modo escalar $\chi = \sqrt{3/2}M_P \log\left(1 + \frac{R}{M^2}\right)$ relacionado con la curvatura del espaciotiempo en el marco de Einstein. Después de promediar el desorden templado, todas las correlaciones no triviales de los grados de libertad gravitacionales están representadas por funciones de correlación de χ.

3. Origen físico de la posible reducción dimensional de tipo Parisi-Sourlas en la gravedad cuántica lorentziana

El efecto de reducción dimensional observado en la gravedad cuántica simplicial de Regge-Wheeler puede entenderse (y posiblemente explicarse) utilizando los siguientes argumentos teóricos. Estos argumentos permiten también establecer la correspondencia explícita entre los grados de libertad presentes en la gravedad tetradimensional y la bidimensional efectiva.

Es de esperar que el límite del continuo de la teoría (2.1) (suponiendo que exista) responda a una gravedad euclidiana escalar-tensorial, donde el campo «dilatón» φ es suficientemente masivo, de modo que su configuración arbitraria en el volumen mundial de la teoría puede considerarse como un desorden templado. Si este desorden es gaussiano, la función de partición de la versión continua de la teoría viene dada por

$$Z = \int \mathcal{D}\phi \int \frac{\mathcal{D}g}{\mathcal{D}f} \exp\left(-\int d^4x\sqrt{g}\left(\Lambda + (M_P^2 + \phi)R + \frac{1}{2}M^2\phi^2\right)\right), \qquad (3.1)$$

donde es de suponer que la medida de integración en el integral de trayectorias sobre la métrica espacial g es invariante con respecto a difeomorfismos arbitrarios (de ahí la división por el volumen del grupo de reparametrización de coordenadas Df). Integrando sobre todas las realizaciones posibles de desorden de φ, se obtiene una teoría efectiva $f(R)$ de la gravedad con función de partición $Z \sim \int \frac{\mathcal{D}g}{\mathcal{D}f}\exp(-\int d^4x\sqrt{g}f(R))$ y

$$f(R) \sim \Lambda + M_P^2 R + \frac{R^2}{2M^2}. \qquad (3.2)$$

La versión de la misma teoría obtenida por continuación analítica a espaciotiempos con firma de Lorentz admite soluciones de tipo de Sitter para todos los valores posibles de sus parámetros Λ y M [29],* y tales soluciones

---

* La cuestión de cómo debe realizarse técnicamente dicha continuación analítica dista de ser trivial; aquí, en aras de la simplicidad, seguiremos la fórmula ingenua para la rotación de Wick $t \to -it$.

representan atractores dinámicos en el espacio de fase de la teoría. De hecho, al cambiar del marco de Einstein al marco de Jordan en la teoría de la gravedad $f(R)$, descubrimos que la teoría (3.2) es efectivamente equivalente a una teoría de la gravedad acoplada a un campo escalar

$$\chi \sim \sqrt{3/2}M_P \log\left(1 + \frac{R}{M^2}\right), \tag{3.3}$$

donde R es la curvatura escalar del espaciotiempo en la teoría original $f(R)$. Como siempre, en el análisis de una teoría inflacionaria nos interesa el caso de la χ superplanckiana, lo que significa que $M^2 \ll R \ll M^2_P$ (es decir, que la escala de masa M es grande pero muy inferior a la escala planckiana).

El potencial de este campo escalar efectivo en el marco de Jordan viene dado por [30-34]

$$V(\chi) \sim \frac{M^2 M_P^2}{4}(1 - \exp(-\sqrt{2/3}\chi/M_P))^2, \tag{3.4}$$

que se reduce al potencial de la inflación caótica en $\chi \ll M_P$ pequeña y a un potencial que se acerca rápidamente a una constante asintótica en $\chi \gg M_P$. Como nota al margen, nos interesa principalmente el régimen −donde $\chi > 0$, y grande− que según (3.3) corresponde a la curvatura escalar positiva del espaciotiempo en el marco de Einstein. Sin embargo, nada nos impide considerar el caso $\chi < 0$, $|\chi| \gg M_P$, que de nuevo corresponde a la inflación de rodadura lenta (*slow-roll*) en el marco de Jordan, al tiempo que describe la física anti-de Sitter en el marco de Einstein (con el escalar de curvatura R limitado desde abajo por el parámetro M^2, que curiosamente depende una vez más de las propiedades estadísticas de la distribución de observadores y eventos de observación en el espaciotiempo).

Volviendo al caso en cuestión con $\chi > 0$ e integrando las fluctuaciones subhorizonte del campo efectivo χ (tales fluctuaciones pueden considerarse gaussianas en la primera aproximación dado que es posible aplicar la teoría del campo efectivo para los grados de libertad gravitacional), se llega a la imagen física de un universo inflacionario que se autorreproduce, y en la que las únicas «coordenadas» que sobreviven son el número de *e-folds* inflacionarios (logaritmo del factor de escala) y un campo escalar efectivo χ (esencialmente, un logaritmo de curvatura escalar en el marco de Einstein); en este sentido, la teoría se vuelve efectivamente bidimensional. Demostremos en detalle que esto es lo que ocurre utilizando el formalismo inflacionario estocástico [35-40] e ignorando los modos vectoriales y tensoriales gravitacionales que no contribuyen a la entropía gravitacional cuasi-De Sitter [41].

En concreto, separando el campo χ en las partes subhorizonte y superhorizonte, se puede escribir

$$\chi(t,x) = \chi_{IR}(t,x) + \frac{1}{(2\pi)^{3/2}} \int d^3k \cdot \theta(k - \epsilon aH) \left(a_k \phi_k(t) \exp(-ikx) + \text{h.c.}\right) + \delta\chi, \quad (3.5)$$

donde $a(t)$ es el factor de escala del espaciotiempo de De Sitter, H es la correspondiente constante de Hubble, $\theta(\ldots)$ es la función escalón de Heaviside, los modos $\varphi_k(t) = \frac{H}{\sqrt{2k}}(\tau - \frac{i}{k})\exp(ik\tau)$ corresponden al vacío invariante de Bunch-Davies de Sitter de un campo escalar sin masa, $\tau = \int \frac{dt}{a(t)}$, ϵ es un número pequeño, tal que $\epsilon \ll 1$ (lo que determina una notación para separar los modos del superhorizonte de los del subhorizonte) y $\delta\chi$ se puede despreciar en el orden principal con respecto a H/M_p. Sustituyendo esta descomposición en la ecuación de movimiento para el campo χ sobre fondo cuasi-De Sitter, se obtiene la ecuación para la parte infrarroja del campo χ_{IR}:

$$\frac{d\chi_{IR}}{d\tau} = -\frac{1}{3H^2}\frac{dV}{d\chi_{IR}} + \frac{f(\tau,x)}{H}, \quad (3.6)$$

donde un operador compuesto

$$f(\tau,x) = \frac{\epsilon aH^2}{(2\pi)^{3/2}} \int d^3k \cdot \delta(k - \epsilon aH) \cdot \frac{(-i)H}{\sqrt{2}k^{3/2}} \left[a_k \exp(-ikx) - a_k^\dagger \exp(ikx)\right]$$

tiene las propiedades de correlación

$$\langle f(\tau, x)f(\tau', x)\rangle = \frac{H^4}{4\pi^2}\delta(\tau - \tau'),$$

si el promedio se hace sobre el estado de vacío de Bunch-Davies. Otra propiedad muy importante de este operador es que su autoconmutador desaparece y, por tanto, la ecuación (3.6) puede considerarse una ecuación diferencial estocástica para el campo de longitud de onda larga χ_{IR}, cuasiclásico pero distribuido estocásticamente (a partir de ahora, prescindiremos del índice IR, entendiendo que la parte infrarroja y superhorizonte del campo χ se toma siempre en consideración).

Se obtiene entonces una ecuación efectiva de Fokker-Planck (véase, por ejemplo, el apéndice C) correspondiente a la ecuación de Langevin (3.6) para la probabilidad $P(\tau, \chi)$ de medir un valor dado del campo escalar de fondo/infrarrojo χ en una región de Hubble dada:

$$\frac{\partial P}{\partial \tau} \approx \frac{1}{3\pi M_P^2}\frac{\partial^2}{\partial \chi^2}(VP) + \frac{M_P^2}{8\pi}\frac{\partial}{\partial \chi}\left(\frac{1}{V}\frac{dV}{d\chi}P\right), \tag{3.7}$$

donde $\approx$ significa que la ecuación (3.7) es en sí una aproximación (hemos hecho una serie de simplificaciones durante su derivación, como desestimar los términos subdominantes $\delta\chi$ en la expansión (3.5), dando por hecho la rodadura lenta del campo χ y despreciando la autointeracción del campo χ a escalas de subhorizonte). Así, suponemos que se mantiene en promedio y solo de forma aproximada, y lo modelamos incluyendo un término adicional $F(\tau,\chi)$ a la derecha, de nuevo cuasi-clásico pero estocástico (véase la siguiente sección). Teniendo en cuenta la pequeñez de este término, asumiendo su gaussianidad (de modo que $\langle F(\tau,\chi)F(\tau',\chi') = \Delta\delta(\tau - \tau')\delta(\chi - \chi'))$ e integrándolo, concluimos finalmente que la dinámica infrarroja de la teoría (3. 1) está siendo determinada esencialmente por la función de partición

$$Z_{IR} = \int \mathcal{D}P \exp(-\mathcal{W}),$$

donde la acción efectiva W de la teoría viene dada por

$$W = \int d\tau d\chi \frac{1}{\Delta} \left(-\frac{\partial P}{\partial \tau} + \frac{1}{3\pi M_P^2} \frac{\partial^2}{\partial \chi^2}(VP) + \frac{M_P^2}{8\pi} \frac{\partial}{\partial \chi} \left(\frac{dV}{Vd\chi}P \right) \right)^2. \qquad (3.8)$$

Es interesante utilizar ahora la «entropía» S de De Sitter definida según la fórmula $P(\tau, \chi) = \exp(S(\tau, \chi))$ en lugar de la distribución de probabilidad P. Un motivo para hacer esta sustitución es que la función de distribución $P(\tau, x)$ converge a

$$P(\tau \to \infty, \chi) \sim \frac{1}{V(\chi)} \exp \left(\frac{3M_P^4}{8V(\chi)} \right)$$

en el límite $\tau \to \infty$, donde la expresión del exponente coincide exactamente con la entropía gravitacional del espacio de De Sitter. Como veremos más adelante, hay otras ventajas de utilizar S en lugar de P.

Después de la sustitución encontramos

$$W = \int d\tau d\chi \left(\frac{e^{2S}}{\Delta} \left[-\frac{\partial S}{\partial \tau} + \frac{V}{3\pi M_P^2}(S'' + (S')^2) + (\frac{2V'}{3\pi M_P^2} + \frac{M_P^2}{8\pi}(\log V)')S' + ... \right.\right.$$
$$\left.\left. (\frac{V''}{2\pi M_P^2} + \frac{M_P^2(\log V)''}{8\pi}) \right]^2 - S \right), \qquad (3.9)$$

donde el primo denota la diferenciación parcial con respecto al campo χ, y la aparición del último término se debe al jacobiano en la medida de integración funcional que surge tras el cambio de variables funcionales.

Sustituyendo la forma particular del potencial en cuestión (3.4) por la expresión (3.9), obtenemos

$$W = \int d\tau d\chi \left[\frac{e^{2S}}{\Delta} \left(-\frac{\partial S}{\partial \tau} + \frac{M_P}{4\pi}\sqrt{\frac{2}{3}}z\frac{\partial S}{\partial \chi} - \frac{z}{6\pi} \right)^2 + ... \right], \qquad (3.10)$$

donde $z = \exp\left(-\sqrt{\frac{2}{3}}\frac{\chi}{M_P}\right)$. En el límite cuasi-De Sitter $S = S_0 + \delta S$, $\delta S \ll S_0$, el término potencial en esta acción coincide con el de una teoría de Liouville del «campo» S en un espaciotiempo bidimensional cruzado por las coordenadas (τ,χ), es decir, la teoría bidimensional de la gravedad cuántica [16, 17] donde S hace el papel de «campo» conforme.

En decir, que en ausencia de tensiones anisotrópicas, los observables covariantes en la gravedad cuántica pueden modelarse en términos de funciones de correlación de la curvatura escalar (en correspondencia biunívoca con el grado de libertad escalar χ en el marco de Einstein) según la fórmula

$$\langle \chi^n \rangle \sim \langle (M_P \log\left(\frac{R}{M^2}\right))^n \rangle \sim \int d\chi \cdot \chi^n \int \mathcal{D}S \exp(-\mathcal{W}), \qquad (3.11)$$

donde la acción efectiva en la integración de la trayectoria (3.11) viene dada por la expresión (3.10). Por lo tanto, el límite $\log a \to \infty$ del factor de integración en la ecuación (3.11) puede considerarse un estado básico de la teoría de la gravedad (3.2).

Para formalizar el mapa (3.11) con un poco más de claridad, los promedios de cualquier observable $\langle \mathcal{O} \rangle(t)$ en el tiempo $t \sim H^{-1}\log(a)$ vienen dados por

$$\langle \mathcal{O}(\chi) \rangle(t) = \int d\chi\, \mathcal{O}(\chi)\, P(\chi, t), \qquad (3.12)$$

donde la función de partición P satisface la ecuación de Fokker-Planck

$$E(\dot{P}, \partial_\chi P, \chi) \equiv -\dot{P} + \hat{H}P = 0. \qquad (3.13)$$

Tenemos por tanto una cadena de transformaciones

$$\langle \mathcal{O}(\chi) \rangle(t) = \int d\chi\, \mathcal{O}(\chi)\, P(\chi, t) = \int d\chi\, \mathcal{O}(\chi) \int D\bar{P}\, \bar{P}(\chi, t)\, \delta[E(\dot{\bar{P}}, \partial_\chi \bar{P}, \chi)], \quad (3.14)$$

donde el jacobiano de la transformación entre E y P no se tiene en cuenta, para simplificar. La función delta en la última integral de la derecha está efectivamente regulada por el pequeño parámetro $\Delta \to 0$ de acuerdo con

$$\delta[E(\dot{P}, \nabla \bar{P}, \chi)] = \prod_{t,\chi} \delta\left(E(\dot{P}(t,\chi), \partial_\chi \bar{P}(t,\chi), \chi)\right) \equiv \prod_{x} \delta\left(E(\nabla \bar{P}(x), \nabla \bar{P}(x), \chi)\right)$$

$$= \exp\left(-\frac{1}{\Delta}\int d^2x\, E^2(\nabla \bar{P}(x), \nabla \bar{P}(x), \chi)\right). \tag{3.15}$$

Aquí introducimos las coordenadas 2D $(x_0, x_1) = (\log(a), \chi)$, y entonces $= \partial_0, \partial_1$ recoge todas las derivadas 2D. Así pues, tenemos (prescindiendo de la barra sobre la variable de integración funcional P)

$$\langle \mathcal{O}(\chi)\rangle(t) = \int D\bar{P} \exp\left(-\frac{1}{\Delta}\int d^2x\, E^2(\nabla \bar{P}(x), \nabla \bar{P}(x), \chi)\right) \int d\chi\, \mathcal{O}(\chi)\, \bar{P}(\chi, t)$$

$$= \int DP \exp\left(-\frac{1}{\Delta}\int d^2x\, E^2(\nabla P(x), \nabla P(x), \chi)\right) \int d^2y\, \mathcal{O}(y^1)\, P(y)\, \delta(y^0 - t).$$

La probabilidad P de medir un valor dado de χ en una determinada región de Hubble se reparametriza entonces como $P \sim \exp(S)$, y S se convierte en la variable de campo que nos interesa. (Adviértase que en el límite cuasi-De Sitter, S coincide con la entropía gravitacional del espacio De Sitter en el límite $\log(a) \to 0$). El diccionario de mapeo de dualidad entre el lado 2D y el lado 4D para la acción en medida cuántica y para los observables de interés se define entonces según la fórmula

$$\exp\left(-\frac{1}{\Delta}\int d^2x\, E^2(\nabla \bar{P}(x), \nabla \bar{P}(x), \chi)\right) \quad \Leftrightarrow \quad \exp\left(-\text{Polyakov action}\right) \tag{3.16}$$

$$\mathcal{O}(\chi) \quad \Leftrightarrow \quad \int d^2y\, \mathcal{O}(y^1)\, P(y)\, \delta(y^0 - t), \tag{3.17}$$

La razón física de que se haya producido efectivamente la reducción dimensional en la teoría (3.2) y de su continuación analítica a los espaciotiempos lorentzianos es muy simple: una vez que la dinámica de los grados de libertad relevantes es de grano grueso a escalas espaciotemporales comóviles $\sim H_0^{-1} \sim \Lambda^{-1/2}$ (como estamos interesados en el límite continuo de la teoría [2.1], es natural estudiar exactamente este caso), la estructura global del espaciotiempo está representada por un conjunto de regiones de Hubble sin conexión causal; los valores de expectativa y las funciones de correlación del campo χ están determinados por un proceso estocástico generado por la ecuación de Langevin (3. 6), los valores de χ en diferentes regiones de Hubble son completamente independientes entre sí, y por lo tanto la dependencia espacial de χ se vuelve en gran medida irrelevante.

Hemos argumentado que la gravedad tetradimensional con el «dilatón» templado χ se reduce a una teoría bidimensional efectiva en el límite infrarrojo (de gran grano grueso espaciotemporal), donde el mapeo de coordenadas del espaciotiempo fluctuante se da en términos del número de *e-folds* inflacionarios $\tau = \log a$ y el grado de libertad escalar efectivo χ relativo a la curvatura a gran escala del espaciotiempo en el marco de Einstein según la fórmula (3.3). Los grados de libertad tensoriales y vectoriales presentes en la métrica se integran efectivamente y no contribuyen a la estructura infrarroja de las funciones de correlación de los observables en la teoría.

4. Ecuación de Fokker-Planck y sus extensiones en el modelo de dos ruidos

En esta sección, derivaremos la acción efectiva (3.8) utilizada en la sección anterior aunque de forma esquemática y estimaremos cuánto depende el parámetro Δ que veíamos en (3.8) de δ y de los parámetros de rodadura lenta (*slow roll*).

Como ya se ha explicado, la ecuación inflacionaria de Fokker-Planck mantiene su célebre forma canónica (3.7) solo en el régimen $\delta \to 0$, $\epsilon_H \to 0$, lo cual no necesariamente se mantiene en cualquier lugar, sino solo muy cerca de la geometría del espaciotiempo de De Sitter. Además, incluso en el caso de geometrías globalmente cercanas a dS_4, podría interesarnos cómo se comporta la teoría efectiva IR bajo diferentes valores del parámetro δ que separa la física IR de la UV (hasta el momento, solo sabríamos que la teoría se aproxima al régimen $\Delta \to 0$ con una dinámica de tipo Fokker-Planck de $P(\chi, N)$ en $\delta \to 0$, que es totalmente independiente de δ). En resumen, nos gustaría derivar una extensión de esta ecuación que fuera aplicable al primer orden en los parámetros de rodadura lenta ϵ_H, η_H, e idealmente a un orden en δ mayor que el primero.

De entrada se observa que el modelo estocástico de un solo ruido para la dinámica infrarroja del campo escalar en el espaciotiempo inflacionario (3.6)-(3.7) no puede utilizarse para esta derivación, ya que produce resultados manifiestamente no locales, (véase el apéndice D). Esta no localidad proviene de la presencia de un grado de libertad adicional que integramos para obtener la teoría efectiva (3.6)-(3.7) en el caso de ϵ_H genérico, δ. Se puede calcular este grado de libertad si consideramos un modelo de dos ruidos similar al introducido en [37]:

$$\frac{d\Phi}{dN} = \frac{v}{H} + \sigma, \tag{4.1}$$

$$\frac{dv}{dN} = -3v - H^{-1}\frac{\partial V}{\partial \Phi} + \tau, \tag{4.2}$$

donde

$$\sigma(N, \mathbf{x}) = \frac{1}{H} \int \frac{d^3k}{(2\pi)^{3/2}} \delta(k - \delta aH) \left(a_k \phi_k e^{-i\mathbf{kx}} + \text{h.c.} \right) \tag{4.3}$$

$$\tau(N, \mathbf{x}) = \frac{1}{H} \int \frac{d^3k}{(2\pi)^{3/2}} \delta(k - \delta aH) \left(a_k \dot{\phi}_k e^{-i\mathbf{kx}} + \text{h.c.} \right) \tag{4.4}$$

Las expresiones para los modos φ_k, $\dot{\varphi}_k$ tienen que ser derivadas bajo la suposición de ϵ_H finito (pero pequeño). Es importante destacar que hasta el primer orden en parámetros de rodadura pequeños podemos mantener ϵ_H constante (véase el apéndice D). La ecuación para los modos $u_k = a\varphi_k$ tiene entonces la forma

$$0 = u_k'' + \left(k^2 - \frac{a''}{a} + m^2 a^2 \right) u_k = u_k'' + \left(k^2 - \left(2 - \epsilon_H - \frac{m^2}{H^2} \right) H^2 a^2 \right), \tag{4.5}$$

donde m es la masa efectiva del campo escalar. En el orden principal, tenemos $\epsilon_H \approx \frac{m^2}{3H^2}$, y por lo tanto $2 - \epsilon_H - \frac{m^2}{H^2} \approx 2 - 4\epsilon_H = 2(1 - \epsilon_H)$.

Por otro lado, de nuevo, $a \approx -\frac{1}{H\eta}\left(1 + \epsilon_H + \mathcal{O}\left(\epsilon^2{}_H\right)\right)$, y finalmente obtenemos que (hasta el orden lineal principal en los parámetros de rodadura lenta ϵ_H) el campo u_k satisface la ecuación de campo libre sin masa

$$u_k'' + \left(k^2 - \frac{2}{H^2\eta^2}\right) = 0, \tag{4.6}$$

con su solución debidamente normalizada dada por

$$u_k(\eta) = -\frac{1}{\sqrt{2k}}\left(1 - \frac{i}{k\eta}\right)\exp(-ik\eta) + \mathcal{O}(\epsilon_H^2). \tag{4.7}$$

Así pues, para el primer orden en ϵ_H el modo φ_k viene dado por

$$\phi_k(\eta) = \frac{H(1 + \epsilon_H)}{\sqrt{2k}}\left(\eta - \frac{i}{k}\right)\exp(-ik\eta) + \mathcal{O}(\epsilon_H^2) \tag{4.8}$$

Al contrastar esta expresión con el tiempo mundial $t = \int \frac{dN}{H}$ encontramos

$$\frac{d\phi_k(\eta)}{dt} = \frac{ikH^2\eta^2}{\sqrt{2k}}e^{-ik\eta} - \frac{\epsilon_H H^2}{\sqrt{2k}}\left(\eta - \frac{i}{k}\right)e^{-ik\eta} + \mathcal{O}(\epsilon_H^2). \tag{4.9}$$

Las funciones de correlación de los términos de ruido $\sigma(N)$ y $\tau(N)$ (como es habitual, solo nos interesa el comportamiento de las funciones de correlación en la misma región de Hubble parametrizada por el mismo punto espacial «de grano grueso» x) resultan a su vez

$$\langle\sigma(N)\sigma(N')\rangle \approx \frac{H^2}{4\pi^2}\delta(N - N')\left(1 + 3\epsilon_H + \delta^2\right), \tag{4.10}$$

$$\langle\tau(N)\tau(N')\rangle \approx \frac{\delta^2 H^4}{4\pi^2}\delta(N - N')\left(\delta^2 + 2\epsilon_H\right) \tag{4.11}$$

$$\langle\tau(N)\sigma(N')\rangle \approx \delta(N - N')\frac{H^3}{4\pi^2}(\epsilon_H + \delta^2 - i\epsilon_H\delta) \tag{4.12}$$

(obsérvese que estas dos últimas funciones de correlación desaparecen en el límite $\delta \to 0$), y la función de correlación $\langle \sigma(N)\tau(N') \rangle$ está relacionada con (4.12) por conjugación compleja. Los parámetros de correlación mixtos $\tau\sigma$ también acaban suprimidos por potencias de δ o de ϵ_H. Adviértase a este respecto que hay que tener cuidado de tomar primero uno de los límites $\delta \to 0$ o $\epsilon_H \to 0$ (compárese por ejemplo con [37]). Dos casos límite son de especial interés:

(a) Límite cuasi-de Sitter. $\epsilon_H \ll \delta^2 < 1$, el caso considerado en el apéndice D con ϵ_H despreciable pero manteniendo todos los órdenes de δ

$$\langle \sigma(N)\sigma(N') \rangle \approx \frac{H^2}{4\pi^2}(1 + \delta^2)\delta(N - N'),$$

$$\langle \tau(N)\tau(N') \rangle \approx \frac{\delta^4 H^4}{4\pi^2}\delta(N - N')$$

$$\langle \tau(N)\sigma(N') \approx \frac{\delta^2 H^3(1 + i\delta)}{4\pi^2}\delta(N - N')$$

y

(b) «Física de radiación IR profunda» o límite de Nambu-Sasaki. $\delta^2 \ll \epsilon_H \ll 1$:

$$\langle \sigma(N)\sigma(N') \rangle \approx \frac{H^2}{4\pi^2}(1 + 3\epsilon_H)\delta(N - N'),$$

$$\langle \tau(N)\tau(N') \rangle \approx \frac{2\delta^2 \epsilon_H H^4}{4\pi^2}\delta(N - N') \approx 0,$$

$$\langle \tau(N)\sigma(N') \rangle \approx \frac{\epsilon_H H^3}{4\pi^2}\delta(N - N')$$

Aunque ambos casos son muy ilustrativos y bastante similares (concretamente, en el régimen $\delta \ll 1$), aquí para nuestros propósitos nos centraremos en el primero, en el que las integraciones funcionales se simplifican enormemente. El caso opuesto (b) se trata con relativa profundidad en [37] y se discutirá con más detalle en un trabajo posterior.

Para derivar la ecuación de Fokker-Planck y las correcciones a esta ecuación, seguimos el enfoque de la integral de trayectoria que se describe en el apéndice C. Puede verse fácilmente que la matriz de difusión asociada con las propiedades de correlación de los ruidos es singular en el límite cuasi-De Sitter (a), y la medida de integración funcional para los términos de ruido tiene la forma

$$Z_{\text{ruido}} = \int \mathcal{D}\sigma \mathcal{D}\tau \exp\left(-\frac{1}{2}\int dN \, f^T D^{-1} f\right), \tag{4.13}$$

donde

$$D = \begin{pmatrix} \frac{H^2(1+\delta^2)}{4\pi^2} & \frac{H^3\delta^2(1+i\delta)}{4\pi^2} \\ \frac{H^3\delta^2(1-i\delta)}{4\pi^2} & \frac{\delta^4 H^4}{4\pi^2} \end{pmatrix} \tag{4.14}$$

y $f^T = (\sigma, \tau)$. La matriz D es manifiestamente singular, y los ruidos σ y δ están correlacionados. Al calcular los vectores propios y los valores propios de la matriz D, encontramos que

$$\tau = -H\sigma\frac{i\delta^2}{i+\delta}, \tag{4.15}$$

mientras que la contribución no trivial en (4.13) viene dada por la combinación $H^{-1}\tau + \frac{i(\delta-i)}{\delta^2}\sigma$. Dado que la matriz D es singular solo en el límite de parámetros de rodadura lenta evanescentes $\epsilon_H \to 0$, conviene tener en cuenta que su vector propio correspondiente al valor propio cero introduce realmente una restricción en la dinámica de v y Φ.

Las funciones de correlación de Φ y v pueden obtenerse a su vez integrando sobre la medida

$$F = \int \mathcal{D}\sigma \mathcal{D}\tau \mathcal{D}v \mathcal{D}\Phi \mathcal{D}\lambda \mathcal{D}\mu \exp\left(\int dN \left(i\lambda\left(\frac{\partial v}{\partial N} + 3v + \frac{\partial V/\partial \Phi}{H} - \tau\right) + \right.\right.$$
$$\left.\left. + i\mu\left(\frac{\partial \Phi}{\partial N} - \frac{v}{H} - \sigma\right)\right)\right) Z_{\text{ruido}}. \tag{4.16}$$

Como todas las integraciones (a excepción de la integración sobre Φ) son gaussianas, puede considerarse que revelan explícitamente que

$$F = \int \mathcal{D}\Phi \mathcal{D}v \exp(-S),$$

donde

$$S = \int dN \mathcal{L} = \frac{1}{2} \int dN \frac{2\pi^2}{H^2(1+\delta^2+\delta^4)} \left(\frac{1+i\delta}{\delta^2} \left(\frac{\partial\Phi}{\partial N} - \frac{v}{H} \right) + \right.$$
$$\left. + \frac{1}{H} \left(\frac{\partial v}{\partial N} + 3v + \frac{1}{H}\frac{\partial V}{\partial \Phi} \right) \right)^2. \tag{4.17}$$

Además de esta acción efectiva hay una restricción presente en el sistema (la que corresponde a la desaparición del valor propio de la matriz (4.14)):

$$\frac{\delta^2}{1-i\delta} \left(\frac{\partial\Phi}{\partial N} - \frac{v}{H} \right) = \frac{1}{H} \left(\frac{\partial v}{\partial N} + 3v + \frac{1}{H}\frac{\partial V}{\partial \Phi} \right) \tag{4.18}$$

Sustituyéndolo por $\frac{\partial\Phi}{\partial N} - \frac{v}{H}$ y restituyéndolo a la acción (4.17), obtenemos la teoría efectiva del campo v:

$$Z = \int \mathcal{D}v \mathcal{D}\Phi \exp \left(-\frac{2\pi^2 K}{H^4} \left(\frac{\partial v}{\partial N} + 3v + \frac{1}{H}\frac{\partial V}{\partial \Phi} \right)^2 \right), \tag{4.19}$$

donde $K = (1+\delta^2)^2 / (\delta^8 \cdot (1+\delta^2+\delta^4))$ (en esta representación, Φ se considera un campo externo que promediamos).

El momento conjugado para el campo v viene dado por

$$p_v = \frac{\pi^2 K}{H^4} \left(\frac{\partial v}{\partial N} + 3v + \frac{1}{H}\frac{\partial V}{\partial \Phi} \right) \tag{4.20}$$

y el hamiltoniano de la teoría (4.19) es

$$\mathcal{H}_v = -\frac{H^4}{\pi^2 K}p_v^2 - 3v - \frac{1}{H}\frac{\partial V}{\partial \Phi}.\tag{4.21}$$

La ecuación de Fokker-Planck de la probabilidad $P\,(v,N)$ de medir un valor dado de v en una determinada región de Hubble se obtiene entonces escribiendo $\frac{\partial P(v,N)}{\partial N} = H_v(p_v,v)\,P(v,N)$ y promoviendo el momento conjugado p_v en un operador diferencial según la fórmula habitual $p_v = -\partial_v$ (véase el apéndice C).

Una conclusión importante es que la teoría que contiene el hamiltoniano (4.21) es generalmente inestable, y la probabilidad $P\,(v, N)$ presenta un comportamiento de fuga. Se puede demostrar que esta conclusión se sostiene en el caso general, independientemente de las relaciones entre $\in_H$ y δ (como demostraremos en el trabajo posterior): concretamente, el comportamiento de fuga está asociado al comportamiento de la distribución de probabilidad P en función de p_v, mientras que su comportamiento en función de p_Φ y Φ permanece estable. Esto es reflejo de la inestabilidad general del espacio de De Sitter [42]. Una manera, y quizá la única, de tratar con dicha inestabilidad es establecer una restricción general $p_v = 0$ (es decir, elegir las condiciones iniciales para el sistema físico de una manera bastante especial). Entonces, a partir de la restricción (4.18) obtenemos

$$v = H\frac{\partial \Phi}{\partial N}\tag{4.22}$$

y sustituyéndolo de nuevo en la acción efectiva de la teoría (4.17), obtenemos finalmente la teoría con el lagrangiano

$$\mathcal{L} = \frac{2\pi^2}{H^4(1+\delta^2+\delta^4)}\left(\frac{\partial}{\partial N}\left(H\frac{\partial \Phi}{\partial N}\right) + 3H\frac{\partial \Phi}{\partial N} + \frac{1}{H}\frac{\partial V}{\partial \Phi}\right)^2.\tag{4.23}$$

Es sencillo demostrar que la teoría (4.23) produce la ecuación canónica de Starobinsky-Fokker-Planck con una corrección singular $\sim \Delta\delta(\Phi - \Phi')$ originada por el primer término entre paréntesis de (4.23) y $\Delta \sim H^2$.

5. Conclusión

El análisis numérico y teórico de las teorías de campo no renormalizables y de la gravedad cuántica tetradimensional realizado aquí muestra que la introducción de una red de servidores de Von Neumann distribuidos en el volumen mundial de la teoría y que midan continuamente la intensidad del campo (o curvatura escalar en el caso de la gravedad) conduce a una reestructuración no perturbadora del espacio de Hilbert de la teoría subyacente. Por un lado, dicha reestructuración es similar al fenómeno de localización tipo Anderson en medios desordenados. Por otro, se caracteriza por una reducción dimensional efectiva muy similar esencialmente a la célebre reducción dimensional de Parisi-Sourlas observada en varias teorías cuánticas de campos en presencia de un campo externo aleatorio (como el límite del continuo del modelo de Ising en un campo magnético aleatorio (RFIM)).

En el caso de la gravedad, la reestructuración del espacio de Hilbert en presencia de observadores puede caracterizarse a grandes rasgos como sigue. Ya se sabe que la gravedad cuántica simplicial euclidiana en 4D admite un punto fijo UV en un determinado valor de $G_c = 1/(8\pi k_c)$, con una fase UV fuertemente acoplada en $k < k_c$ y una fase IR, débilmente acoplada, que se realiza en $k > k_c$. La fase fuertemente acoplada admite un comportamiento de tipo euclidiano anti-De Sitter (EAdS) del estado básico de la gravedad y una dinámica infrarroja no trivial de las funciones de correlación de los observables. Por otro lado, la fase débilmente acoplada (que debería ser la de interés físico, ya que la gravedad del mundo real está débilmente acoplada) parece presentar un comportamiento cuasi bidimensional similar al de un polímero ramificado sin ninguna geometría de fondo suave en la radiación IR. Esto se interpretó en el pasado como la ausencia de un verdadero límite del continuo de la teoría en este régimen. Nosotros, en cambio, creemos que de hecho este es un comportamiento físico: en el régimen de acoplamiento débil, donde el estado básico de la teoría admite una física similar a dS y un polímero bidimensional ramificado, el comportamiento que autorreproducen los observables no es sino un equivalente obtenido por la rotación de Wick de la inflación eterna que ocurre en este fondo.

El desorden templado asociado a las redes aleatorias de observadores que miden la fuerza de la interacción gravitatoria aclara un poco la vaguedad a este respecto: parece desplazar el punto crítico de la teoría hacia $k_c \rightarrow 0$, lo que significa que la única fase accesible de la teoría es la de la gravedad débilmente acoplada. Nuestro análisis teórico muestra además que la naturaleza de la reducción dimensional efectiva ($4D \rightarrow 2D$) en presencia de desorden templado está asociada con el hecho de que la dinámica infrarroja de los observables en el universo en eterna expansión está determinada por la probabilidad $P\,(\chi\log(a)) = \exp(S(\chi, \log(a)))$ de medir un valor dado del «inflatón» efectivo χ en una región de Hubble dada (en otras palabras, todas las funciones de correlación de los observables físicos están completamente determinadas por la estructura de $P\,(\chi, \log(a))$). Este hallazgo nos parece bastante interesante.

El fenómeno aquí observado podría explicar también lo que debería entenderse exactamente por límite del continuo de la gravedad cuántica. En efecto, se acepta en general que no existe límite formal del continuo de las teorías cuánticas de campos no renormalizables (incluyendo en principio la relatividad general cuántica tetradimensional, que podría ser renormalizable de forma no perturbativa). Aun así, es posible sacar una serie de conclusiones sobre las propiedades físicas de dichas teorías en el límite infrarrojo/a gran escala. Hasta cierto punto, puede entenderse cómo hacerlo utilizando la correspondencia entre las teorías de campos cuánticas relativistas y las correspondientes teorías de campos clásicas estadísticas obtenidas a partir de las primeras por rotación de Wick [43].

Según esta correspondencia, la contrapartida estadística clásica de una teoría cuántica de campos renormalizable describe el comportamiento del parámetro de orden de un sistema estadístico clásico en las proximidades de una transición de fase de segundo orden. A temperaturas cercanas a T_c, la longitud de correlación $\xi \sim |T - T_c|^{-\alpha}$ de los grados de libertad relevantes se aproxima al infinito, lo que permite describir las funciones de correlación de los observables solo en términos de un pequeño número de parámetros de orden continuos. Del mismo modo, la contraparte de la física estadística de una teoría cuántica de campos *no renormalizable* describe la proximidad de una transición de fase *de primer orden*, cuando la longitud de correlación ξ de los grados de libertad físicos permanece finita en todos los valores accesibles de los potenciales termodinámicos (lo que obliga a concluir que el límite del continuo de las correspondientes teorías de campos cuánticos no existe). El proceso de medición del estado físico del campo en una TCC equivalente puede concebirse como la inserción de un operador de proyección en el volumen mundial de la teoría en un punto del espaciotiempo, donde y cuando se realiza la medición/observación. En la contraparte de la mecánica estadística, dicha inserción es similar a la introducción de una impureza pesada y «apagada» en el volumen espacial del sistema termodinámico clásico, con excitaciones elementales del parámetro o parámetros de orden que se dispersan contra ella. Por tanto, cabe esperar que la red de observadores de Von Neumann en una TCC recuerde a un conjunto de impurezas introducidas en el sistema clásico descrito por una contraparte estadística de la teoría.

Es bien sabido que en proximidad de una transición de fase de primer orden, tales impurezas sirven como centros de nucleación de burbujas de la fase verdadera [44]. Cuando las constantes de acoplamiento de los detectores de von Neumann al campo son suficientemente grandes, la nucleación de burbujas se efectúa *ad infinitum* en un límite cuasi continuo $T \to T_c$. Correspondientemente, en una TCC, el estado de vacío sigue siendo en gran medida no homogéneo incluso en el límite de tiempo de Langevin $\tau \to \infty$; también el estado resultante depende fuertemente de la ubicación particular de los operadores insertados que describen los eventos de la observación. Así, la estructura del espacio de Hilbert de una teoría cuántica de campos no renormalizable está determinada principalmente por las «propiedades de localización» del potencial efectivo de impurezas insertado en un sistema mecánico estadístico equivalente.

Para concluir, dos observaciones presentadas aquí apuntan a una posible reducción dimensional $4D \to 2D$ de la gravedad cuántica en presencia de redes aleatorias de observadores: (a) simulaciones reticulares de la gravedad euclidiana simplicial de Regge-Wheeler en presencia de desorden, que muestran que, tras hallar el promedio de dicho desorden, los exponentes críticos de la teoría cambian como si la dimensionalidad efectiva de la teoría pasara de $D = 4$ a $D = 2$, y (b) el análisis teórico de la relatividad general cuántica (lorentziana) en presencia de desorden templado, que también apunta a una reducción dimensional efectiva y permite asimismo identificar los grados de libertad relevantes en la teoría reducida, efectivamente bidimensional. Aunque estos dos enfoques diferentes conducen a la misma conclusión en lo que respecta al sistema físico en cuestión, en última instancia solo las simulaciones numéricas de la gravedad cuántica lorentziana permitirán conciliar ambos enfoques. Esperamos volver a tratar este tema en futuros estudios.

A. Reducción dimensional de Parisi-Sourlas en teorías de campos cuánticas no renormalizables en presencia de redes de observadores

La gravedad cuántica puede concebirse como una «teoría cuántica de campos» con una simetría gauge de dimensión infinita (grupos de Lorentz de transformaciones de coordenadas locales en cada punto del espaciotiempo [2, 3]). Naturalmente, tiene sentido a efectos prácticos considerar modelos significativamente simplificados del mismo fenómeno que hemos descrito en el apartado anterior, de modo que la dimensionalidad del grupo de simetría sea finita, y recordar que la reducción dimensional de Parisi-Sourlas (debido a la presencia de redes aleatorias de observadores) surge en esta clase de teorías.

El primer modelo de interés analizado es una teoría no renormalizable de campos escalares con simetría global Z_2 en $D = 5$ y 6 dimensiones espaciotemporales, con la densidad lagrangiana de la forma $\mathcal{L} = \frac{1}{2}(\partial\phi)^2 - \frac{1}{2}m^2\phi^2 - \frac{1}{4}\lambda_0\phi^4 - \ldots$, donde ... denota los términos de orden superior en potencias del campo escalar φ y sus derivadas espaciotemporales ∂. Es bien sabido que esta teoría es trivial [45, 46], lo cual implica que todos sus exponentes críticos coinciden con los dados por la aproximación de la teoría del campo medio (con correcciones logarítmicas en 4 dimensiones [46]), es decir, si el número de dimensiones del espaciotiempo es $D > 4$, la acción efectiva cuántica de la teoría φ^4 en el límite del continuo puede ser descrita acertadamente por la de una teoría de campo escalar masivo libre cuya masa efectiva del campo sea una función conocida del acoplamiento desnudo λ_0.

Consideremos un sistema de detectores de Von Neumann en estado excitado durante los eventos de interacción con los cuantos del campo φ [47, 48]. Como es habitual, tales detectores con momentos monopolares $J_i = J_i\,(t, x)$ pueden modelarse en términos de la densidad lagrangiana de la teoría lineal en el campo variable φ como

$$Z = \int \mathcal{D}\phi \exp\left(-i\sum_j \int d^D x \left(\frac{1}{2}(\partial\phi)^2 - \frac{1}{2}m_0^2\phi^2 - \frac{1}{4}\lambda_0\phi^4 + J_j\phi\right)\right),$$

donde la suma $\sum_j$ abarca los detectores distribuidos en el volumen mundial de la teoría. A menudo resulta práctico concebir las fuentes J_i como un segundo campo escalar masivo añadido (con un término cinético suprimido). Nos interesa específicamente el caso en el que un número muy grande de tales detectores de von Neumann situados aleatoriamente en el volumen mundial de la teoría está presente con acoplamientos aleatorios J_i al campo φ.

Se puede ver fácilmente que la configuración física aquí descrita es equivalente a la realizada en una teoría cuántica $\lambda\varphi^4$ en un campo externo aleatorio o su versión discreta, el modelo de Ising en un campo aleatorio D-dimensional (RFIM), estudiado con detalle en la literatura científica (véase por ejemplo [49-52]). Un célebre resultado obtenido por Parisi y Sourlas [15] afirma que el comportamiento infrarrojo del RFIM es equivalente al de una teoría similar, como el modelo de Ising (MI) en ausencia de un campo externo aleatorio pero que vive en $(D-2)$ dimensiones: concretamente, los términos de mayor divergencia infrarroja presentes en la expansión perturbativa de las funcionales generadoras de las dos teorías (IM $(D-2)$ dimensional y RFIM D-dimensional) coinciden término a término. Aunque la correspondencia de Parisi-Sourlas aplicada al modelo de Ising deja de funcionar en $D < 3$ [50], se ha demostrado que se mantiene universalmente para $D \geq 4$.

Tiene especial interés para nosotros la observación de que la presencia de un gran número de detectores de Von Neumann cambia drásticamente la estructura del espacio de Hilbert de la teoría, que para $D = 4$ y 5 ya no puede ser aproximada por la función de partición de la teoría del campo medio una vez que se promedia el desorden asociado al campo externo (como se refleja en el cambio de los exponentes críticos de la teoría así como en las funciones de correlación del campo).

La magnitud del cambio en la estructura del espacio de Hilbert de la teoría puede evaluarse mediante simulaciones numéricas, que se han realizado recientemente en [50] para el modelo de Ising en un campo aleatorio (RFIM) de $D = 3$, en [49, 51] para el RFIM $D = 4$ y en [52] para el RFIM $D = 5$. También hemos efectuado simulaciones numéricas del RFIM en estructuras reticulares y hemos reproducido los resultados conocidos para comparar el RFIM $D = 4$, 5 con el modelo de Ising puro en $D = 2$, 3 dimensiones. De forma similar a [49-51], hemos aprovechado el hecho de que el RFIM alcanza la transición de fase a temperatura cero [53] y, como tal, es suficiente con centrarse en la física del estado básico de la teoría. Para las simulaciones numéricas, hemos utilizado el algoritmo de flujo de costo mínimo [54, 55].

Además, hemos efectuado simulaciones del RFIM $D = 6$ y hemos comparado su comportamiento con el del modelo de Ising puro en $D = 4$ dimensiones. Como era de esperar, se observó una reducción dimensional de Parisi-Sourlas en el RFIM de 5 y 6 dimensiones, donde los exponentes críticos del RFIM $D = 4$ presentaron una desviación de los del modelo de Ising de 2 dimensiones debido a la conocida ruptura del mecanismo de reducción dimensional en bajas dimensiones. Al estimar los exponentes críticos para el RFIM $D = 6$ no pudimos detectar correcciones logarítmicamente débiles a la aproximación del campo medio.

Para confirmar la universalidad de la reestructuración del espacio de Hilbert en las teorías cuánticas de campos debido a la presencia de redes de observadores/eventos de observación, también hemos efectuado simulaciones numéricas de la teoría gauge Z_2 en $D = 2 + 1$ y $3 + 1$ dimensiones del espaciotiempo [56-58] así como de la teoría gauge Z_2 en presencia de la red aleatoria de observadores que miden cantidades invariantes gauge en $D = 4 + 1$ y $5 + 1$ dimensiones del espaciotiempo (aquí $+1$ denota la dimensión con condiciones periódicas de contorno). Los observadores de Von Neumann fueron modelados por un grado de libertad escalar acoplado al campo gauge Z_2 con la energía libre resultante de la teoría dada por

$$F = \sum_{i,j,k,l} \sigma_{ij}\sigma_{jk}\sigma_{kl}\sigma_{li} + \sum_{i,j,n} g_n \tau_i \sigma_{ij} \tau_j, \qquad (A.1)$$

donde los acoplamientos g_n (fuerzas de los acoplamientos de los detectores al campo gauge Z_2) y las ubicaciones de las inserciones de los elementos de desorden templado (eventos de observación) se consideraron aleatorios y atienden a una distribución gaussiana. De nuevo, hemos observado una reducción dimensional efectiva en la teoría gauge de campo aleatorio Z_2, lo que supone la universalidad de este fenómeno en una gran diversidad de teorías con simetrías globales y de gauge.

B. Simulaciones numéricas de teorías de campos (teorías de campos numéricos)

B.1. Simulaciones en estructura reticular del modelo de Ising (IM) y del modelo de Ising de campos aleatorios (RFIM)

El modelo de Ising se aproxima a la teoría cuántica de campos (euclidiana) φ^4 en el límite del continuo (logrado en el caso del RFIM a temperatura cero [53]). Se realizaron simulaciones en estructura reticular del RFIM a temperatura cero en $D = 4$, 5 y 6 dimensiones en retículos hipercúbicos con tamaños $L = 8$, 10, 12, 16 y 20. Se calcularon los estados básicos de los modelos de Ising (IM) resultantes para 10^6 realizaciones de desorden. Tanto en el caso de los IM como de los RFIM, se tuvieron en cuenta los efectos de escala de tamaño finito. Tras extraer la dependencia de L, se determinaron los valores de los exponentes críticos extrapolando $L^{-1} \to 0$. Obtuvimos $\eta = 0,1942 \pm 0,0022$, $v = 0,8726 \pm 0,0182$ para $D = 4$; $\eta = 0,0442 \pm 0,0032$; $v = 0,6293 \pm 0,0030$ para $D = 5$, y $\eta = 0,0103 \pm 0,0041$, $v = 0,4892 \pm 0,0171$ para $D = 6$.

B.2. Simulaciones en estructura reticular de teorías de campo gauge Z_2 puras y aleatorias

Las simulaciones reticulares de Montecarlo de las teorías de campo gauge Z_2 euclidianas y RF (campo aleatorio) se realizaron en retículos hipercúbicos periódicos de tamaño $L = 8, 12, 18, 24$ y 28 para la parte espacial y $L = 2$ fijo para la parte de temperatura inversa del retículo. Para la teoría de campo gauge RF Z_2, se utilizaron 10^6 realizaciones de desorden aleatorio. En el caso de la teoría de campo gauge Z_2, obtuvimos $\beta = 0,13 \pm 0,02$, $v = 0,99 \pm 0,03$ para $D = 2 + 1$ y $\beta = 0,33 \pm 0,01$, $v = 0,63 \pm 0,03$ para $D = 3 + 1$ dimensiones. (Como es habitual, $+1$ denota una dimensión con condiciones de contorno periódicas de Matsubara). En el caso de la teoría de campo gauge RF Z_2, encontramos $\beta = 0,11 \pm 0,03$, $v = 0,65 \pm 0,04$ para $D = 4 + 1$ y $\beta = 0,30 \pm 0,05$, $v = 0,65 \pm 0,04$ para $D = 5 + 1$ dimensiones.

C. Derivación de la ecuación de Starobinsky-Fokker-Planck utilizando el enfoque de la integral de trayectoria

En este apéndice, para ilustrar la capacidad del enfoque integral de trayectoria para analizar la dinámica infrarroja del campo escalar en el universo cuasi-De Sitter, derivaremos la ecuación inflacionaria estándar de Fokker-Planck en el modelo de un solo ruido. Como es habitual, comenzamos por

$$\frac{\partial \Phi}{\partial N} = -\frac{1}{3H^2}\frac{\partial V}{\partial \Phi} + \frac{f}{H}, \qquad (C.1)$$

donde el ruido $f = H\sigma$ posee las propiedades de correlación

$$\langle \sigma(N)\sigma(N')\rangle = \frac{H^2}{4\pi^2}\delta(N-N') \tag{C.2}$$

(esta ecuación se deduce directamente utilizando el enfoque descrito en [35] bajo la suposición de que los parámetros de rodadura lenta ϵ_H, $\eta_H \to 0$ desaparecen). La función de partición de la teoría de IR efectiva tiene entonces la forma

$$Z = \int \mathcal{D}\Phi\mathcal{D}\sigma\delta\left(\frac{\partial\Phi}{\partial N} + \frac{1}{3H^2}\frac{\partial V}{\partial\Phi} - \sigma\right)\exp\left(-\int dN\frac{2\pi^2}{H^2}\sigma^2\right).$$

Al introducir un multiplicador lagrangiano para la función delta funcional e integrar el ruido σ así como el multiplicador lagrangiano, obtenemos

$$Z = \int \mathcal{D}\Phi\exp\left(-\int dN\frac{2\pi^2}{H^2}\left(\frac{\partial\Phi}{\partial N} + \frac{1}{3H^2}\frac{\partial V}{\partial\Phi}\right)^2\right). \tag{C.3}$$

Por lo tanto el lagrangiano de la teoría es

$$\mathcal{L} = \frac{2\pi^2}{H^2}\left(\frac{\partial\Phi}{\partial N} + \frac{1}{3H^2}\frac{\partial V}{\partial\Phi}\right)^2. \tag{C.4}$$

El momento conjugado de Φ viene dado por

$$P_\Phi = \frac{\partial\mathcal{L}}{\partial\Phi'} = \frac{\pi^2}{H^2}\left(\frac{\partial\Phi}{\partial N} + \frac{1}{3H^2}\frac{\partial V}{\partial\Phi}\right), \tag{C.5}$$

y el hamiltoniano de la teoría correspondiente al lagrangiano (C.4) es

$$H_\Phi = P_\Phi\Phi' - \mathcal{L} = P_\Phi\Phi' - \mathcal{L} = \frac{1}{8\pi^2}P_\Phi H^2 P_\Phi - \frac{P_\Phi}{3H^2}\frac{\partial V}{\partial\Phi}. \tag{C.6}$$

La ecuación de Starobinsky-Fokker-Planck [35] que describe la dinámica inflacionaria IR se obtiene utilizando este hamiltoniano y sustituyendo $P_\Phi \to -\frac{\partial}{\partial\Phi}$ de la misma manera que la ecuación de Schrödinger se deriva de la integral de trayectoria de Feynman en la mecánica cuántica:

$$\frac{\partial P(\Phi, N)}{\partial N} = H_\Phi \left(-\frac{\partial}{\partial\Phi}, \Phi \right) P(\Phi, N). \tag{C.7}$$

D. La no-localidad en el modelo de un solo ruido

D.1. Expresiones preliminares útiles y notaciones utilizadas

D.1.1. *Parámetros de rodadura lenta*

En la siguiente exposición, consideramos el caso de un único campo escalar con un potencial $V(\varphi)$ que se propaga en un espaciotiempo FRW con métrica $ds^2 = dt^2 - a^2(t)d\mathbf{x}^2 = a^2(t)(d\eta^2 - d\mathbf{x}^2)$. Si ignoramos la dependencia de las coordenadas espaciales $\mathbf{x}$, los parámetros de rodadura lenta se definen según la fórmula habitual

$$\epsilon_H = \frac{M_P^2}{4\pi} \left(\frac{dH/d\phi}{H} \right)^2, \tag{D.1}$$

$$\eta_H = \frac{M_P^2}{4\pi} \frac{d^2H/d\phi^2}{H}. \tag{D.2}$$

Utilizando la ecuación de Hamilton-Jacobi para la inflación

$$\left(\frac{dH}{d\phi} \right)^2 - \frac{12}{M_P^2}H^2 = \frac{32\pi^2}{M_P^4}V(\phi) \tag{D.3}$$

y las expresiones

$$\frac{d\phi}{dt} = -\frac{M_P^2}{4\pi}\frac{dH}{d\phi}, \quad \frac{dH}{dt} = -\frac{4\pi}{M_P^2}\left(\frac{d\phi}{dt} \right)^2 \tag{D.4}$$

podemos demostrar que

$$\epsilon_H = -\frac{dH/dt}{H^2}. \tag{D.5}$$

Es más conveniente utilizar los parámetros de rodadura lenta $\in_H$, η_H, en lugar de los parámetros de rodadura lenta habituales $\in_V$, η_V, ya que el final de la etapa inflacionaria se corresponde con que la condición $\in_H = 1$ se mantenga con exactitud.

Otras fórmulas útiles que utilizamos a continuación son

$$\frac{\partial(aH)}{\partial\eta} = (aH)^2(1-\epsilon_H),$$

$$\frac{\partial\epsilon_H}{\partial\eta} = -2(\epsilon_H - \eta_H)\epsilon_H aH, \tag{D.6}$$

$$\frac{\partial^2(aH)}{\partial\eta^2} = (1 - 2\epsilon_H + 2\epsilon_H^2 - \epsilon_H\eta_H)(aH)^3.$$

La fórmula (D.6) (reescrita en términos de monto de inflación [número de *e-folds*] $dN = Had\eta$) muestra que tomar las derivadas temporales de los parámetros de rodadura lenta produce términos de orden superior en la expansión de rodadura lenta.

D.1.2. *Número de e-folds inflacionarios*

Las ecuaciones de Langevin y Fokker-Planck que derivamos a continuación se escriben en términos del número de *e-folds* $N = \log a$, en lugar del tiempo mundial t o del tiempo conforme η; por lo tanto, es conveniente introducir los jacobianos asociados al correspondiente cambio de variables. Encontramos:

$$\frac{\partial}{\partial\eta} = aH\frac{\partial}{\partial N}.$$

Otras fórmulas de utilidad que utilizaremos en posteriores derivaciones son

$$\epsilon_H = -\frac{1}{H}\frac{dH}{dN}, \quad \eta_H = \epsilon_H - \frac{M_P}{\sqrt{16\pi}}\frac{d\epsilon_H/d\phi}{\sqrt{\epsilon_H}},$$

$$\frac{a''}{a} = (2 - \epsilon_H)(Ha)^2,$$

$$\frac{\partial}{\partial N}(aH) = aH(1 - \epsilon_H).$$

D.2. Separación del campo escalar en sus partes IR y UV. Ecuación de Langevin

La separación del campo en partes subhorizonte y superhorizonte se realiza según

$$\phi = \Phi + \frac{1}{(2\pi)^{3/2}}\int d^3k\,\theta(k - \delta aH)\left(a_k\phi_k(\eta)e^{-i\mathbf{kx}} + \text{h.c.}\right), \qquad \text{(D.7)}$$

donde, como es habitual, $\theta(...)$ es la función escalón de Heaviside del argumento y δ es un parámetro libre adimensional identificado con la escala de separación IR/UV (normalmente, en el formalismo estocástico se toma como pequeño, $\delta \ll 1$, pero no demasiado pequeño, para que los términos potenciales sigan siendo subdominantes). Resolviendo la expresión para luego sustituirla en la ecuación del operador $\Box\phi + \frac{\partial V}{\partial\phi} = 0$ y despreciando el término potencial de la parte UV del campo, obtenemos:

$$\Box\Phi + \frac{1}{a^3}(u'' - \nabla^2 u - \frac{a''}{a}u + \ldots) \approx -\frac{\partial V}{\partial\Phi}, \qquad \text{(D.8)}$$

donde ... denota los términos relacionados con el potencial y

$$\Box\Phi = H^2\frac{\partial^2\Phi}{\partial N^2} + H^2(3 - \epsilon_H)\frac{\partial\Phi}{\partial N} - \frac{\nabla^2\Phi}{a^2}$$

y

$$u = \frac{a}{(2\pi)^{3/2}}\int d^3k\theta(k - \delta aH)\left(a_k u_k(\eta)e^{-i\mathbf{kx}} + \text{h.c.}\right).$$

Resolviendo u para sustituirlo en la ecuación (D.8) y utilizando la expresión

$$u'' = -\frac{\delta^2}{(2\pi)^{3/2}} \int d^3k \delta'(k - \delta aH)(aH)^4(1 - \epsilon_H)^2(a_k u_k e^{-i\mathbf{kx}} + \text{h.c.}) -$$

$$-\frac{2\delta}{(2\pi)^{3/2}} \int d^3k \delta(k - \delta aH)(aH)^3(1 - 2\epsilon_H + 2\epsilon_H^2 - \epsilon_H \eta_H)(a_k u_k e^{-i\mathbf{kx}} + \text{h.c.}) -$$

$$-\frac{2\delta}{(2\pi)^{3/2}} \int d^3k \delta(k - \delta aH)(aH)^2(1 - \epsilon_H)(a_k u_k' e^{-i\mathbf{kx}} + \text{h.c.}) +$$

$$+\frac{1}{(2\pi)^{3/2}} \int d^3k \theta(k - \delta aH)(a_k u_k'' e^{-i\mathbf{kx}} + \text{h.c.}),$$

obtenemos finalmente la ecuación de «Langevin» para la parte infrarroja del campo

$$\frac{\partial^2 \Phi}{\partial N^2} + (3 - \epsilon_H)\frac{\partial \Phi}{N} - \frac{\nabla^2 \Phi}{(aH)^2} + \frac{\partial^2 V}{\partial \Phi^2} = f_1(t, \mathbf{x}) + f_2(t, \mathbf{x}), \qquad (D.9)$$

donde los operadores de «ruido» f_1 y f_2 se definen según

$$f_1 = -\frac{\delta^2 aH^2(1 - \epsilon_H)^2}{(2\pi)^{3/2}} \int d^3k \delta'(k - \delta aH)(a_k u_k e^{-i\mathbf{kx}} + \text{h.c.}), \qquad (D.10)$$

$$f_2 = -\frac{2\delta}{(2\pi)^{3/2}} \int d^3k \delta(k - \delta aH) \left[H(1 - 2\epsilon_H + 2\epsilon_H^2 - \epsilon_H \eta_H)(a_k u_k e^{-i\mathbf{kx}} + \text{h.c.}) + \right.$$

$$\left. \frac{1 - \epsilon_H}{a}(a_k u_k' e^{-i\mathbf{kx}} + \text{h.c.}) \right]. \qquad (D.11)$$

La parte del término de ruido f_1 parece estar suprimida a pequeños $\delta \ll 1$. Sin embargo, como veremos, generalmente no es así, ya que las potencias de δ se cancelan en las cantidades observables.

D.3. Relaciones de conmutación de los operadores de ruido f_1 y f_2

Si bien los términos de ruido conmutan con los términos en el eje vertical de la ecuación (D.9), también es útil comprobar sus relaciones de autoconmutación (debido a la ultralocalidad en el régimen cuasi-De Sitter, nos interesan particularmente las relaciones de conmutación de los operadores en el mismo punto espacial x). Encontramos que

$$[f_1(N), f_1(N')] = 0, \tag{D.12}$$

$$[f_2(N), f_2(N')] = 0, \tag{D.13}$$

$$[f_1(N), f_2(N')] = -\frac{i\delta^3 H^2 (1 - \epsilon_H)}{\pi^2} \delta'(N - N'). \tag{D.14}$$

Vale la pena señalar que, aunque la ecuación de Langevin (D.9) se considera cuasi-clásica, los operadores f_1 y f_2 generalmente no son conmutables, aunque su conmutador es pequeño en $\delta \ll 1$ y se vuelve evanescente al final de la inflación cuando $\epsilon_H \to 1$.

Esto contrasta con la ecuación de Langevin-Starobinsky [35] para un campo escalar en un fondo de De Sitter fijo

$$\dot{\Phi} + \frac{1}{3H_0} \frac{\partial V}{\partial \Phi} = f, \tag{D.15}$$

donde

$$f = -\frac{\delta a H_0^3 i}{4\pi^{3/2}} \int d^3 k \delta(k - \delta a H_0) \frac{1}{k^{3/2}} \left(a_k e^{-i\mathbf{kx}} - a_k^\dagger e^{i\mathbf{kx}} \right). \tag{D.16}$$

Vemos de inmediato que, por la forma antisimétrica de la combinación $(a_k e^{-i\mathbf{kx}} - a_k^\dagger e^{i\mathbf{kx}})$ el término de ruido $f(t)$ conmuta consigo mismo si se considera el mismo punto espacial:

$$[f(t, \mathbf{x}), f(t', \mathbf{x})] = 0.$$

En puntos con gran separación espacial (superhorizonte) los términos de ruido no se conmutan ni siquiera en este caso simplificado:

$$[f(t, \mathbf{x}), f(t', \mathbf{x}')] = \frac{H^3}{2\pi^2} \sin(\epsilon a H |\mathbf{x} - \mathbf{x}'|)\delta(t - t').$$

La razón de esta discrepancia con nuestro resultado se debe a la eliminación de los términos $\sim f_1$ suprimidos por las potencias adicionales de δ en $\delta \ll 1$ durante la derivación de (D.16); por otro lado, al derivar (D.12) - (D.14) se mantienen todos los términos explícitamente. Por lo tanto, conviene recordar que la naturaleza cuántica del ruido en la ecuación de Langevin (D.9) no se erradica completamente durante la etapa inflacionaria cuasi-De Sitter cuando $\epsilon_H \ll 1$.

D.4. Funciones de correlación de los operadores de ruido f₁ y f₂

Aunque en la siguiente exposición consideramos los operadores de campo $f_1(N, \mathbf{x})$ y $f_2(N, \mathbf{x})$ cantidades cuasi-clásicas basándonos en sus relaciones de conmutación en el régimen $\delta \ll 1$, así como en su conmutación con otros términos en la ecuación de Langevin (D.9)), es necesario determinar sus propiedades estocásticas. Estas vienen dadas por los valores de expectativa en el estado de vacío del espacio de Fock de los modos u_k. Encontramos:

$$\langle f_2(N,\mathbf{x})f_2(N',\mathbf{x})\rangle = \frac{2\delta^2 H}{\pi^2}\left[\left(\frac{1-2\epsilon_H+2\epsilon_H^2-\epsilon_H\eta_H}{\sqrt{1-\epsilon_H}}\mathrm{Re}u_k + \frac{\sqrt{1-\epsilon_H}}{Ha}\mathrm{Re}u_k'\right)^2 + \right.$$

$$\left.+\left(\frac{1-2\epsilon_H+2\epsilon_H^2-\epsilon_H\eta_H}{\sqrt{1-\epsilon_H}}\mathrm{Im}u_k + \frac{\sqrt{1-\epsilon_H}}{Ha}\mathrm{Im}u_k'\right)^2_{k=\delta aH}\right]\delta(N-N'), \qquad \text{(D.17)}$$

$$\langle f_1(N,\mathbf{x})f_1(N',\mathbf{x})\rangle = -\frac{H^2\delta^2}{2\pi^2}\left[(1-\epsilon_H)\delta aH(u_ku_k^*)_{k=\delta aH}\delta''(N-N')+\right.$$

$$+2(1-\epsilon_H)^2\delta aH(u_ku_k^*)_{k=\delta aH}\delta'(N-N')+$$

$$\left.+(1-\epsilon_H)^2(\delta aH)^2\left(\frac{d}{dk}(u_ku_k^*)\right)_{k=\delta aH}\delta'(N-N')\right], \qquad \text{(D.18)}$$

$$\langle f_1(N,\mathbf{x})f_2(N',\mathbf{x})\rangle = \frac{\delta^3 H^2}{\pi^2}\left[aH(1-2\epsilon_H+2\epsilon_H^2-\epsilon_H\eta_H)(u_ku_k^*)_{k=\delta aH}+\right.$$

$$\left.+(1-\epsilon_H)(u_ku_k^{*\prime})_{k=\delta aH}\right]\delta'(N-N'). \qquad \text{(D.19)}$$

Subrayamos que las expresiones (D.17)-(D.19) son exactas en todos los órdenes de los parámetros de rodadura lenta ϵ_H, η_H. Pueden simplificarse significativamente si el orden principal en los parámetros de rodadura lenta se mantiene; en el régimen $\eta_H \to 0$, $\epsilon_H \to 0$ tenemos

$$u_k \approx \frac{1}{\sqrt{2k}}\left(\frac{i}{k\eta}-1\right)e^{-ik\eta} = -\frac{1}{\sqrt{2k}}\left(\frac{iHa}{k}+1\right)e^{\frac{ik}{Ha}},$$

$$u_k' \approx \frac{1}{\sqrt{2k}\eta}e^{-ik\eta}\left(-\frac{i}{k\eta}-ik\eta+1\right) = -\frac{Ha}{\sqrt{2k}}e^{\frac{ik}{Ha}}\left(\frac{iHa}{k}+\frac{ik}{Ha}+1\right),$$

y

$$\langle f_2(N,\mathbf{x})f_2(N',\mathbf{x})\rangle = \frac{4H^2}{\pi^2}\delta(N-N'), \qquad (D.20)$$

$$\langle f_1(N,\mathbf{x})f_1(N',\mathbf{x})\rangle = \frac{H^2}{8\pi^2}\delta'(N-N') - \frac{H^2}{4\pi^2}\delta''(N-N'), \qquad (D.21)$$

$$\langle f_1(N,\mathbf{x})f_2(N',\mathbf{x})\rangle = \frac{H^2}{\pi^2}\delta'(N-N'). \qquad (D.22)$$

Así pues, nos vemos obligados a concluir que, en el caso general, el modelo de un solo ruido produce una teoría efectiva *no local* (y bastante difícil de tratar), lo que puede verse inmediatamente a partir del comportamiento de las funciones de correlación (D.20)- (D.22), así como después de integrar el ruido f_1 f_2 en la función de partición de la teoría. Esta no localidad no puede ser realmente despreciada ya que las funciones de correlación del ruido $\delta'(N-N')$, $\delta''(N-N')$ no se suprimen. También apunta a la presencia de un grado de libertad estocástico adicional, que se ha integrado para producir el comportamiento no local y nos obliga a aplicar el modelo de dos ruidos descrito en el texto principal.

D.4.1. *Relación con el formalismo estocástico de Starobinsky*

Es necesario hacer dos puntualizaciones. En primer lugar, queremos comentar que aun manteniendo solo f_2 (lo que equivale básimente a utilizar la aproximación $\epsilon_H \ll 1$, $\delta \ll 1$ empleada en [35] y en toda la literatura científica) no reproducimos el resultado de Starobinsky del factor numérico que introduce la función de correlación (D.20); la diferencia entre los dos resultados es un factor de 3/4 (¡lo cual tiene enorme importancia, dado que determina el valor correcto de la entropía de De Sitter!). Para entender lo que ocurre, recordemos cómo se ha derivado. Si despreciamos todos los términos suprimidos por las potencias superiores de los parámetros de rodadura lenta, la ecuación resultante para la parte superhorizonte del campo tiene la forma

$$\frac{\partial \Phi}{\partial t} = -\frac{1}{3H}\frac{\partial V}{\partial \Phi} + f,$$

donde

$$f = -\frac{i\delta a H^3}{4\pi^{3/2}} \int d^3 k \delta(k - \delta a H)\frac{1}{k^{3/2}}\left(a_k e^{-i\mathbf{kx}} - a_k^\dagger e^{-i\mathbf{kx}}\right).$$

Téngase en cuenta sin embargo que los términos $\ddot{\varphi}$ que hemos despreciado en las ecuaciones anteriores también contendrían la contribución $\sim f$. Aunque la mayoría de las contribuciones a f se suprimen mediante potencias adicionales de δ, también hay una contribución presente que es proporcional a $\sim Hf$. Esta contribución es exactamente la que explica la diferencia entre nuestro resultado y el de Starobinsky. Sin embargo, manteniendo los términos de esta forma, debemos tener muchísimo cuidado ya que f es una variable estocástica, que estamos tratando de diferenciar.

En segundo lugar, queremos señalar que los correlacionadores D.19 y D.18 *no* se suprimen por potencias de δ y así pues deben mantenerse en general. La teoría resultante (después de integrar el término de ruido f_1) es no local en N. Esta no localidad sugiere la existencia de una variable de campo efectiva adicional, que ha sido integrada para obtener la teoría no local resultante.

Agradecimientos

El trabajo de Andrei O. Barvinsky ha estado subvencionado por la beca de la Fundación Rusa para la Investigación Básica N.º 20-02-00297 y por el programa BASIS para el Desarrollo de la Física Teórica, de la Universidad Estatal de Moscú.

Referencias

[1] A. Einstein, B. Podolsky y N. Rosen. «Can Quantum-Mechanical Description of Physical Reality Be Considered Complete?». *Physical Review* 47 (1935) 777.

[2] G. 't Hooft y M. J. G. Veltman. «One loop divergencies in the theory of gravitation». *Annales de l'Institut Henri Poincaré Physique Théorique* A20 (1974) 69.

[3] S. Deser y P. van Nieuwenhuizen. «One-loop divergences of quantized Einstein-Maxwell fields». *Physical Review* D 10 (1974) 401.

[4] S. N. Solodukhin. «Entanglement Entropy of Black Holes». *Living Reviews in Relativity* 14 (1) (2011) 8.

[5] S. W. Hawking. «Breakdown of predictability in gravitational collapse». *Physical Review* D 14 (1976) 2460.

[6] S. Weinberg. «The cosmological constant problem». *Reviews of Modern Physics* 61 (1989) 1.

[7] S. Weinberg. «Critical phenomena for field theorists», en A. Zichichi, ed. *Understanding the Fundamental Constituents of Matter.* Erice, Italia: Escuela Internacional de Física Subnuclear del Centro de Cultura Científica Ettore Majorana, julio de 1976, 24-26.

[8] H. W. Hamber. «Quantum Gravity on the Lattice». *General Relativity and Gravitation* 41 (2009) 817.

[9] J. Ambjorn y J. Jurkiewicz. «Four-dimensional simplicial quantum gravity». *Physics Letters* B 278 (1992) 42.

[10] S. Catterall, J. B. Kogut y R. Renken. «Phase structure of four-dimensional simplicial quantum gravity». *Physics Letters* B 328 (1994) 277.

[11] P. Bialas, Z. Burda, A. Krzywicki y B. Petersson. «Focusing on the fixed point of 4-D simplicial gravity». *Nuclear Physics* B 472 (1996) 293.

[12] M. Reuter. «Nonperturbative evolution equation for quantum gravity». *Physical Review* D 57 (1998) 971.

[13]   N. Arkani-Hamed, Nima, L. Motl, A. Nicolis y C. Vafa. «The string landscape, black holes and gravity as the weakest force». *JHEP* 06 (2007) 060.

[14]   A. Strominger y C. Vafa. «Microscopic origin of the Bekenstein-Hawking entropy». *Physics Letters* B 379 (1996) 99.

[15]   G. Parisi y N. Sourlas. «Random Magnetic Fields, Supersymmetry, and Negative Dimensions». *Physical Review Letters* 43 (1979) 744.

[16]   A.M. Polyakov. «Quantum geometry of bosonic strings». *Physics Letters* B 103 (1981) 207.

[17]   V. G. Knizhnik, A. M. Polyakov y A. B. Zamolodchikov. «Fractal structure of 2d quantum gravity». *Modern Physics Letters* A 03 (1988) 819.

[18]   T. Regge. «General relativity without coordinates». *Il Nuovo* Cimento, 19 (1961) 558.

[19]   J. A. Wheeler. «Geometrodynamics and the Issue of the Final State». Notas de la conferencia sobre *Relatividad, grupos y topología*. Jornadas de Física Teórica de Les Houches, Francia (1963).

[20]   H. W. Hamber. «Gravitational scaling dimensions». *Physical Review* D 61 (2000) 124008.

[21]   S. Weinberg. *General Relativity: An Einstein centenary survey*. S. W. Hawking y W. Israel, eds. Cambridge University Press (1979) 790831.

[22]   H. Kawai y M. Ninomiya. «Renormalization group and quantum gravity». *Nuclear Physics* B 336 (1990) 11.

[23]   T. Aida, Y. Kitazawa, J. Nishimura y A. Tsuchiya. «Two-loop renormalization in quantum gravity near two dimensions». *Nuclear Physics* B444 (1995) 353.

[24]   H. W. Hamber y R. M. Williams. «Higher derivative quantum gravity on a simplicial lattice». *Nuclear Physics* B 248 (1984) 392.

[25]   H. W. Hamber y R. M. Williams. «Nonperturbative simplicial quantum gravity». *Physics Letters* B, 157 (1985) 368.

[26]   H. W. Hamber y R. M. Williams. «Gauge invariance in simplicial gravity». *Nuclear Physics* B 487 (1997) 345.

[27]   H. W. Hamber y R. M. Williams. «Nonperturbative gravity and the spin of the lattice graviton». *Physical Review* D 70 (2004) 124007.

[28]   B. Berg. «Exploratory Numerical Study of Discrete Quantum Gra-
        vity». *Physical Review Letters* 55 (1985) 904.

[29]   A. A. Starobinsky. «A new type of isotropic cosmological models
        without singularity». *Physics Letters* B 91 (1980) 99.

[30]   J. D. Barrow y S. Cotsakis. «Inflation and the Conformal Structure
        of Higher-Order Gravity Theories». *Physics Letters* B 214 (1988) 515.

[31]   A. De Felice y S. Tsujikawa. «$f(R)$ theories». *Living Reviews in Relati-
        vity* 13 (2010).

[32]   A. O. Barvinsky y A. Yu. Kamenshchik. «Quantum scale of infla-
        tion and particle physics of the early universe». *Physics Letters* B 332
        (1994) 270.

[33]   A. O. Barvinsky, A. Yu. Kamenshchik y A. A. Starobinsky. «Inflation
        scenario via the Standard Model Higgs boson and LHC». *JCAP* 11
        (2008) 021.

[34]   F. L. Bezrukov y M. Shaposhnikov. «The Standard Model Higgs bo-
        son as the inflaton». *Physics Letters* B 659 (2008) 703.

[35]   A. A. Starobinsky. «Stochastic de sitter (inflationary) stage in the
        early universe». *Seminario sobre Teoría de campos, gravedad cuántica y
        cuerdas*. Publicado en *Lectures Notes in Physics book series*, vol. 246,
        Berlín: Springer, 1988.

[36]   M. Sasaki, Y. Nambu y K. Nakao. «Classical behavior of a scalar field
        in the inflationary universe». *Nuclear Physics* B 308 (1988) 868.

[37]   Y. Nambu y M. Sasaki. «Stochastic approach to chaotic inflation
        and the distribution of universes». *Physics Letters* B 219 (1989) 240.

[38]   A. A. Starobinsky y J. Yokoyama. «Equilibrium state of a self-inte-
        racting scalar field in the de Sitter background». *Physical Review* D
        50 (1994) 6357.

[39]   D. I. Podolsky y A. A. Starobinsky. «Chaotic reheating». [astro-
        ph/0203327].

[40]   K. Enqvist, S. Nurmi, D. Podolsky y G. I. Rigopoulos. «On the di-
        vergences of inflationary superhorizon perturbations». *Journal of
        Cosmology and Astroparticle Physics* 2008(04) (2008) 025.

[41]   D. Podolskiy. «Microscopic origin of de Sitter entropy». [1801.03012].

[42]   A. Polyakov. «Infrared instability of the de Sitter space» [arXiv:1209.4135 [hep-th]].

[43]   C. Itzykson y J. M. Drouffe. *Statistical Field Theory*. Cambridge, GB: Cambridge University Press, 1989.

[44]   V. V. Slezov. *Kinetics of First-Order Phase Transitions*. Weigheim, Alemania: Wiley-VCH Verlag GmbH & Co. KGaA, 2009.

[45]   M. Aizenman. «Geometric analysis of phi4 fields and Ising models». Partes I y II. *Communications in Mathematical Physics* 86 (1982) 1.

[46]   M. Aizenman M y R. Graham. «On the renormalized coupling constant and the susceptibility in φ^4 field theory and the Ising model in four dimensions». *Nuclear Physics* B 225 (1983) 261.

[47]   W. H. Zurek. «Pointer basis of quantum apparatus: Into what mixture does the wave packet collapse». *Physical Review* D, 24 (1981) 1516.

[48]   W. H. Zurek. «Decoherence, einselection, and the quantum origins of the classical». *Reviews of Modern Physics* 75 (2003) 715.

[49]   N. G. Fytas, V. Martín-Mayor, M. Picco y N. Sourlas. «Specific-heat exponent and modified hyperscaling in the 4D random-field Ising model». *Journal of Statistical Mechanics: Theory and Experiment* 2017 (2017) 033302.

[50]   N. G. Fytas y V. Martín-Mayor. «Universality in the Three-Dimensional Random-Field Ising Model». *Physical Review Letters* 110 (2013) 227201.

[51]   N. G. Fytas, V. Martín-Mayor, M. Picco y N. Sourlas. «Phase Transitions in Disordered Systems: The Example of the Random-Field Ising Model in Four Dimensions». *Physical Review Letters* 116 (2016) 227201.

[52]   N. G. Fytas, V. Martín-Mayor, M. Picco, N. Sourlas. «Restoration of dimensional reduction in the random-field Ising model at five dimensions». *Physical Review* E 95 (2017) 042117.

[53]   D. S. Fisher. «Scaling and critical slowing down in random-field Ising systems». *Physical Review Letters* 56 (1986) 416.

[54]   J. C. Angles d'Auriac, M. Preissmann y R. Rammal. «The random field Ising model: algorithmic complexity and phase transition». *Journal de Physique Lettres* 46 (1985) 173.

[55]   A. Goldberg y R. Tarjan. «Solving minimum-cost flow problems by successive approximation». *Proceedings of the nineteenth annual ACM conference on Theory of computing - STOC '87*. Nueva York: ACM Press.

[56]   R. Balian, J. M. Drouffe y C. Itzykson. «Gauge fields on a lattice. II. Gauge-invariant Ising model». *Physical Review* D 11 (1975) 2098.

[57]   M. Creutz. «Phase diagrams for coupled spin-gauge systems». *Physical Review* D 21 (1980) 1006.

[58]   E. Kehl, H. Satz y B. Waltl. «Critical exponents of Z2 gauge theory in (3 + 1) dimensions». *Nuclear Physics* B 305 (1988) 324.

LECTURAS COMPLEMENTARIAS*

R. Lanza con B. Berman. *Biocentrismo* (Sirio, 2012) [Introducción].

R. Lanza con B. Berman. *Más allá del biocentrismo* (Sirio, 2018) [Introducción].

M. Pavšič. *The Landscape of Theoretical Physics: A Global View* (Kluwer Academic, 2001) [2, 7, 10].

H. Everett III. «The Theory of the Universal Wave Function», en B. S. DeWitt y N. Graham, eds., *The Many Worlds Interpretation of Quantum Mechanics* (Princeton University Press, 1973) [2, 8, 10, 12].

M. Tribus y E. C. McIrvine. «Energy and Information», *Scientific American*, 224, 179 (1971) [4].

H. Stapp. «Quantum Approaches to Consciousness», en P. D. Zelazo, ed., *The Cambridge Handbook of Consciousness* (Cambridge University Press, 2007) [7].

R. Hofstadter. *Gödel, Escher, Bach: un eterno y grácil bucle* (Tusquets, 2015) [7].

H. Zwirn. «The Measurement Problem: Decoherence and Convivial Solipsism», *Foundations of Physics* 46, 635 (2016) [7].

---

* Los números que aparecen entre corchetes indican los capítulos de este libro que hacen referencia al libro o artículo sugerido.

B. Libet. «Time of Conscious Intention to Act in Relation to Onset of Cerebral Activity» (En preparación), *Brain* 106, 623 (1983) [8].

D. Deutsch. «Quantum Mechanics Near Closed Timelike Lines», *Physical Review D*, 44, 3197 (1991) [8, 12].

M. Tegmark. «The Multiverse Hierarchy», en B. Carr, ed., *Universe or Multiverse?* (Cambridge University Press, 2007) [10].

R. P. Feynman. «Mathematical formulation of the quantum theory of electromagnetic interaction», *Physical Review*, 80, 440 (1950) [11].

E. C. G. Stueckelberg. *Helvetica Physica Acta*, 14, 322 (1941) [11, 12].

S. S. Schweber. «Feynman and the visualization of spacetime process», *Reviews of Modern Physics* 58, 449-505 (1986) [11, 12].

L. P. Horwitz y F. Rohrlich. *Physical Review D*, 30, 1528 (1981) [11, 12].

J. R. Fanchi. *Parametrized Relativistic Quantum Theory* (Kluwer Academic, 1993) [11, 12].

E. A. B. Cole. «Particle Decay in Six-Dimensional Relativity», *Journal of Physics A*, 13, 109 (1980) [11, 12].

M. Pavšič. «On the Quantization of Gravity by Embedding Spacetime in a Higher Dimensional Space», *Classical and Quantum Gravity*, 2, 869 (1985) [12, 15].

AGRADECIMIENTOS

Los autores deseamos dar las gracias al editor, Glenn Yeffeth, así como a Alexa Stevenson y Pate Steele por su excelente ayuda editorial. También queremos dar las gracias a Jacqueline Rogers por las ilustraciones del libro y a Dmitriy Podolskiy por su ayuda en los capítulos once y catorce. Varias partes del material de este libro aparecieron por separado en el *Huffington Post* y en las revistas *Omni*, *Discover* y *Psychology Today*.

SOBRE LOS AUTORES

Robert Lanza

Robert Lanza es uno de los científicos más respetados del mundo. La revista *U.S. News & World Report*, de la que fue portada, lo describe como un «genio», un «pensador original», y llega a compararlo con el propio Einstein. Es presidente de Astellas Global Regenerative Medicine, director científico de la compañía Ocata Therapeutics y profesor adjunto de Medicina Regenerativa en la Universidad Wake Forest, Carolina del Norte. En 2014, la revista *Time* lo incluyó en su lista de «Las 100 personas más influyentes del mundo», y en 2015 la revista *Prospect* lo nombró uno de los cincuenta principales «Pensadores mundiales». Es autor de cientos de artículos e inventos y de más de treinta libros científicos; entre ellos, algunas obras de referencia concluyentes en el campo de la investigación con células madre y la medicina regenerativa. Tras serle concedida una beca Fulbright, estudió con el descubridor de la vacuna contra la polio, Jonas Salk, y los premios nobel Gerald Edelman y Rodney Porter. Antes, había trabajado en estrecha colaboración con el eminente psicólogo B. F. Skinner, padre del conductismo moderno, en la Universidad de Harvard, con el que llegó a publicar una serie de artículos, y había colaborado también con el pionero de los trasplantes de corazón Christiaan Barnard. El doctor Lanza se licenció y doctoró por la Universidad de Pensilvania, donde estudió con una beca de esta universidad y una beca Benjamin Franklin, y formó parte del equipo de investigadores que clonaron el primer embrión humano; fue además el primero en generar con éxito células madre de personas adultas por medio de la transferencia nuclear de células somáticas (clonación terapéutica). En 2001, sería también el primero en clonar ejemplares de una especie en peligro de extinción, y ha publicado recientemente el primer informe de la historia sobre la utilización de células madre pluripotentes en seres humanos.

Matej Pavšič

Matej Pavšič es un físico interesado en los fundamentos de la física teórica. Durante sus más de cuarenta años de investigación en el Instituto Jožef Stefan de Liubliana, Eslovenia, estudió a menudo temas que en el momento no le importaban demasiado a nadie, pero que al cabo del tiempo se han convertido en cuestiones de máximo interés. Por ejemplo, en los años setenta del pasado siglo estudió las teorías de Kaluza-Klein, sobre un espaciotiempo tetradimensional incrustado en un espacio de dimensiones superiores, cuando la cuestión no era precisamente popular, y en los años ochenta propuso una versión temprana de la cosmología de branas que se publicó en la revista *Classical and Quantum Gravity*, entre otros medios. En total, Matej Pavšič ha publicado más de cien artículos científicos y el libro *The Landscape of Theoretical Physics: A Global View* [El panorama de la física teórica: una visión global] (Kluwer Academic, 2001). Está entre los autores pioneros en temas como las partículas espejo, la cosmología de branas o el espacio de Clifford, y ha publicado recientemente importantes trabajos que explican por qué no son un problema las energías negativas en las teorías de derivadas superiores, lo cual es de suma importancia para la gravedad cuántica. Matej Pavšič estudió Física en la Universidad de Liubliana. Tras licenciarse en 1975, pasó un año en el Instituto de Física Teórica de Catania, Italia, donde colaboró con Erasmo Recami y Piero Caldirola. Bajo su supervisión, realizó su tesis doctoral, que posteriormente defendió en la Universidad de

Liubliana. Matej Pavšič ha sido ponente invitado en numerosas conferencias y ha visitado con regularidad el Centro Internacional de Física Teórica (ICTP) de Trieste, donde trabajó con el famoso físico teórico Asim O. Barut.

Bob Berman

Bob Berman es desde hace muchos años redactor astronómico de *The Old Farmer's Almanac*. Entre 1989 y el 2006 escribió con regularidad para la revista *Discover* y actualmente es columnista habitual de la revista *Astronomy*. Produce y radia el programa semanal *Strange Universe* en WAMC North-East Public Radio, con audiencia en ocho estados, y ha sido científico invitado en programas de televisión como *Late Night with David Letterman*. Fue profesor de Física y Astronomía en Mary-Mount College en la década de los noventa y es autor de ocho libros. Su obra más reciente es *Zoom: How Everything Moves* (Little Brown, 2014).

ÍNDICE TEMÁTICO

electromagnéticos 149, 217
magnéticos 88, 147, 149, 239, 263
Causalidad 73, 250
Cerebro 20, 30, 34, 97, 111, 115, 116,
    117, 118, 119, 120, 121, 124, 125,
    126, 127, 129, 132, 135, 138, 139,
    140, 143, 144, 145, 151, 154, 155,
    156, 157, 162, 163, 164, 165, 166,
    167, 172, 176, 183, 184, 203, 208,
    225, 231, 232, 233, 242, 248, 260,
    263, 269, 270, 307
    datos sensoriales 154
    observadores «sin cerebro» 270, 307
    patrones de actividad 230
Chalmers, David 110
Clauser, John 64
Colapso de la función de onda 63, 69,
    72, 73, 75, 76, 80, 114, 117, 118, 136,
    137, 145, 160, 166, 188, 220, 223,
    234, 235, 236, 263, 267, 268, 269
Coles, David 67
Color, percepción del 263
Comportamiento aleatorio 181
Comprensión espacial y temporal 154
Concepción fisiocéntrica 237
Conciencia 16, 17, 18, 20, 22, 23, 24,
    29, 30, 31, 32, 33, 34, 48, 62, 69, 76,
    81, 82, 84, 86, 95, 96, 97, 98, 99,
    101, 103, 104, 105, 106, 109, 110,
    111, 112, 113, 114, 115, 116, 117,
    118, 121, 124, 125, 126, 127, 128,
    129, 136, 138, 139, 140, 141, 143,
    144, 145, 146, 147, 150, 152, 153,
    156, 157, 160, 161, 162, 163, 164,
    165, 166, 167, 168, 169, 170, 171,
    172, 174, 175, 176, 182, 183, 184,
    186, 187, 188, 189, 194, 196, 199,
    200, 201, 203, 205, 207, 208, 209,
    224, 225, 227, 228, 230, 235, 236,
    238, 240, 241, 242, 243, 247, 248,
    250, 259, 260, 262, 265, 267, 271,
    272, 273
    animal 143, 145, 150
Conectividad universal 53
Conmutación 349, 350, 351
Conos 115, 116
Consejo Nacional de Investigación de
    Canadá 66
Constante de Planck 56
Constante dieléctrica 244
Constante gravitacional 244, 320
Constante reducida de Planck 244

Constantes fundamentales 244, 245
Copérnico, Nicolás 11, 31, 199
Correlación EPR 64
Cosmos 16, 17, 19, 20, 21, 22, 31, 32,
    33, 38, 39, 44, 51, 53, 56, 58, 65, 66,
    71, 83, 94, 96, 99, 101, 103, 106,
    131, 160, 161, 167, 171, 181, 188,
    192, 195, 210, 223, 238, 239, 240,
    241, 242, 247, 249, 250
    unificado 39
Cosmovisión 165, 249
Creación de la realidad 103
Cuarta dimensión 200, 216
Cuerpo negro 54

D

De Broglie, Louis 58
Decoherencia 219, 220, 268, 269, 270,
    276, 277, 278, 279, 283, 285, 287,
    288, 290, 291, 293, 294, 295, 296,
    297, 298, 299, 300, 301, 302, 303,
    304, 305, 306, 307
Delfines 148, 149
Dennett, Daniel 111
Deriva continental 28
Descartes, René 38, 94, 95, 96, 131, 238
D'Espagnat, Bernard 93
Determinismo 139
Dilatación del tiempo 191
Dilema del huevo y la gallina 259
Dimensionalidad 21, 98, 216, 217, 218,
    232, 300, 317, 319, 321, 340
    del espaciotiempo 216, 217, 218
Dimensión crítica superior 217, 218,
    280, 314, 321
Dinámica de la decoherencia 277, 285, 295
Dirac, Paul 60, 102
Direccionalidad 178, 180, 182, 246
Discontinuidad 250
Discover (revista) 188, 361, 365
Doble rendija, experimento 18, 19, 74,
    102, 120, 219, 240, 243
Doctor Who (serie de televisión) 185,
    186, 191, 193
Dolbear, Amos 152, 153
Dolbear, ley de 152
Doppler, efecto 148
Dunlop, John 214

O